Georg Philipp Ludwig Leonhard Wächter

Holzschnitte

Georg Philipp Ludwig Leonhard Wächter

Holzschnitte

ISBN/EAN: 9783744633352

Hergestellt in Europa, USA, Kanada, Australien, Japan

Cover: Foto ©berggeist007 / pixelio.de

Weitere Bücher finden Sie auf **www.hansebooks.com**

Holzschnitte.

Von

Veit Weber.

Every thing in this world is big with jest, and has
wit in it, and inſtruction too, — if we can
but find it out.

The Life and Opinions of Triſtram Shandy.
Vol. V. Chap. XXXII. Pag. 182.

Erſter Band.

Die Betfahrt des Bruders Gramſalbus.

Berlin,
bei Friedrich Maurer, 1793.

Meinem lieben

J. Bestvater

zu Hamburg

gewidmet.

Feiner Scherz, witziger Spott, gesundmachende Possen, launige Neckereyen, welche, ohne tief zu verwunden, zum Lachen aufstacheln, waren im deutschen Mittelalter nicht gäng' und gäbe; die Körnchen des Lucianischen Salzes in den Gedichten der Minnesinger entkräften diese Behauptung nicht: von der Geistesnahrung Einiger kann man nicht auf den Geschmack Aller schließen. Der rauhe Rittersmann jener Zeit griff alles, was er gestalten wollte, vest an, und was auf ihn würken sollte, mußte ihn gleich vest fassen. Daher konnten ihn auch nur zum Lachen kitzeln:

Schwänke, worinn der Gauff Naturalia in Naturalibus darstellte:

Die Abentheuer eines vorwitzigen Schwächlings, der sich über den engen Schutzkreis hinaus-

A 2

wagte, den Geburt, Stand, Vorurtheile, Ge=
lübbe, Furcht oder Hoffnung, Geistesarmuth
oder Seelenblindheit um ihn gezogen hatten, und
dann da Teufel und Unholde sah und von ihnen
gequält wurde, wo der Zögling der Gefahr, der
Biedermann, welcher seine Thätigkeit nicht von
Zeit und Ort abhängig machte, nur Schatten oder
gewohnte Dinge erblickte:.

Erzählungen, wie des Schicksals Laune die
nutzlosesten Anstrengungen eines Gauchs zu Rath
und That, die zweckwidrigsten Hülfsleistungen
eines Klüglings überreich belohnt habe — und

Wunder= und Heiligenmährlein, welche der
Möglichkeit und dem schlichten, gesunden Men=
schenverstande so hefftig gegen die Stirne rannten,
daß der Blödsichtigste der blauen, auflaufenden
Beulen gewahrte.

Es haßten die Ritter jedes Zeitalters die
Pfaffen, denn sie empfanden zu offt, tiefer als

Schwerdt und Dolch, schneide die Mönchsgeißel
ein. Aber weil die Kuttenträger nie, ohn' Arg-
list und Gefährde, den Kriegern zu Rede, Recht
und Kampf sich stellten, diese nur selten ihr Müth-
lein am Urbilde kühlen konnten, dessen Nimbus
Bannstrahlen umherschleuderte; so rächten sie sich
am Abbilde, und nie mundete ihnen der Feyer-
abendswein besser, als dann, wenn Harfner und
Meistersänger das Konterfay eines boshaften,
faulen, wollüstigen, ehrgierigen und habsüchtigen
Mönchs, vor ihren Augen an den Galgen schlugen. Auch der, damals emporkommenden, Städ-
ter und ihrer Staatsverfassungen, wie jeder Wei-
besunart und jedes Dirnentrugs, hörten sie, bey
Trinkgelagen, gern' erwähnen; sie überredeten
sich dann, auf gut waldmännisch: man belache nur
das ängstliche Verscharren des Dachses, und die
Absprünge und Wiedergänge des Fuchses, wenn
man jenen schon unter der Schaufel, diesen
schon umstellt habe. Der Legenden-Helden und

A 3

Heldinnen durfften sie freylich nicht öffentlich spotten, denn von diesen ging die Sage: solcher sey das Himmelreich; doch, im Kreise vertrauter Freunde, rissen sie, unter Bechergeklingel, die Strahlenkronen von den gesalbten oder geschor'nen Schädeln dieser Afftermärtirer, und zierten sie dann mit dem schellenbehangenen, langgeöhrten Hauptschmucke, den die ungeblendete Nachwelt solchen Schief- und Hohlköpfen, wie billig, für immer, zutheilte.

Zu Dichtungen nach Schwänken des Mittelalters und im Geschmack jener Zeit, fand ich des Stoffs genug vor, und nutzte, was ich gefunden hatte; nur aus dem schmutzigen Füllhorn der Unholdinn Cotytto nahm ich nichts; denn ich war überzeugt, man könne die Sittengestalt eines Zeitalters sehr ähnlich schildern, ohne sie nackend, von „vorwärz und hinterwärtlingen" darzustellen, wie einst Mathäus Schwarz (Mathäus und Veit Konrad Schwarz rc. rc. herausgegeben

von E. C. Reichard. Magdeburg 1786. S. 64.
und 65.) sich „controfatten" ließ.

Diese Schwänke zeigten sich mir alle, ohne
Hehl, als muthwillige Buben, keck und ends
schlossen, jeden Mönchsbart, den sie erreichen
könnten, auszurupffen; jeden schädlichen Thoren,
ob er sich auch noch so vest in den Hermelinmantel,
in die Amtsschaube, oder den Wapenrock gehüllt
hätte, so lange zu necken, bis er sich und seine
Schellen in Bewegung setze; der urältesten, hoch,
beahnteften Laster und Vorurtheile nicht zu scho,
uen, sondern ihre Stammbäume zu zerreißen,
und ihre Helmkleinode zu zertreten; ja selbst Wei,
bern und Dirnen nachzuzischen, wenn sie sich aufs
Eis wagten, ohne die Kunst zu verstehen, nicht
auszugleiten. Weisen und guten Männern, tu,
gendsamen Biederfrauen und Dirnen weichen diese
Schälke aus, und lassen sie ungehudelt. Ihre
Eigenthümlichkeit durfft' und wollt' ich ihnen nicht
rauben. Mögen sie immer dem Gesindel die Weg,

X 4

verengen, das weder weise noch gut, weder edel noch treu handelt.

Vielleicht wird Mancher die Belege zu Gramsalbus Betfahrt zu zahlreich finden; doch sie sogar zu häuffen schien mir nöthig: daß nicht auch ein Magister Johannes unsrer Zeit meine Muse verfluche, eine Abkömmlinginn jener Schalksdirne, welche Thomas Murnern die Narrenbeschwörung, die Mühle von Schwindelsheim und die Gäuchmatt eingab, Sebastian Brand das Narrenschiff vorgaukelte, und Johann Crotus und Ulrich von Hutten herzte, als sie die Briefe der Dunkelmänner (Epistolæ obscurorum virorum) schrieben,

Leonhard Wächter.

Die

Betfahrt

des

Bruders Gramsalbus.

Sancte Deus, quid debemus dicere? Non est magnum mira‑
culum, quod sacra Theologia debet ita scandalisari et
haberi pro una frascaria? Et Theologi, qui sunt sicut
Apostoli Dei, debent sperni, quasi essent stulti? Domi‑
nus Deus, qui regnat in terris et per coelos, et sua
mater virgo Maria liberet nos ab illa poetria! —

M. IOHANNES.

(Epistolae obscur. virorum, Epist. V.)

Zu unsern Zeiten sind unsre Ohren so gar zart und weich
worden, durch die Menge der schändlichen Schmeichler,
daß, sobald wir nicht in allen Dingen gelobet werden,
schreyen wir, man sey beißig: und dieweil wir uns sonst
der Wahrheit nicht erwehren mögen, entschlagen wir uns
doch derselben durch erdichtete Ursach der Beissigkeit und
Ungeduldigkeit und Unbescheidenheit. Was soll aber das
Salz, wenn es nicht scharf beißet? Was soll die Schneide
am Schwerdt, wenn sie nicht scharf ist, zu schneiden?

Martin Luther.

Erstes Abentheuer.

Ritter Bertolf von Affenheim war dem Rufe der
Fehdetrommete gefolgt, und hatte seine junge Hausfrau, Elisabeth, der Wülkühr einer überlästigen
Langenweile und dem Schutze eines wollüstgierigen
Nächbaren, des Ritters Asmus von Seltau, ver-
trauen müssen, beyde gleich geneigt, die gute Frau
durch Abschlagen und Anbiethen zu quälen. Empfin-
delnd, wie neuerheirathete Weiber es sind, wenn
ihnen das Spielwerk der Flitterwochen, der Mann,
früher genommen wird, als ihr Aenderungssucht es

in einen Winkel werffen mögte, befuchte jeßt Elfa=
beth noch fleißig die Pläße, merkwürdig ihr durch der
ſtummen Liebe erſten Blick= und Händeerklärungen,
geheiligt durch jene Küſſe, welche ihre zarten Lippen,
nachgebend und widerſtrebend zugleich, um ſüßer den
Genuß zu würzen, blutrünſtig preßten; weilte gern
am Bache, wo ſie, geſchwäßiger denn die Pappeln,
ſo ihn beſchatteten, Schwüre ewiger Treue in toſen=
den Wortſchwall hüllte, um des Buhlen männlich
veſtes: Ich liebe dich immer! deſto öftrer zu
hören; lag gern' auf der Raſenbank des Hains, wo
der Heerweg ihn theilte, und wartete, unter dem
Laubſchleier junger Eichen verborgen, der Heimkunft
ihres Gemahls.

Eines Tages, gleich nach dem Mittagsimbß,
harrte ſie ſeiner dort, neben ihr Brigitte, die Zofe
und Erp, der Zwerg; im Körbchen trug der eine Kür=
bisflaſche, mit Wein gefüllt, dadurch die Frau von
Aſſenheim zu erquicken, wenn Sonnenſtich und Lieb's
verlangen es ihr zu heiß machen würden.

Endlich einmal Schatten, unſrer lieben Frauen zu
Loretto ſey Dank! — Grunzte eine männliche Stim=
me. — Sind doch hier zu Lande Bäume und Wälder
ſo ſelten, denn in unſerm Kloſter Dratgüttel und
Geiſſel. Und müßt auch drüber das heilige Jung=

frauenbild zu Loretto, nackt und baar, vor aller Layen
Augen stehen; wollen uns hier verschnaufen, Grauchen, und Eins trinken: Hat doch die Sonne aus
meinem nackten Schädel, wie das Feuer aus einem
gespickter Hasen, dampfendes Fett gezogen. Daß du
nicht Wein trinken magst, Grauchen! und bist doch
sonst ein Vieh, wie ein Mensch, klug und vernünftig
wie Bruder Gramsalbus, und in einer Hinsicht reicht
er dir das Wasser nicht; aber im Puncte des Wein-
trinkens, Grauchen, bist und bleibst du doch nur
eine Bestie.

Frau Elisabeth sah die Zofe forschend an, und die
Neugier trieb Beide, leise sich durch's Gebüsch zu
drängen, den Verfasser dieses Liebsgesprächs kennen zu
lernen. Ein Anblick überraschte sie, ihnen noch uner-
warteter, als jener dem gaffenden Layenpöbel, da er
den starkgläubigen Peter Barthelmi, halbgebraten,
mit versengtem Hemde, vom brennenden Scheiterhaufen torkeln sah, den der Pfaff bestieg, die heilige Lanze
von der gotteslästerlichen Beschuldigung zu retten, daß
sie nur eine gemeine Lanze sey.

Bey einem hochbelad'nen Esel stand eine Gestalt,
die selbst den unfehlbaren Pabst würde zweifelhaft gelassen haben, ob sie zur Engelklasse der Mönche, oder
zur Thierklasse der Layen gehöre. Ihr Haupt, nur

mit einem zottigen Haarstreif verbrämt, glich einem
Püstrichskopfe 1). Das Machtschildlein des Menschen
daran ähnelte dem Urim und Tummim der Vorzeit,
durch die Rauten, welche Aberglauben und Furcht vor
Geissel, Tod und Teufel der Schwielenhaut eingru-
ben; die beyden, mit schwammigen Fettkügelchen ge-
futterten, von eckigen, in einander gezausten Moos-
branen beschatteten Höhlen, aus denen alle Geistes-
krafft dieses Wesens, durch zwey kleine, schmutziggraue
Crystalle schielte, formten die platte, schmahle Kno-
chenschichte zu einer Stirn. Als wär's nur ihr Lieb-
lingsgeschäfft, die dicke, breite, mit vielfarbigem
Knöpfchen besetzte Löwennase, zu betrachten; so träg
und unachtsam glotzten diese Augen alle andern Dinge
an, welche nicht, durch Kauen und Verdauen, in
Schmalz umgewandelt werden können. Auf dem linken
Pausbacken prangten drey braune Wärzen, woraus sich
lange, einzelne Haare, wie aus ihren Gewebetrichtern,
Kankerfüße, hervorkrümmten. Der Mund, eine
Wunde, wie sie nur der mörderische Hieb einer
Streitaxt zurücklassen kann, hatte Mühe die Röthe

---

1) Ein Götz der Deutschen vor ihrer Bekanntschaft mit
dem Christenthume, in der Gestalt eines heulenden Knaben, dessen Kopfkugel wenigstens den dritten Theil der
ganzen Größe des Bildes ausmachte.

seiner wildfleischigen Leffzen vor der Farbe des ganzen
Gesichts leuchtend zu machen. Ein Paar hervorra-
gende, breite Fangzähne trugen die knollige Oberlippe;
die untere neigte sich, ohne Stützen, zum runden
Doppelkinn. Das Gestrüpp eines schwarzen Barts
wucherte bis zum kurzen Speckhals hinab.

Aus den Hauptzügen dieses Gesichts, durch die
Faulheit prall aufgestopft, durch die Sorglosigkeit vest
gegründet, und doch durch eine unverkennbare, innere
Senkkraft niedergeschlammt, sprach nichts; sie ließen
nur ahnden, daß ihnen Dummdreistigkeit und Raubgier allein die Spuren von Bewegsamkeit eingedrückt,
eine schwer arbeitende Hinterlist sie, unter den Augen,
in den Schläfen, und um die Nasenwurzel so widrig
zerrissen habe. Eine fade Freundlichkeit überzog das
Antlitz mit einem gleissenden Firniß, der das Aufge-
dunsene noch stärker hervorhob, und das Eingekerbte
verklebte; aber eben dadurch die ganze Fratze zu einer
Fastnachtslarve verschminkte. Jedes Glied des, in Ge-
sundheitsfülle strotzenden, Leichnams hielt dem Mönchs-
leben die stattlichste Lobrede; ihn umgab ein Harnisch,
zu dem die nackten Füße gar lieblich standen. Eine
Franziskanerkutte deutelte sich in gewundenen Falten
unter der blinkenden Halsberge, zu den vollen Waden
hinab. Die rechte Faust dieses eyförmigen Fleisch-

Klumpens preßte eine Kürbisflasche an den Mund, die linke spielte mit den Wackelohren des Eseleins. Es trank die Ungestalt, ihre Blicke ruhten auf dem gewöhnlichen weichen Lager; dann trocknete sie sich den Schweißtropfen = Heiligenschein von der dickhäutigen Stirne, und senkte sich langsam an einen Baum hin.

Willst du nicht auch ausrasten, Grauchen? Fragte sie in einem Tone, ähnlich den Tönen, welche ein Anfänger aus einer Zinke drängt, und sie schmelzend nennt. Unbeweglich blieb Grauchen; nicht so der Treiber. Er hob die Flasche und leerte sie in einem Zuge.

Wieder leer! — Aechzte er — Und hier nichts zu sehen, denn Vogelbeeren und Pilze. Ach, möchtest du doch die Eigenschafft jenes Wittwen=Oelkrügleins haben, nimmer zu versiegen; und solltest du mir dann ehrwürdiger seyn, dann die geheiligte Chrysampulle zu Rheims.

Traurig legte er die Flasche neben sich nieder.

Ob ich mir mit dem Geschöpfe einen Scherz erlaube — Sprach leise die Affenheimerinn zur Zofe — ihm diese volle Flasche, statt der leeren, unterschieben lasse?

Thut's, gestrenge Frau. — Entgegnete Brigitte. — Bin doch neugierig, zu sehen, wie sich die Verwunderung auf einem solchen Gesichte gestalte; neugie=
riges

ßiger aber noch, zu wissen, wie dies Menschenwesen zu dem Anzuge gekommen ist.

Können beydes erfahren — antwortete Frau Elisabeth, und winkte dem Zwerge. Unbemerkt vertauschte der des Pilgers Flasche mit der gefüllten, als dieser einen vollen Waidebeutel vom Esel nahm, ein Stück Käse, einige Zwiebeln und Wecken hervorzog, und alles, in größter Geschwindigkeit und mit sichtbarem Wohlbehagen, verschluckte.

Ach! — seufzte er — Wie köstlich hätte darauf unser 2) Wein gemundet! Aber, so ist deine Krafft versieget, holdseelige Flasche, und ist ausgetrocknet dein Lebenssafft und geistlos dein Leichnam. — Empor hob er sie, dankbar an seine Lippen sie zu drücken. — Bist du doch noch so schwer, denn in den Stunden deines Wohlstandes! Nun dann, und hast du mir alles gegeben; so gieb mir auch noch die letzten Tröpflein deines Vermögens.

Er öffnete sie.

---

2) Der ächte Bettelmönch sagt nie „mein Wein, mein Brodt ꝛc. ꝛc. weil er nichts eigenes hat; sondern immer unser Wein, unser Brodt ꝛc. ꝛc. weil alles, was ihn nähret, was ihn kleidet u. s. w. der ganzen Klostergemeinheit gehört. Gewiß nennen sich auch die Fürsten wir, und alles wovon sie den Nießbrauch haben, unser, weil sie wissen, daß dies alles dem gemeinen Besten des Landes gehöre.

Ha, welch ein lieblicher Duft steigt in meine
Nase! — Grauchen, es ist noch Wein drinn! Und
werd' ich voll seines Geistes! — — Welch ein Labetrunk! Und hat er sich wohl in einem Winkel verborgen gehalten, daß ich ihn vorhin nicht fand.

Und hätte Brigitte sich, durch ihr Lachen, auf immer häßlich gemacht; sie würd' es jezt nicht erstickt haben.

Lachst deines Kumpan's, Grauchen? Fragte der
Mönch, und lüpfte die Flasche über seinem Munde. —
Aber, du hast, nach deiner gewöhnlichen Weisheit,
pant; denn es kann, ohnmöglich so viel Wein in einer
Ecke verborgen gewesen seyn. Und wie wär' er auch
hineingekommen? Und war er heraus; denn ich mußte
aufhören zu trinken. Und ist jezt wieder welcher
drinn; denn ich trinke ihn ja, das ist der sicherste
Beweis. Doch, ob er durch den natürlichen Weg
Rechtens hineingerathen; oder ob vielleicht der heilige
Antonius die Flasche mir, wunderbar, füllte, hat er
doch dergleichen ersprießliche Wunder schon mehrere
gethan 3); oder — Ey, will die heilige Jungfrau zu

3) In der Franziskanerkirche zu Yps sieht man noch jezt
ein Gemälde, wie der heilige Antonius, durch ein Wunder, ein leergeronnenes Faß wieder mit Wein füllt.

S. Kritische Bemerkungen über den religiösen Zustand der kayserlichen Staaten ꝛc. ꝛc. Wien, 1786. 1ster Band.

Poretto drum fragen, wie's zugegangen seyn kann,
und mir nicht durch Grübeleyen, Hauptweh machen.
Wozu haben wir sonst die Heiligen?

Nach einer halbstündigen Ruhe stand er auf,
legte den Brodtsack über den Esel, band die leere
Flasche dran, und zog, so langsamen Schritts weiter,
daß nur die Staubwolken um ihn Zeugniß seines
Fortrückens gaben.

Ha! des Sünders! Rief Frau Elisabeth und
lachte herzlich. — Will ihn doch anhalten, wenn er
bey der Burg vorüberzieht; wird mir die Langeweile
etwas kürzen können.

Brigitte. Wär's euch Ernst, gestrenge Frau;
dann hättet ihr des Geboths unsers Herrn vergessen,
keinen fremden Mann, in seiner Abwesenheit, zu
beherbergen.

Elisabeth. Dies Geboth ist des Seltauers Erfin-
dung; sagte mir doch mein Eheherr nichts davon.
Und verdiente auch ein Mann, den ein solches Geschöpf zur Eifersucht reitte, selbst in der lumpenen
Vogelscheuche unsers Gartens einen Gegenstand seiner
Furcht zu erblicken. Haarscharff bestimmt, wie hoch
der Mann seinen eigenen Werth schätze, auf wen er
eifersüchtig wird; und nun denk dir meinen trauten,
holden Bertolf diesem Wechselbalge zur Seite. Drum

komm nur, Brigitte. Wollen ohne Sorgen, in der Laube am Vorsprungshäuschen, den Schmeerbauch erwarten.

Sie gingen, und sezten sich dort unter ein Dach von grünenden Weinstocksranken, die sich, über dem Gebälk der Thür, zur Laube verflochten. Starr waren ihre Augen der Gegend zugekehrt, woher der Pilger kommen mußte; wenig wurde gesprochen, desto mehr gelacht. Bald sahen sie die hochwirbelnde Staubsäule, welche den Waller umhüllte, und wodurch sein Harnisch, wie Funken durch den Rauch einer Schmiedeesse, blickte.

Als Gramsalbus dem Vorsprungshäuschen nahe kam, stuzte er, der schönen Weiber gewahrend, und rief seinem Esel ein lautes: Halt! zu. Mann und Thier standen nun still, und gafften das Haus an. Aber, daß des Treibers Freudenverwunderung nicht die Weiber allein zur Ursache hatte, bewies sein Ausruf: Ach, köstliche Weintrauben! mit dem er hinlechzte zur Laube, einige Trauben abriß, verschlang, und dann sich also entschuldigte: Es darff ein lechzender Pilger, edle Frauen, seinen Durst ja wohl mit einigen Träublein löschen?

Elisab. Gerne; was in meinem Vermögen ist, steht ihm zu Geboth. Und ist es ja ein Werk der

Barmherzigkeit und Pflicht, müde Pilger zu erquicken.

Gramf. Richtig, gestrenge Frau; besonders aber,
zu sättigen die Hungrigen, und zu tränken die Durstigen.

Elisab. So es euch eure Geschäffte vergönnen, mir
in die Burg zu folgen, dort ein Weilchen zu rasten
und eur zu pflegen; mögt ihr's wohl thun.

Gramf. Willig und gern, und komm ich noch früh
genug gen Loretto, und wirds auch den heiligen Engelein nicht einfallen, bey dieser entsetzlichen Hitze, das
Haus der gebenedeyten Jungfrau noch weiter zu tragen. Aber, mit Eu'r Gestrengen Wohlnehmen, muß
ich vorher unser Grauchen gut unterbringen; es ist
solches bey unsrer Betfahrt die Hauptperson. Komm,
Grauchen! — Und nun zog er mit seinem Eselein
bergan, führte es zum Stall', und nahm ihm das
Bündlein ab, so gar köstliche Gaben enthielt.

Es befahl Frau Elisabeth der Zofe, den Pilger
in ihr Gemach zu führen, und willig ließ er sich dahin leiten.

Friede sey mit diesem Hause — So begann er,
als er ins Gemach trat. — Das muß ich gestehen,
edle Frau, es hat draußen unser Grauchen ein Lager,
worauf zu liegen, sich der Esel des heil'gen Josephs

nicht hätte schämen dürffen. Und thät's auch bem
Thierlein behagen, denn es stimmte so hell sein Pa
an, daß ich mich nicht entbrechen konnte, auch einen
herzhafften Freudenschrey auszustoßen. Und ist hier
auch alles für die liebe Bequemlichkeit wohl eingerich-
tet, sein kurzfüßige und hochgelehnte und weichbepol-
sterte Sessel — fuhr er fort, indem er seine drey
Centner Fleisch so freundschafftlich zwischen die Arme
eines Sessels drückte, daß dieser erzitterte.

Elisab. So es euch hier gefällt, freut's mich.
Doch wollt ihr nicht euern Harnisch abthun?

Gramf. Mit dem Wollen ging's wohl; aber am
Dürffen ist's gelegen. Und wißt ihr's ja, gestrenge
Frau, wie's mit Gelübben zu seyn pflegt; drücken
müssen sie immer, sonst hält man's nicht der Mühe
werth, sie aufzusacken. Und darff ich beswegen nicht
eher, es haben denn meine Augen Loretto gesehen,
und ist unser Grauchen seiner Last baar worden, am
Tage länger denn eine Stunde, aus diesem drückenden
Schneckenhause schlüpffen; und hätt' ich ja dann noch
die Mühe, wieder hinein zu kriechen.

Elisab. Wenn ich nicht fürchtete, ihr mögtet
mich für neugierig halten; würd' ich euch bitten, mir
die Absicht eurer Wallfahrt und dieses Anzugs Ursache
zu entdecken. Sorge, Brigitte, für einen Krug Wein,

für Semmelbrodt und Honigseim, den ermatteten
Pilger zu laben.

Brigitte ging. Gramsalbus rief ihr nach: Schau't
doch einmal zu, schöne Magd, ob unser Grauchen
schon schläft. — Und halt' ich, mit Eur Gestrengen
Wohlnehmen, alle Weiber für neugierig, wie alle
Mönche für durstig; und muß jenes wohl des Teufels Hahnentritt seyn, der im Menschenen zurückgeblieben ist, dies das Band, so uns an die Layen
knüpfft. Und brauch' ich auch deß nicht Hehl zu haben, warum ich so den Staub der Landstraßen in Bewegung setze; denn es ist die Veranlassung unsrer Betfahrt ein Wunder, und muß man Wunder verbreiten:
und sonach will ich euch denn auch recht gern' erzählen,
warum man unserm guten Klosteresel Kinderwindeln
aufgepackt, und mich in diesen Harnisch geschnallt hat:
Doch vorher vergönnt mir, die Dirne da des Tragens
zu überheben.

Er neigte sich zu Brigitten, welche mit einem
gefüllten Humpen, mit Brodt und Honig zurückgekehrt war, aß, und trank dann den Becher bis auf
den Boden aus.

Ein schönes Weinchen! — Sagte er schmunzelnd
— Aechter Johannisberger! Wie Oel auf der Zunge,
wie Feuer im Leichnam, und wie Himmelsgeiß im

Hirn! Und mögt' ich wohl unserm Abte ein Fäßlein
davon wünschen; der würd' ihn hinunter kauen. Aber
— er runzelte die Stirn noch rautiger — der Humpen
ist leer.

Elisab. Brigitte wird für's Anfüllen sorgen.

Gramf. Und ich, gleich amsig, für's Ausleeren.
Es geht nichts über einen vollen Humpen Johannisberger, gestrenge Frau. Wenn ich ihn so anschaue,
und dabey denke: Welche Sorgen haben nicht schon
in Deinem Bauche ihr Ende gefunden, und wie manches Kummers Grabstäte bist du, und wie mancher
Freude Mutterland —; dann mögt' ich ihm einen
Altar bauen lassen. Doch, ich will erzählen. Und
pflegt man's mit dem Weine zu halten, wie mit einem
Freunde; ist kein Abkommen, so man einmal angefan-
gen hat, von ihnen zu schwatzen. Ja, ja, ich beginne
schon; werd' aber etwas weit ausholen müssen.

Nicht fern von unserm Kloster hauste ein Ritter,
und haust noch jezt da, im ganzen Gau unter dem
Namen des alten Herrn bekannt, weil er würklich alt war. Nun war aber dieser alte Herr im ganzen Gau der Einzige, welcher nicht glaubte, er sey
alt, sondern jung, und nahm er sich drum ein rasches,
siebenzehnjähriges Weiblein, den ganzen Gau von
seiner Jugendkrafft zu überzeugen. Aber was geschah?

Es verstrich ein Jahr und noch ein Jahr, ohn' daß
er's einmal seinem Weiblein, vielweniger noch dem
Gau, einleuchtend gemacht hatte, er sey nicht alt,
sondern jung. Und blieb das auch dem Gau gleichgültig, nicht so dem warmblütigen Weiblein. Wie's
denn nun ist, und zu seyn pflegt, daß junge Frauen
gern spielen mögen; so murrte auch diese, täglich und
nächtlich, dem alten Herrn davon vor, daß er ihr Leibeserben verschaffen solle. Und wäre das freylich dem
alten Herrn für sein Leben lieb gewesen; aber, edle
Frau, Trauben sammelt man nicht von Disteln, und
Leibeserben nicht von alten Herrn. Und stupft er nun
immer traurig umher, und ließ in allen Klöstern Gott
bitten, er wolle ihm doch Samen erwecken, und gries-
gramt' er drüber, daß seine Besitzungen in fremder
Leute Hände kommen sollten, und nahm mehr Tränk-
lein und Stärkungspülverlein zu sich, denn Fleisch und
Gemüse, und wurd' er nun, nach und nach, so dürre,
daß man ihn jetzt im ganzen Gau den alten, magern Herrn nannte.

Und begab's sich eines Tages, daß er in unserm
Kloster becherte mit dem Abte, und der Wein in ihm
laut zu werden begann, daß er ausrief: So helff mir
Gott! Würd mir mein Weib einen Buben gebähren;
stracks wollt' ich mich aufmachen, zu thun, eine

Kapuße unter dem Harnifch tragend, baarhaupt und
baarfuß, eine Betfahrt gen Loretto, dort des Knäb-
leins erſten Windeln aufhången, der heil'gen Jungfrau
ein neues Feyerkleid, und euerm Gotteshauſe ein
ſtattliches Geſchenk verehren.

Und fragte nun unſer Abt: **Eur Ernſt, Herr
Ritter?**

Mein hoher Ernſt. Gegenredete der.

Dem alfo der Abt erwiederte: Und könnte dazu
Rath werden. Es giebt ſchon viele geheime Kräffte
in der Natur, ſchier mehrere Wunderkräffte in den
Gebeinen der Heiligen. So beſißen wir einen Zahn
jenes Elephanten, auf dem die heilige Königinn von
Saba geritten, als ſie den großen König Salomo
heimgeſuchet, von ihm Weisheit zu erlernen, und ſich
mancherley Räthſelnüſſe von ihm auffnacken zu laſſen;
und hebt ſolcher Zahn Unfruchtbarkeit, wenn damit
die Ell'nbogen eines Weibleins, neunmal, gläubig,
geſtrichen werden.

Und dauchte die Rede den Ohren des alten, magern Herrn gar huldſeelig, und faßte er des Abts
Knotenſtrick, und ſchwur dabey, er wolle den Zahn
mit einer gülbenen Handhabe verſehen laſſen, falls er
ſeinem guten Willen zu Hülffe komme. Da gab ihm
der Abt einen Wink und ſprach: Bruder Gramſalbus,

so trag' ich's denn euch auf, zur Burg des edeln
Ritters zu gehen, und einen Versuch mit dem Heilig-
thume zu machen. Und that ich, wie mir befohlen,
Gehorsam ist unsre Pflicht, und fand gläubig das
Weiblein, und, siehe! nach neun Monden hörte man
Wiegengeknarr' und Kindergeschrey in der Burg schal-
len, und war der alte, mag're Herr zum alten, ma-
gern Vater eines feinen, feisten Bübleins worden.

Erinnerte nun der Abt den Ritter seines Gelüb-
des; aber der schien der Vollziehung ausweichen zu
wollen, wie man pflegt, wenn die Heiligen unsern
Willen gethan haben, und sprach er davon, ob nicht
an seiner statt, so es ihm auch einen guten Bothen-
lohn kosten solle, Einer aus dem Kloster die gelobte
Betfahrt vollbringen könne. Es ergab sich unser Abt
drein, und ernannte mich, das Gelübb zu erfüllen.
Und trag ich darum diesen Harnisch, und führe die
Windlein des Bübleins, und ein goldstückenes Gewand, ein feines Hemdlein, und einen Strahlenschein,
schier eitel Gold, für die heil'ge Jungfrau, und ein
kleines, wächsernes Christkindlein, auch gar stattlich
angethan, und einen guten Pfennig Geld auf unserm
Esel gen Loretto.

Und wall' ich nun schon drey Monden lang, denn
ich bin feist und wohlleibig, und ist heiß und ermat-

tend das Wetter; bin durch viele Länder gezogen und
hab vielerley gesehen, wovon ich auch vielerley erzäh=
len könnte und wollte, so mich jezt nicht hungerte
und durstete, und meine Glieder nach einem weichen
Lager sich dehnten und sehnten.

Elisab. Imbs und Lager warten euer; habt ihr
ausgeruhet, dann werd' ich euch bitten, mir eure
Wallfahrtsabentheuer zu erzählen.

Gramsalbus satzte sich zum Imbs, aß und trank
unmäßig. Dann wies ihm Erp ein Schlafkämmerlein
an, und sorglos überließ sich nun der Mönch dem
süßen, erquickenden Schlummer.

Nach vierzehn Stunden erwachte er. Auch nicht
ein Traum hatte ihm etwas von der Erquickung ge=
raubt, welcher er so nöthig bedurffte. Er kleidete sich
in Kutte und Harnisch, nahm das Geschenkbündlein
des alten, magern Herrn unter'n Arm, und eilte zur
Thür, ein nahrhaftes Frühstück zum Morgentrunk zu
heischen, und dann neugestärkt, seine Reise fortzu=
setzen. Aber bey'm Oeffnen der Thür gewahrte er zehn
bewaffenter Knechte, welche ihn, mit fürchterlich=dro=
henden Mienen und blanken Wehren, zum Gemache
zurückscheuchten. Hefftiger, denn Gramsalbus, er=
schrack nicht die ungläubige Frau des heiligen Jan=
gou, da ihr, ein gar sonderbarer Gesang, die wunder=

thätige Krafft der Gebeine ihres ermordeten Mannes
bestätigte 4). Durch das Erschrecken gebunden, blieb
er ohne Bewegung an der Thürpfoste, nur schlugen
seine Kniee unter der schweren Fleischmasse wider ein=
ander. Seitwärts schielte er die fürchterlichen zehn
Männer an, und ihm däuchte, ihre Augen schössen
Bolzen auf ihn, ihre Nasen wären Streitkolben,
Spieße ihre Haare. Wie der Engel mit den Säulen=
beinen aus der Offenbarung Johannis, mit einem Fuße
auf dem Meere, mit dem andern auf vestem Lande
stand, so stand jezt Gramsalbus mit einem Fuße auf
dem sichern Boden der Würklichkeit dessen, was er
sah, mit dem andern auf den Wogen der Hoffnung,
ob nicht seine Sinne ihn täuschten, denn unbeweglich,
gleich ihm, verharrten die Knechte auf einem Platze,
in einer Stellung. Das gab ihm Muth. Es ist

---

4) Jangou's Frau hatte mit einem Pfaffen ein Liebsver=
ständniß; um es sicherer haben zu können, tödtete sie
ihren Mann im Schlafe. Als die Leiche zu Grabe getra=
gen, wurden viele Kranke gesund, welche sie anrührten.
Dadurch gelangte Jangou zur Heiligsprechung. Die Mör=
derinn hörte dies von ihrer Zofe, lachte aber deß laut und
rief: Je le crois tous ainsi comme mon cul chante. Und
— — er sang ! !

C. le Renard contrefait. p. 116.

ein Gesicht, — dacht' er — der Teufel will mir einen
Possen spielen, und mich, durch Angst und Furcht,
um mein Bischen Fett bringen. Er sah die Knechte
scheel an, grinste, zerrte sein Antliz in gar sonderbare
Falten gegen sie; doch rührten sie sich nicht. Es sind
Gespenster! Rief er, kreuzte sich dann dreymal, nahm
all seinen Muth zusammen, und rannte auf die Krieger zu; aber er wurde von ihnen übel empfangen und
zurückgestoßen, es wurde die Thür hinter ihm zuge-
schlagen und verriegelt. Eine Stimme nannte draußen
seinen Namen, er schwankte zum Fenster und gewahrte
auf dem gegenüberstehenden Lugthurm des Zwergs.
Rette dich, armer Ehebrecher — schrie der ihm zu —
rette dich durch einen gewagten Sprung, sonst bist du
verlohren. Unser Herr ist im Anzuge, und soll der so
erbost wider dich seyn, daß er dich, gleich einem Ge-
bund Flachs, will roden, bracken, schwingen, hecheln
und verarbeiten lassen.

Besser gefiel es dem Mönche, das Wort Rettung, als den lezten Vers des Miserere, nach einer
harten Geisselung, zu hören; drum öffnete er schnell
das Fenster und blickte zur Erde: aber wenigstens zehn
Mannshöhen war das Fenster vom Boden entfernt,
und dieser noch dazu im wasservollen Burggraben.
Was? Aechzte Gramsalbus zurück — Wähnst du, ich

fey beyblebig 5) und könne springen, wie ein Eichhörnchen, und schwimmen gleich einem Gründling?
Jede Rettung ist unmöglich; drum sey Gott meiner
armen Seele gnädig!

In einer Ecke des Gemachs knie'te er, und betete
zur heil'gen Jungfrau, angstverwirrt, wie das enden
werde, dies Bruchstück aus einem geistlichen Trinkliede:

Virgo generosa,

Dei speciosa,

Præ cæteris formosa

Paradisi rosa,

Sis genti bibenti gratiosa.

Der glaubenvollen Einfalt erbarmen sich die Heiligen gerne. Ihr Panier ist das ächte Oriflamm, unter
dessen Schutz und Schirm ihre Partisanen siegsicher
kämpffen. Kaum hatte Stamsalbus diese lateinischen
Worte, welche er sonst so offt zum Zusammenklappern
voller Humpen, sang, hergeseufzet; als seine Seele
aus der Bauchhöhle, wo sie zu hausen pflegte, zu den
Augen emporgeschnellt wurde. Eine so weite Reise
konnte sie jetzt, bey der gänzlichen Unbrauchbarkeit
aller ihrer Kräffte, ohne Zuthun der heil'gen Jungfrau, eben so wenig unternehmen, als ein Kürbis es

---

5) Einer, der auf dem Lande und im Wasser leben kann.

vermag, sich ohne Menschenhülffe auf ein Brett über
einer Thür zu heben. Und als nun die heilige Jungfrau Gramsalbus Seele an einem Ort wußte, wo sie
sich, unter dem Drucke einer solchen Angstlast, weder
zu rathen noch zu helffen verstand; flüsterte sie ihr ein,
den Augen zuzurufen, nicht immer einen Gegenstand
nur nach seiner ersten, vorzüglichsten Bestimmung zu
nützen. Die Augen thaten, wie ihnen gebothen, starrten die Wände des Gemachs, nur mit Büffelhörnern
und Hirschgeweihen verziert, lange an; fanden aber
nicht, wie diese den Leuchter, auf dem sie die Lichter
waren, so aus der Noth erretten mögten, daß er unbeschädigt bliebe. Dann ließen sie ihre Strahlen
durch den Talg hin, der sie umgab, von einem Gegenstande zum andern, vom Sessel zum Bettschragen,
von der Gewölbdecke zum Fußboden gleiten, und weil-
ten endlich auf dem Gelübb'bündlein des alten, magern Herrn.

Langsam erhob sich nun der Fleischklos von der
Erde, öffnete das Päcklein, berlugte die Geschenke,
unsrer lieben Frau zu Loretto bestimmt, gar ehrfurchtsvoll und andächtiglich, und kehrte sie von einer Seite
zur andern. Da dünkte ihn, es grunze ihm also ein
Bauchredner zu:

Lege

Lege dies Gewand an, verschleiere dein Antlitz, thue den Strahlenschein auf dein Haupt, nimm das Christkindlein in deine Arme; und geh', als heilige Jungfrau, ungeneckt und unentdeckt von dannen.

Gramsalbus schüttelte, die Arme in einander verschlungen, lange den Kopf, schau'te wieder, mit aufgeworfnem Munde, zum Himmel, legte den Zeigefinger seiner linken Hand an die Nase, und senkte ihn einigemale, als ob er die Folge seiner Gedanken bemerkte; endlich patschte er sich auf den Bauch, schlug ein Kreuz, und fragte:

Bist du ein guter Geist, der du mir dieses räth'st? Oder ist's der Krähenfuß, der mir solcherley Dinge eingiebt? Ein Andrer, der nicht Ich ist, sprach in mir; und der Andre ist entweder der Teufel, oder ein Heiliger gewesen. Und kann's der Teufel nicht gewesen seyn, sintemal ich heute mit einem: Deß walten alle Heiligen! den Fuß vom Lager senkte, und mögt' ich mit dem Schwarzen um funfzig Paternoster wetten 6), daß er kein Wörtlein heut, oder je — oder je? Ja! oder je, denn alles was ich rede,

6) Eine alte, noch nicht ganz veraltete Gewohnheit des gemeinsten Pöbels unter den Päbstlern, um Paternoster zu wetten. Der, so die Wette verliehrt, betet die bestimmte Zahl, zu Nutz und Frommen des Gewinners.

redet ja der heilige Franziskus aus mir — geredet habe.
Ey, ey, Bruder Gramsalbus, warum quälst du dich
so? Redet alles der heilige Franziskus aus dir; so
befahl er es dir ja auch, dich ins Gewand der gebenedeyten Jungfrau zu kleiden. Aber ich bin ein sündiger
Wurm. Was, sündig? Und hätt' ich so viele Sün-
denmaale an mir, denn der Dornstrauch Stacheln, und
unser Grauchen Haare; würd' ihrer nimmermehr gedacht werden. Und bin ich ja im heiligsten Geschäfte.
begriffen, und geschoren und geölt zum Mönche, welche des lieben Herr-Gotts Räthe und Hauptleute sind,
und bin ich ja ein Kämmerlein des seraphischen Vaters,
auf welchem wohl der Himmelsköniginn Gewand liegen
mag. Will's anlegen. Und wird wohl die heilige Magd
den Hochaltar zu Loretto verlassen, an meiner statt in
Kapuz' und Harnisch schlüpfen, und dann die Schergen
wacker abfertigen. Ist's doch nicht das erstemal, daß
sie solchen Liebesdienst Menschenkindern erwiesen. Und
hat sie, Beyspielshalber, im Ursulinerkloster, als
Schwester Priscilla vom Bruder Perpetuus entführt
worden, der Schwester Gestalt und Gebehrden angenommen, inzwischen Bruder und Schwester der Wollust gepflogen, zum Dank, daß die Nonne sie so gar offt
beavet; und ist von dem Buhlwerk nichts zur Kunde
der Abtissinn kommen. Und war doch das, was die

beyden im Liebesrausche mit einander getrieben, nicht
des Verlassens eines Hochaltars werth 7). Und bin ich
ja, unschuldig, eingesperrt, und so die sonnengekrönte
Gebenedeyte dies, für solch liederliches Gesindel gethan; was wird sie nicht für mich Keuschheitsbild
thun? Es sey gewagt!

Kaputz' und Harnisch warff er ab, und fuhr, nat-
tend, ins dünnleinene Hemblein, der heiligen Jungfrau geweihet; aber er konnt's, ohne es zu zerreißen,
nicht so weit ausdehnen, daß es seinen Schmeerbauch
umfaßt hätte. — Verstanden, gestrenge Frau — mur-
melte er nun — und wollt ihr's dem heiligen Franziskus nicht zuwider thun, daß Einer seiner Söhne be-
hembdet sey; und hab' ich nichts dagegen, soll auch um
meinetwillen, nicht Spahn unter den Himmelsfürsten,
entstehen. Aber, süße Mutter, das Gewand müßt ihr
ein wenig ausweiten, soll ich's tragen können.

Er legte es an, und, siehe! es stand ihm wohl.
Nun knüpfte er auch den goldgewirkten Gürtel um das

7) Auch in Wien, bey den Himmelspförtnerinnen, vertrat
die heilige Jungfrau sieben volle Jahre, die Stelle der
Klosterpförtnerinn, welche unterdessen ihren Ausschwei-
fungen nachging.

S. Kritische Bemerkungen über den religiösen Zustand
der k. k. Staaten, 1ster Bd.

Faß seines Wanst's, das noch nie ein güldner Reif umschloß, zerrte den Schleyer über's Gesicht, band sich
den Strahlenschein an, und nahm in seine Arme das
wächserne Kindlein.

So feist und wohlleibig, ging noch nie eine heilige
Jungfrau unter dem Pinsel eines Flamänders auf Holz
hervor. Wie ein Nebelbild im Winde hin und her
wogt; so quabbelte die ganze Gestalt. Wie rothe
Apfel durch's Stroh schimmern, das sie vor dem Froste
wahren soll; so strahlten die glänzenden Backen durch
den Schleyer. Als sollten sie ihn weich kneten; so vest
hielten die Fetthände den wächsernen Christus. Alle
Gramgestalten der alten, ehrwürdigen Erzväter und
Heiligen, welche bey'm himmlischen Reichstag Sitz
und Stimme haben, hätte das Lachen entstellt, Hir-
tenstäbe und Martergeräth, die Zeichen ihres irrdischen
Wohlverhaltens, würden sie weggeworfen haben, mit
den Händen ihre Bäuche, vor dem Zerplatzen zu sichern,
wenn diese Himmelsköniginn zum diamantenen Thron
gewatschelt wäre, die Sitzung zu eröffnen.

Aber Gramsalbus stand, innig seinen Werth füh-
lend, und ohne zu lachen, im Gemache der Thür gegenüber, und erwartete lange, voll heiliger Unverschämtheit, die Ankunft der Knechte. Er fürchtete
jetzt keine Waffe, da ihn eine solche Rüstung schützte:

er zitterte vor keinem Feinde, da er das ganze Heer der
Himmelskrieger in sich vereint wähnte. Endlich zog
er die rechte Faust von den Wachsbeinen des Christ=
Kindleins, strich seinen Wanst, und sprach: Ey, das
ist doch noch Fleisch von meinem Fleische, denn mich
hungert. Und hätte mir der alte Herr nur Lebensmit=
tel für unsre liebe Frau von Loretto mitgegeben; dürfte
jezt solche anrühren und mir einverleiben, denn ich bin
ja der Gottesbraut Stellvertreter. Ha! ha! Werden
sich baß die Pfaffen zu Loretto wundern, wenn auf ein=
mal die liebe Allerheiligste vom Altare verschwunden
ist, und werden sie's in die Acta Sanctorum setzen, daß
sie's dem Bruder Gramsalbus zu Gunst gethan, und
kann mir große Ehre draus erwachsen, wird vielleicht
gar ein Heiliger aus mir. Und muß sich's Leben eines
Heiligen im Himmel ganz lieblich und füglich leben
lassen. Und kann man seine Befehle geben und der
Menschen Bitten erhören, ohne sich aus seiner Lage zu
verrücken, und ist Niemand da, der Einen zur Rede
setzt, ob man auch gar keine erhörte. Und weiß man
alles, und erfährt man alles, und muß den lieben Hei=
ligen mancher lustige Schwank zu Ohren kommen. Und
sein Abbild überall ausgestellt zu sehen auf Altären,
in Kirchen, Gemächern und an Kreuzwegen, und ewige
Lampen davor, und knieende Könige und Fürsten, und —

Ausmalen wollt' er noch bunter das Himmelsle=
ben; da erhub sich draußen ein Getümmel. Schnell
warff er die Fetthand wieder um das Christkindlein und
zog die dicke Nase kraus zur Stirne hinauf, denn sie
witterte Essen. Die Thür wurde geöffnet, es ersahen
die Knechte den heiligen Wechselbalg, und stürzten
auf die Kniee, ihn anzubeten. Schüsseln und Teller
entfielen ihnen, rollten in weiten Kreisen um den ge=
jungfrau'ten Mönch und verschütteten ihr Eingeweide.
Gramsalbus vermocht's nicht über seine Augen, sie
zurückzuhalten, dem Laufe der Schüsseln nachzufolgen,
und die Ruheplätze der Speisen zu bemerken; aber
ein halber Blick auf seinen Gürtel erinnerte ihn der
Gefahr, so ihn zermalmen würde, wenn er die heilige
Bestürzung der Knechte nicht nutze: dreist schritt er
drum an den Knechten hinweg und zur Burg hinaus.
Wer ihn von den Hausleuten ersah, hielt ihn für die
heilige Jungfrau, die entweder an der Wassersucht
sieche, oder, durch ihre, einer Schwangerschaft ähn=
lichen, Leibesausgedehntheit, der Assenheimerinn ein
gleiches Schicksal verkündigen wollte; neigte sein
Haupt zur Erde und versäumte darüber, den Betrug
zu entdecken.

Gramsalbus war nahe vor der Fallbrücke umge=
kehrt, die ihn in einen tiefen Kerker bringen sollte;

aber noch hatte eine andere Beute den Fuß darauf
stehen. Verschmäh'te Liebe verhetzte den Seltauer
gegen Frau Elisabeth. Er trug das Körbchen immer
ihr nach, und konnte dem bodenlosen Dinge noch keinen
Geschmack abgewinnen, als sie seines Waffenbruders,
des Affenheimers, Weib wurde. Der erneuerte Umgang mit ihr schabte den Rost des Hasses und der Zu-
rücksetzung allmählig von seinem Herzen, und bald
glänzte die alte Liebe wieder hell; doch waren ihre
Wünsche und Gänge lichtscheuer denn vorher. Nun
begab's sich, daß Herr Bertolf auf einen Strauß zog,
und seine Hausfrau dem Schutze des Seltauers befahl. Wer das güld'ne Ehrenkleinod eines Weibes so
im Sacke habe, dachte Asmus, müsse doch wenigstens
den Versuch wagen, durch Rütteln und Schütteln
etwas davon, zu seinem Nießbrauch abzureiben; drum
erboth er sich gegen Elisabeth, damit sie gewiß vor
jeder Gefahr sicher sey, zu ihrem Bettgesellen. Allein
die Affenheimerinn, welche ihrem Abendgebete hin-
längliche Krafft zutraute, sie wider Gespenster und
Nachtgeister zu schützen, dankte dem Seltauer für seinen guten Willen so fühlbar, daß er, der mancherley
Arten von Wunden kannte, jetzt auch zur Kenntniß
der Kratzwunden gelangte. Das wurmte ihn nicht wenig. Zwiefach beleidigt, sann er nun auch auf zwie-

sache Rache, und harrte, mit Ungeduld, der Gelegenheit,
wann er von ihr Balsam für seine Herzens= und Stirn=
wunden zugleich erpressen könne. Jetzt, da Elisabeth den
Betfahrer aufgenommen, mit ihm geschwatzt, ihm ein
Nachtlager gegeben hatte, glaubte er die Gelegenheit
bey den Scheitelhaaren erwischt zu haben; den Mönch
ließ er einsperren, und wähnte nun, das von der
Burgfrau zu ertrotzen, was er von ihr nicht hatte er=
bitten können. Doch als er in die Schranken treten
wollte, vernahm er, Ritter Bertolf komme, ihm
höchst zur Unzeit, von seinem Zuge zurück; jetzt
mußte er auch die Affenheimerinn verhaften laffen,
um nicht von ihr angeklagt zu werden, und sie eher
belügen, als sie von ihm Wahrheit sagen könne: allso
ritt er seinem Waffenbruder entgegen und traf ihn eine
Tagereise von der Burg an.

Willkommen zu Hause, wackerer Fehdegespann. —
So begrüßte er ihn. — Das Glück rannte Dir nach;
hochbeladene Mäuler und stattliche Streithengste erseh'
ich ja in Deinem Gefolge.

Bertolf. Grüß dich Gott, Asmus. Hast recht ge=
rathen; das Glück hielt mir zur Seite.

Asm. Hatte gut rathen. Da du fehltest, fehlte
auch das Glück in deiner Burg; mußte allso wohl bey
dir seyn. Schöne Beute so du gemacht hast! Die

Reihe von Handpferden will ja kein Ende nehmen.
So treibt's die kahlköpfige Metze; dem, der da hat,
giebt sie, wer nichts hat, geht immer leer bey ihr
aus. Kehre wieder um, Bertolf, weil sie dir jetzt gün-
stig ist, hast noch manche Fehde hier im Gau unaus-
getragen und ungeschlichtet; wirff die Glückskugel, da
du sie noch in der Faust hält'st.

Bert. Ist mir Zeit und Weile lang worden haußen,
eh' ich wieder zu meiner Liese käme.

Asm. Wollte, du wärst nie wieder gekommen.

Bert. Glaub's dir, ohne daß du dabey deine Finger auf ein St. Johannishaupt legest; du hättest sie
dann dir antrauen lassen.

Asm. Mehr Ehre für dich, sie wäre mein Weib
worden, denn daß sie die Hörner auf deinem Helme
mit noch einem Paare vermehrte.

Das also! Schrie Assenheim, stieß seinem Gaul
die Sporn in den Wanst und tobte fort.

Bist du toll? — Rief Asmus und sprengte ihm
nach. Bald holt' er ihn ein, und fiel ihm in die Zü-
gel. — Die Hörner schüttelst du nicht von deinem
Helm, und trieb'st du dein Roß zu noch höhern
Sprüngen. Höre mich an.

Bert. Ich habe genug gehört.

Aom. Ich aber noch nicht genug erzählt. Mir trugst du die Huth deines Weibes auf, und ich war ein Narr, sie anzunehmen. Dacht zwar, hast hundert Knechte beachten können, und wirst du also auch wohl bey einem Weibe mit deinen zweyen Augen ausreichen: Hatt mich aber gröblich geirrt. Hab's nun gelernt, ein Weib zu hüthen sey schwerer, denn Mücken in einem Vogelkäfig eingekerkert zu halten, Wasser in einer Aalreuse aufzuheben und Eisschollen zu rösten. Ich rechnete nicht darauf, daß Weibergelust so wunderseltsam seyn könne, und fürchtete drum nur junge, rasche Gesellen, und hielt diese, auf zwanzig Armbrustschüsse weit, von der Burg entfernt, weil ich wähnte, deine Liese werde nur einen solchen Buhlen wählen, der dich übertreffe, oder wenigstens dir gleich komme. Aber der Hängebauch eines Eseltreibers, ein hirnloser Püstrich, der Bodensatz eines Kessels voll geschmolzenen Unschlitts, ein schielender Killkropf 8),

8) Das Kind einer Hexe und des Teufels, nach Andern, eines Nickerts, wie der Aberglauben des Mittelalters berichtet. Der ehrliche Johann Bodinus erklärt den Namen durch den Zusatz: „weil es stäts im Kropf killet" (grunzet, schluchzet) in seinem weisheitsvollen Buche: De magorum daemonomania, oder: Vom ausgelassenen, wütigen Teufelsheer, übersetzt durch Johann Fischart. Straßburg, 1591. S. 131.

der Abſaum aller Häßlichkeit behagte ihr wohl, der nahm des ſchlanken, ſtattlichen Aſſenheimers Platz in deſſen Ehebette ein. Jetzt wüßteſt du ſchon mehr.

Bert. Nichts mehr denn vorhin. Laß mich reiten; will den Segen über das traute Pärchen ſprechen.

Asm. Dazu bedarffs nicht der Eile; entlaufen werden dir beyde nicht. Sie ſitzen, wohl verwahrt, auf deiner Burg und ſingen eine Litaney, die mich und dich, mit dem ewigen Tod und Teuffel in eine Klaſſe ſtellt.

Bert. Dank dir dafür, Asmus. Kann alſo mein Schwarzer wieder ſeinen Schritt gehen. — — Von andern Dingen. Haſt du noch Luſt zu freyen, Seltau?

Asm. Warum nicht?

Bert. Willſt du des Aſſenheimers Lieſe? Er tritt ſie dir ab um ein Gotteslohn.

Asm. Und wär deine Beute ihre Morgengabe; ich mag ſie nicht.

Bert. Einer wird ſie ohne Morgengabe nehmen.

Asm. Hans Holzmeyer. Er wirbt jetzt um ſie.

Bert. Bin nur um Brautführer verlegen.

Asm. Der vollwampige Buhle.

Bert. Zween Führer muß eine Braut haben. Ich bin dann der Andre.

Asm. Dann wärſt du ein Thor. Wähnſt du, mit deiner Lieſe ſterbe das ganze Geſchlecht aus? Will dir Weiber genug vorschlagen. Des Brandeckers Käthe?

Bert. Betet, verläumdet und zanket so viel, daß ihr der verstorbene Ehemann täglich hätte den Zankzaum 9) anlegen müssen, und solche Stallbubendienste behagen mir nicht. Das that meine Liese nicht.

Asm. Des von Mohrbachs Wittib?

Bert. Mäulte immer mit ihrem seel'gen Eheherrn, so er einmal, ohne Beute, aus einer Fehde oder von der Jagd kam. Das that meine Liese nicht.

Asm. Beatrix von Espen?

Bert. Schmiert ihre Fieberwangen mit Röthsel 10)

---

9) Die Ungeschlachtheit des Mittelalters erfand eine hölzerne Larve, mit einem scharfen dran befestigten eisernen Gebiß für zänkische Weiber, und die noch ärgere Ungeschlachtheit der Gesetze jener Zeit verstattete jedem Ehemanne, den die Zanksucht seiner Frau plagte, diese Larve ihr vorzulegen, und sie so, die Hände auf dem Rücken zusammengebunden, durch die Straßen zu führen.

10) Rothe Schminke, wie Blankfel, weiße Schminke. Das erste Wort kommt selten vor. Vielleicht, daß unsre deutschen Mütter im Mittelalter das Schmachtende durch Blankfel zu erkünstein genöthigt waren; da ihnen nicht, wie unsern heutigen Frauen und Mädchen, das Glück wurde, es, mit dem Verlust ihrer Gesundheit von Mode-Lastern erkaufen zu können.

und hängt Bündel Todtenhaar an ihren Kopf. Das that meine Liese nicht.

Asm. Adelheid von Ebran?

Bert. Zieht vier sammten Röcke über einander, stickt ihr Wamms mit Perlen und rennt zu allen Banketen. Das that meine Liese nicht.

Asm. Gundel von Felbing?

Bert. Weiß nicht, wie theuer sie ihre Worte verkaufen will, zerrt's Mündlein gleich einem Trichter zusammen, dreht und windet sich aus lauter Zimperlichkeit, als würd sie immer von tausend Wespen gestochen, trägt Handschuhe in der Küche und im Bette, wundert sich drüber, daß der Bettelvogte Weiber auch Kinder zur Welt bringen, und meint, man sähe es doch gleich einem Affen an, daß er nur eines geringen Mannes Sohn sey. Das that meine Liese nicht.

Asm. Helene von Ollborn?

Bert. Ist schon dreymal von ihren Verlobten verlassen, weil ihr ein Buhle nie gnügt, und sie die Probenächte wieder einzuführen sucht — Pest und Verderben über sie! Das thut meine Liese auch!

Asm. Hedwig —?

Bert. Schweig! Schlage mir eine Heilige vor; ich nehme sie nicht. Es wahrt keine Heiligsprechung Weiberfleisch vor Ansteckung und Weibergelust vor

Wahnsinn. Du machst mich heiß, Seltau, und ich will kalt seyn.

Asm. Was wirst du mit deiner Liese beginnen?

Bert. Das frage mich Morgen. Als du mir zwanzig Huben Land verkauftest, fodertest du eilf Männer, so meine gewisse Bezahlung dir verbürgen mußten; —

Asm. Weil es Sitte im ganzen Reiche ist.

Bert. Wo sind jetzt die eilf Zeugen, die sich für Dich verbürgen, daß du recht gesehen habest?

Asm. Werden sich finden.

Bert. Und dann wirst du mich meiner Ritterpflicht gemäß handeln sehen.

Stumm ritten beyde nun fort. Als sie an die Ketten von Assenheim kamen, liefen dem Seltauer drey Knechte entgegen, und klagten ihm, der Pilger sey entwischt.

Bert. Entwischt! Ich wollt', es hätt euch der Galgenstrang erwischt! Wozu habt ihr Augen im Kopfe?

Ja, Herr — erwiederte ein Knecht — der Schuft hatte sich als die heilige Jungfrau vermummt, und hätt' ihn dann der Schwarze entwischen lassen, wenn der Pfaff ihm unterm Wind geblieben wäre.

Bert. Bewacht mir die Ehebrecherinn, oder ich laß' euch ans Burgthor knüpffen. Du kennst den Buhlen, Asmus; wir wollen ihm nachsetzen.

Und Bertolf und Seltau, mit ihnen einige Knechte, durchstreiften die umliegenden Gegenden.

Im Vorsprungshäuschen hatte Brigitte gelauscht, und nun fand sie das Räthsel gelöset, warum ihre Frau vom Seltauer eingekerkert sey. Zu ihr eilte sie und entdeckte ihr das.

Elisab. Unmöglich hast du recht gehört, Brigitte. Mein Bertolf konnte mich weder eine Ehebrecherinn schelten, noch des Seltauers Bosheit und Rachsucht so unvorsichtig handeln, mich, ohne Beweise, eines solchen Lasters anzuklagen.

Brigit. Gestrenge Frau, kennt ihr die Verschmitztheit des Seltauers nicht, welche unter der Larve der Dummheit, und ohne viel Worte zu machen, das Selbstgeschoß hinlegt, ihren Feind auf den Strick am Abdrücker führt, und dann der gehofften Würkung gewiß ist? Und gilt ja auch euerm Eheherrn ein Wort von Asmus eine beglaubigte Urkunde. Weint nicht, liebe, gute Frau. Ich bin noch verschmitzter denn der Seltauer, und soll dieser Stein, den er auf euch werfen wollte, auf seinen eignen Schädel zurückfallen. Vergönnt ihr mir nur, zum Waldbruder Ambrosius zu gehen, dann ist eure Rettung gewiß.

Elisab. Geh, Brigitte; doch will ich nicht gerettet seyn, so mir meines Bertolfs Liebe nicht wieder wird.

Brig. Soll euch wieder werden, und dem Schleicher Asmus ein Bad zubereitet, worinn er ersaufen muß.

Wie eine Glocke vom morschgefaulten Glockenstuhl eines Klosterthurms, den ein Windstoß zertrümmert, über Kirche; Beinhaus und Grabsteine, hüpffend, stürzt, als wollt sie dem hinterherkrähenden Wetterhahn, dem nachprasselnden Knopfe entfliehen; so torkelte Gramsalbus von der Burg hinab. Ueber Aecker und Wiesen, über Haideland und Bäche trieb ihn die Furcht, wie ein Sturmwirbel. Hundegebell und Nachsetzender Rufen wähnt' er immer zu hören; aus jedem Gebüsche sah er einen Schergen hervorlauschen. Plumpte ein Frosch neben ihm in einen Graben; so sprang er zur Seite. Rauschte eine Schwalbe über ihn hin; so glaubte er, es sey ein abgeschossner Bolzen, und duckte sich, wie der Hase vor dem Windhunde, der nun über ihn hinstreicht. Er rannte so schnell, daß er einigemal niederschlug; bangend, daß er schon in des Assenheimers Gewalt sey, erhob er sich wieder. Endlich wagte er es, hinter sich zu schauen, und sah keinen Menschen. Ruhiger wurde er nun und ging langsamer, denn er war einer Ohnmacht nahe. Kaum ließ die Furcht etwas nach, ihn zu plagen; da traf ihn die, noch schärfere, Geissel des Hungers: schier seit vier und zwanzig Stunden hatt' er nichts
gegessen,

gegeſſen, und doch, durch Angſt, Furcht und Müh-
ſeeligkeit, ſo viele Kräfte verlohren. Auf dem Felde
ſah er in der Ferne einige Arbeiter; der Hunger trieb
ihn zu dieſen, die Furcht hielt ihn wieder zurück.
Lange blieb er unſchlüſſig; aber wie er von jeher ſeinem Magen gehorchte, ſo that er auch jezt und eilte
zu den Bauern. Doch kaum erblickten ihn dieſe, ſo
warffen ſie ihr Arbeitsgeräth von ſich, und liefen, in
größter Beſtürzung, dem Dorfe zu. Wer ſein nur
gewahrte, floh, oder ſank, in weiter Entfernung, nieder
zur Erde; denn jeder glaubte, die heilige Jungfrau
ſey leibhaftig vom Himmel gefallen. —

Die vermaledeyten Kleider! — Schrie nun Gramſalbus. — Und vergebe mir Gott die ſchwere Sünde!
Sind zwar der heil'gen Jungfrau; aber ich bin mir
ſelbſt doch näher denn ihr. Und fliehen mich deswegen
alle Menſchen, oder knieen nieder vor mir und ich
muß, bey all der Ehre, verhungern. Gehts allen
Heiligen ſo, da will ich künftig immer meinem ärgſten
Todfeinde wünſchen: daß du ein Heiliger werdeſt!
Und iſt ihm dann wehe genug geflucht. — Grauchen,
Grauchen, wüßteſt du, wie ſich jezt dein armer Reiſegeſpann quält; du heülteſt dir die Kehle wund.
Nichts zu eſſen! Nichts zu trinken! Glorreiche Mutter, und hab' ich dich doch genug gegrüßt, Morgens

und Abends, und bey Tag und Nacht, und wachend
und träumend — — Aber das ist der Welt Lohn!
Jetzt lässest du deinen treuen Knecht in deinen eig'nen
Kleidern verhungern. Werff' ich die geweih'ten Hadern ab; dann bin ich so nackt wie bey meiner Geburt.
Brodt! Brodt! Mutter Gottes, Königinn des Him-
mels, Churfürstinn von Jerusalem, Markgräfinn von
Loretto! Und hast du ja so viele Wunder gethan;
mach doch, daß auf diesem Schwarzdorn Speckwürste
wachsen, und diese Pilze Brodt werden: ist dir ja
ein leichtes, und wird's dir noch vollkörnigere Ehre
einbringen, denn jene, so einst der heil'ge Antonius von
Padua ärndtete, da er eine Kröte kappaunte 11). — —
Sie hört nicht. Vielleicht, weil's deutsch ist. Ave
sanctissima Maria, mater Dei, regina coeli, domina

---

11) Als einst der heil. Antonius von Padua von Ketzern
    zum Essen geladen war, setzten ihm diese eine große scheuß-
    liche Kröte vor. Kaum ersah's der heilige Mann, und
    machte das Zeichen des Kreuzes über sie; siehe! gleich
    war sie in einen leckerhaft gebratenen Kapaun verwan-
    delt, von dem alle aßen.

S. Liber aureus, inscriptus Liber confor-
    mitatum vitae Beati et Seraphici patris
    Francisci ad vitam Jesu Christi Domini
    nostri &c. Bononiae, 1620. Lib. I. Fruct. 6.
    Pag. 61. Col. 1.

mundi, templum trinitatis, porta paradifi, virgô
ante partum, virgo in partu, virgo poft partum,
virgo manens nec mutaris propter puerperium, ficut
flos propter odorem fuum non perdit decorem, cum
odorem mittitur, virgo pulchra tota, charitatis fonte
lota, flos virginum, gemma fpeciofa, rofa fine fpi-
na, lilium caftitatis, chàrta indulgentiarum 12),
mater orphanorum, confolatio defolatorum, via er-
rantium, falus et fpes in te fperantium 13), da panem! panem!! panem!!! famulo tuo efurientiffi-
mo. — Nun, das heißt geschmeichelt! Und doch keine

12) Gramfalbus scheint auf den Portiunkulaablaß anzuspie-
len, welcher, nach dem Zeugniß der folgenden Stelle,
auf die heilige Jungfrau selbst geschrieben
war: „Das Pergament (charta) dazu — sagte St. Franziskus — sey die heilige Maria, Christus der Notarius,
und die Engeln seyn Zeugen."
S. Liber conform. L. 2. part. 2. Fol. 135.

13) Der Antidotarius animae, meditationes et orationes
devotiffimas complectens &c. Nürnbergae, MDXX. liefert jedem Betenden solche lateinische Seufzerlein an alle
Heilige, selbst die eilftausend Jungfrauen und die theba-
sche Legion nicht ausgenommen, unter welchen einige so
sonderbar toll sind, daß man mit sich uneins wird, ob
in dem Hirn des Verfassers heilige Dummheit oder die
Sucht gewüthet habe, Wesen lächerlich zu machen, von
welchen er doch Hülffe erwartete.

D 2

Erhörung! Nichts? Nichts! Und bleibt Schwarzdorn Schwarzdorn, und Pilz bleibt Pilz! So stirb dann, Gramsalbus.

Hin sank er zur Erde, röchelte dreymal gar kläglich, und — entschlief.

Und es träumte ihm, er befinde sich auf einem großen Eyerfladenanger, durchschnitten von Mandelmilchsbächen, Bierflüssen und Weinseen. Die Bäume trügen statt der Blätter, Wecken, statt der Früchte Schüsseln voll gedämpfter Erdäpfel, gesottener Föhren 14) mit verlohrnen Eyern, Kappen in Gallrey 15) gedeckter Pfauenbreyn 16), gerösteter Reigerschenkel und gebackenen Fischrogens. In der Ferne liege, auf einer ungeheuern silbernen Schüssel, ein gebratener Ochse, dem gleich, welcher bey einer Kaiserkrönung, mit reinen und unreinen Thieren, wie Noah's Arche, gefüllt, dem Volke Preis gegeben wird. Der Anblick söhnte den Mönch wieder mit der heil'gen Jungfrau aus, und ohne Verzug eilte er zu den lieblichwinkenden Fruchtbäumen; aber die Schüsseln wurden

14) Forellen.

15) Kapaunen in Gallert.

16) Pfauenpastete. Dieser kleine Küchenzettel mag einen Begriff von den Leckereyen der Apiciusse des Mittelalters geben.

jach zu den Wipfeln hinaufgeschnellt und ließen nur
den süßen Geruch zurück. An's Gestade eines perlen-
den Weinsee's knie'te er; doch der Wein entwich unter
seiner schöpfenden Hand, und der nackte Sand
schreckte ihn zurück. Zum Ochsen sprang er; allein
geschwinder denn ein Gewitterwind Wetterfahnen
umtrillt, dreh'te sich das gebratene Horn des Ueberflusses auf der Schüssel herum und schmetterte den Hungrigen zur Erde, der nun, mit räuberischer Faust, seine
Lagerstäte aufriß, und eben mit einem drey Schritte
langen Stücke zum Munde fuhr, als ihn ein gellendes Hundegebell erweckte.

Er rieb sich den Schlaf aus den Augen. Bauern
standen um den Vollwanst, baten ihn unsanft, aufzustehen, und donnerten ihm die Schimpfworte: Altar-
dieb, Kirchenräuber, und Heiligthumsschänder in die
Ohren. Eine solche Beschuldigung machte ihn gleich
völlig munter. Zum Himmel wollte er die Hände
heben, ein Zeichen seiner Unschuld herabzuwinken, und
— sie waren gebunden.

Ihr Leute — jammerte er nun — was soll das?

Fragst du noch, Schandbube? — zürnte ein
Bauer — Hast du nicht der heiligen Jungfrau das
Gewand genommen, daß sie fadennackt da steht, wie
ein sündiges Menschenkind?

D 3

Gramf. Will's ja alles wieder herausgeben, hab'
ich's doch nur geborgt. Erbarmen, Erbarmen und ein
Stücklein Brodt!

Bauer. Einen Strick um deinen Speckhals! Mußt
du Kapellen berauben und den Heiligen ihre Scham-
tücher mausen? Fort zum Gaugrafen, und wird dir
der ein Plätzchen anweisen, wo Raßen und Geyer sich
zu deinen Ebenbildern fressen werden. Fort! fort!

Und ohne seine Vertheidigung anzuhören, sackten
sie den Fleischklumpen auf, und schleppten ihn zum
Gaugrafen.

Um Gramsalbus Unglück zu vermehren, war, in
der vorigen Nacht, eine nahgelegene Kapelle, dem
heiligen Joseph geweihet, geplündert, und unter andern auch ein Gewand, dem ähnlich, so der Mönch
trug, dem Marienbilde entwendet; deswegen hielt ihn
der Gaugraf für den Kirchendieb, und sprach ihm,
kurz und gut, das Urtheil, er solle, am andern Tage,
zur offnen Feldherberge gebracht werden, um dort das
Einlager bis zum jüngsten Gericht zu halten. 17)
Dagegen erhub nun Gramsalbus mächtig seine
Stimme; erzählte unter großem Klagegeschrey, die
ganze Geschichte seiner Betfahrt von der Verheira-

17) In der Scherzsprache des Mittelalters so viel, als gehenkt werden.

thung des alten, magern Herrn an, bis zu seiner Hafft in einer Ritterburg, woraus er sich durch Hülffe der Kleider, gerettet habe; betete einige lateinische Psalme und zeigte seine Platte, um desto eher seine Unschuld durch seine Mönchheit, beweisen zu können; aber der Gaugraf erklärte dies alles für Mährchen und Fündlein, sagte, ein Schorfkopf mache eben so wenig den Mönch als die Kutte, und setzte hinzu: Und werd' ich dich nur dann für unschuldig halten, wenn du dich dem Gottesurtheile unterwirffst, und mit nacktem Arm, aus einem Kessel voll siedenden Wassers, unbeschädigt, meinen Siegelring nimmst.

Ja, daß ich ein Narr wäre, — quäckte Gramsalbus — und mir die Faust bis auf die Knochen verbrennte! Hostien, vom Pabste geweih't, will ich, zu Dutzenden, drauf verschlucken, daß ich unschuldig bin. Nein, und ist mit siedendem Wasser nicht zu scherzen. Und ich bin ja unschuldig an der Beraubung der St. Josephskapelle, so unschuldig, als Eur Gestrengen, an meiner Erzeugung.

Gaugraf. Bist du unschuldig, so greiff in den Kessel; es schadet dir nichts. Die Heiligen werden dann deinen Arm in zehnfache Tücher hüllen.

Gramf. Ich will den Heiligen gern die Mühe abnehmen, denn sie haben mehr zu thun, als meinen

einzuwindeln. Sie müssen wohl unwirsch auf mich
seyn; werde gewiß ein Paternoster oder ein Ave
überschlagen haben, oder, (vor sich) vielleicht ist auch
der Elephantenzahn Ursach, und mußt' ich doch unserm
Abte gehorsamen. (laut) Nein! nein! und ließen
mich jetzt die Heiligen sicher in der Klemme stecken,
und meine Hand gar kochen, und mein Fett am
Galgen verträufeln. Ach, und bin ich gewiß unschuldig! Nach Verlauf eines halben Jahres, gestrenger
Herr, will ich ein Hufeisen aus dem Kessel mit siedendem Wasser langen, und will ich wohl in der Zeit die
Heiligen versöhnen, so mir jetzt alles gebrannte Herz-
leid anthun, wie's nur ein Martyrer erduldet haben
kann. Und bin ich wahrhafftig unschuldig, glaubt
mir's, und kann ich gar nicht lügen; wünschte nur,
ihr könntet mir ins Herz sehen. —

Gaugraf. Man hat einige der geraubten Sachen
bey dir gefunden, du hast anfangs die That eingestan-
den, nachher geläugnet, und willst dich jetzt dem Gottesurtheil nicht unterziehen; drum bist du schuldig.
Fort mit dir zum Kerker! Morgen gegen Mittag
baumelst du schon.

Dem lähmendsten Unvermögen, jetzt noch etwas
zu seiner Rettung versuchen zu können, sank Gramsalbus in die Arme, denn des heißhungrigen Todes

gewiſſen, nahen Beſuch konnt' er ſich nicht denken,
ohne daß ſeine Seele, vor Schreck, einen gewaltigen
Burzelbaum gemacht hätte. Durch mancherlei Mittel
ſuchte man die Empörung in dieſem Fleiſchlande zu
ſtillen; aber die Fürſtinn Seele konnte durch nichts
wieder auf den gewundenen Thron gebracht werden,
als durch die Ausdünſtungen der ſtarkdufftenden
Speiſen, welche den Knechten des Gaugrafen aufgetragen wurden. Von ſeinem Leben gaben die Worte:
Laßt mich mit eſſen — den erſten Beweis. Gern
geſtattete man ihm das, und nun fraß er, als hätt' er
vergeſſen, daß Galgen, Strick und Tod in der Welt
wären.

Die Gegend um Aſſenheim durchſtöberten Bertolf
und Asmus, den Betfahrer zu ſuchen, voll Begier
der erſte, ihn zu erhaſchen, um es prüfen zu können,
ob ſeines Waffenbruders Klage gegründet ſey, der
aber nachdenkend und mißmüthig neben ihm her trot-
tete. Zwar gefiel ihm Gramſalbus Flucht, denn
dadurch hatte er einen Zeugen weniger wider ſich,
und deswegen ließ er es ſich auch nicht angelegen ſeyn,
ihn zu erwiſchen, und wußte den Aſſenheimer ſo
geſchickt, nahe bey der Burg aufzuhalten, ihn einigemal über e i n e n Fleck zu führen, daß der Entlaufene
Zeit genug gewinnen mußte, ſich in Sicherheit zu brin-

gen; aber Bertolfs immer noch zweifelndfragende
Miene, schien seinem, so eilig, und darum so unüber=
legt gemachten Plane, nicht den besten Ausgang zu
versprechen.   Vorher wähnte er, es solle ihm Affen=
heim, in der Zornübereiluug, die Bestrafung seines
Weibes antragen, dann wollt' er es, zu seinem Willen,
an einem entfernten Ort gehalten, und seinem Gesellen
Elisabeths Tod vorgelogen haben; doch Bertolfs
Wuhsch, kalt und mit Ueberlegung die Sache zu unter=
suchen, vereitelte das glückliche Zusammenweben dieser
Betrügereyen.   Stirn gegen Stirn, fürchtete Asmus,
werd' er nun Frau Elisabeth verläumden, und, wenn
auch seine Sache gewinnen, — denn er mußte wie viel er
über seinen Freund vermöge, — doch die ihm so süße
Rache des Wollustgenusses in ihren Armen, gegen
eine blutige Rache vertauschen müssen, die ihm nichts
fromme.

Es zogen Beyde so still fort, als eilten sie zum
Kampfgitter, dort sich, das Urtheil Gottes über
einen Ehrenhandel, durch ihre Schwerdter dollmet=
schen zu lassen.   Die Nacht überfiel und nöthigte sie, in
Ambrosius Hütte zu verweilen.   Der Klausner, Einer
von denen, welche mit der Welt und ihrem Gewissen
zerfallen, Gottes Himmelserbschaft, durch Andäch=
tigthun und Alleinleben, zu erschleichen suchen;

brachte des Seltauers Mißlaune zu einer noch heffti=
gern Gährung, da er ihm, in dunkeln Worten und
Redensweisen, Propheten alter und neuer Zeiten eigen,
verkündigte, sein Hochadliches Wapen werde bald an
einem Orte aufgestellt seyn, wo die krummgeschnabel=
ten, von Fang und Raub lebenden Vögel, es als einen
Verdauungsplatz nutzen würden, der von ihrer Lieb=
lingsatzung nicht zu weit entfernt wäre. Der Morgen
brach an, noch hatten sie den Schlaf nicht gesehen,
und doch bestjegen sie ihre Rosse, um, so wollt' es Herr
Bertolf, dem dickgebauchten Ehebrecher nachzujagen.

Eine Stunde waren sie kaum von der Einsiedeley
entfernt, da hefftete ein Rudel Bauern, mit Spießen,
Stangen und Bengeln bewaffnet, ihre Aufmerksamkeit.
Gleich einem Igel bewegte sich der Haufe, langsam zu
einem Bühel, worauf das dreybeinige Monogramm
des Todes, der Galgen, gar schauerlich, im Morgen=
roth stolzierte. Ein Geächz: Ach! ich bin gewiß
unschuldig. O Grauchen! Grauchen! aus des Hau=
fens Mitte hervorzitternd, lockte die Ritter hinzu.
Man machte ihnen Platz, und nun ersahen sie den unglück=
lichen Betfahrer, mit einem Armensünderkittel beklei=
det, in den zusammengebund'nen, dunkelroth geklemm=
ten Breyhänden, ein Cruzifir haltend. Sein Antlitz
ähnelte einer Quitte, über welche sich eine blauweiße

Schimmelhaut gezogen hat, seine Augenliede plät⸗
scherten in Thränen auf und nieder, wie Fische im
seichten Wasser, die Haut zur Seite des Mundes fal⸗
tete sich beutelförmig herab, und die dicke Unterlippe
schien brettplatt, der obern Zahnreihe angewachsen.
War's der Dorn des Gewissens, der jezt den Seltauer
zu schmerzend stach, oder eine Anwandlung von
Menschlichkeit, welche nie, ohne Wiederkehr, aus
dem Herzen eines Wollüstlings zu verbannen ist? Sel⸗
tau vergaß seiner Rolle, die ihm befahl, den Mönch, als
kenne er ihn nicht, erdrosseln zu lassen; denn er
schrie: Bruder, dieser ist der Mann, den wir suchen.
Drob erfreute sich Herr Bertolf, erforschte die Ursache,
welche den Wanst zum Galgen bringe, nannte sich dem
Gaugrafen, sprach den armen Sünder des angeschul⸗
digten Kirchenraubes frey, ließ ihn losbinden, und
geboth dann einem seiner Knechte, ihn vor sich aufs
Roß zu nehmen. Wie vorhin die Angst, so machte jezt
die Freude das Faulthier sinnlos; aber Affenheim rüt⸗
telte es wacker zusammen, und schrie ihm ins Ohr:
Vom Galgen hab' ich dich Ehebrecher gerettet, um
dich auf dem Scheiterhaufen sterben zu sehen. Das
brachte es wieder in's Thal der Todesfurcht zurück,
und jezt begann es von neuem sein altes Liedel: Ach,
ich bin gewiß unschuldig! zu wimmern.

Es tobte nun der Affenheimer zu seiner Veste,
Als Ritter und Knechte dort von den Rossen gestiegen
waren, man dem Gefangenen einen Kerker zur Woh-
nung angewiesen, und der Burgherr einigen Knappen
Befehl gegeben hatte, auf den kommenden Morgen
alle seine Waffenbrüder, Freunde und edeln Dienst-
mannen einzuladen, Gericht zu hegen über Elisabeth
und Gramsalbus, ging er langsam, als gehe er zur
Helmschau unter dem Joche drückender Verbrechen,
zum Wohngebäude: da stürzte ihm, mit zerrauften
Haaren und thränennassen Wangen, Brigitte entgegen.
Bald schlug sie die Hände über dem Haupte zusammen, bald rang, bald faltete sie sie, und heulte:
Kehrt ihr Teufel zurück in den Himmel, den ihr zur
Hölle machtet?

Was heißt die Dirne? fragte Herr Bertolf.

Die Knechte blieben stumm, und sahen, seufzend,
zur Erde.

Brig. Magst du noch fragen, was mich beißt, da
du die grimmigsten Hunde auf mich gehetzt hast?

Bert. Sie ist toll. Führt sie in den Thurm, daß
sie dort gegen die Fledermäuse ihre Wuth ausrase.

Brig. Wer mir zu nahe kommt, dem kratz' ich die
Augen aus! Kein Wunder, wär' ich toll. Doch noch
bin ich's nicht, und bis ich dich Weibesmörder öffent-

lich angeklag't habe, erhalten mir die lieben Heiligen
gewiß meinen Verstand.

Bert. Ich, Weibesmörder?

Brig. Du! du! Komm, Währwolf, und sieh das
Weib, so du, in deiner Bezauberung getödtet hast.

Einer Rasenden gleich; riß sie den Ritter mit sich
fort in die Burg, hin zum Gemache der Assenheimerinn. Auf ihrem Bette lag da Elisabeth, leichenblaß,
geschlossen die Augenliede, kalt und erstarrt.

Herr Bertolf schrack zusammen, seine Gesichts-
muskeln wurden wie verstein't, er wankte zum Bette,
ergriff die Hand seines Weibes, rief: todt! und sank
nieder am Lager, unter dem Centnerschlage des
Schmerzes. Erwache, traute Hausfrau — jammerte
er dann — und wärst du auch schuldig; ich vergebe dir
alles. Erwache, meine Elisabeth!

Brig. Ruf' nur und schreie, daß deine Lunge zer-
springe; doch ruffst du ihren Geist nicht zurück, er ist
längst entfloh'n und kann keine Bieberfrau sich Ehebrecherinn schelten lassen, daß nicht der Gram ihr
Herz anfresse und sie tödte. Sie hat dir vergeben in
ihrem letzten Stündlein; aber ich fluche dir, so lang'
ich Athem ziehe, denn du hast sie gemordet, und will
ich dir folgen auf Schritten und Tritten, in die Kirche
und in dein Schlafgemach, in die Trinkstube und in

den Beichtstuhl, zum Schlachtfelde und in die Tur-
nierschranken, daß dein Gewissen immer dich peinige,
und du, wenn ich auch schon vermodert bin, mein
Schreien noch hörst.

Da trat Asmus hervor und zürnte: Schweig,
Dirne! Deine Elisabeth, Assenheim, war schuldig,
das begründete ihr jäher Tod. Gift hat sie genommen, zu entgehen der öffentlichen, schändenden Strafe
des Ehebruchs; der Gram tödtet so schnell nicht.
Sey ein Mann, Bruder!

Bert. Ich bin ein Mann. Daß ich mir den Dolch
noch nicht durch die Brust stieß, beweiset es dir, —
Asmus, diese bleichen, kalten Lippen fragen dich: War
Elisabeth von Assenheim des Ehebruchs schuldig?

Brig. Lüg, Teufel, wie deine Brüder!

Asm. Sie war's.

Bert. Fasse diese starre, bewegungslose Hand und
schwöre: Elisabeth von Assenheim war des Ehebruchs
schuldig.

Brig. Schwör, Teufel, schwöre falsch wie deine
Brüder!

Asmus berührte Elisabeths Hand und sprach:
Ich schwöre.

Bert. Seltau, leg deine Finger auf dies Chri-
stusbild — Er riß es vom Tabernakel — und

schwöre: Elisabeth von Assenheim war des Ehebruchs
schuldig.

Brig. Tritt's Kreuz unter deine Füße, Teufel,
und schwöre!

Auf das Krucifix legte Seltau die Finger seiner
Rechte und sprach: Ich schwöre.

Bert. Nun dann, fahr hin, Zweifel! fahr hin,
Hoffnung, daß je wieder für mich ein Glückskorn
keime. Laßt den Leichnam verscharren. Komm, Seltau, wir wollen in der Kapelle beten, daß Gott der
armen Seele gnädig sey.

Brig. Geht, Mörder, und betet für die Ermor-
dete! Warum zaudert ihr? Geht doch! Betet.

Bert. Ich kann jetzt nicht beten, Asmus. Folg
mir in den Rüstsaal. Dort will ich dich gegenüber
stellen dem Bilde meines Vaters, vor dem mir einst
Elisabeth ewige Treue gelobte, und ihre Freudenzäh-
ren rannen, daß sie mein worden war. Dort wollen
wir weinen, Asmus, daß der Wollustteufel in einem
solchen Weibe hausen konnte.

Brig. Geht, Mörder, und weinet über euch selbst!

Brigittens Worte erschütterten den Seltauer,
zitternd schlich er seinem Waffenbruder zum Rüstsaal
nach. Vor seines Vaters Konterfay trat Bertolf, und
blickte so lange starr es an, bis seine Augen übergin-
gen

gen in Thränen. Auf die linke Hand das Haupt
gestützt, saß Asmus im Bogenfenster, und flammende
Gewissensangst brannte in seinem Herzen, vor seinen
Augen flirrte Elisabeths Leichengestalt, vor seinen Ohren sauſten immer die Worte: Maineidiger! Mörder!
Er versuchte aufzustehen, und vermocht's nicht; er
wollte reden, und konnte nicht. Auf einen Sessel fiel
Bertolf zurück, zu seines Vaters Bildniß die Blicke
gerichtet. Nur beyder Seufzer zeugten davon, sie
wären nicht aus e i n e m Stoffe mit ihren Sesseln.

Des Tages Licht verlosch. Assenheim taumelte,
völlig gekleidet, zu einem Lotterbette in der Ecke des
Saals, unmuthig stürzte er drauf nieder, so auch
Asmus. Keiner wünschte dem andern eine ruhige
Nacht, keiner glaubte, er werde schlafen können, und
keiner schlief. Als nun der schreiende Klang der Burg-
glocke in der Mitternachtsstunde, dem Tage das
R e q u i e s c a t läutete; wurde, wie durch ein Erd-
beben, des Rüstsaals Thür aus den Angeln gehoben,
und schmetterte, mit fürchterlichem Gepraffel, zu
Boden. Todesfurcht übergoß mit kaltem Wasser die
Ritter, sie bargen ihre Häupter unter des Bettes
Teppich. Dumpf und hohl, wie Steingekoller aus
tiefem Bruche wiederhallt, heulte eine Stimme:
Asmus von Seltau, erscheine vor Gericht! Vester
hüllte sich der in den Teppich, und um ihn ward der

Teppich zu Eis. Noch einmal ertönte die Stimme, keine Antwort gab der Seltauer, zum drittenmale, und zugleich wurde die Decke von seinem Haupte gerissen. Er blinzelte scheu auf, und, siehe! in Grabestüchern stand an seinem Lager eine glänzend= weiße Gestalt. Ich bin Elisabeths Geist — ächzte sie — Du hast zweymal an meinem Sterbeschragen geschwo= ren, mein Leichnam sey durch Ehebruch befleckt; schwör' es jetzt zum drittenmale. Affenheim, höre!

Bangend erhob der sein Haupt und öffnete müh= sam die Augen.

Rede, Asmus, schwöre zum drittenmale — ge= both die Gestalt — oder unter dir wird der Abgrund seinen Schlund aufthun, und dich verschlingen. Rede! Rede! Rede!

Asm. Ich habe falsch geschworen, denn Elisabeth war unschuldig. Ich belog sie. Gnade, Erbarmen. —

Kaum hatte er die Worte hervorgewinselt, da eilten, mit Fackeln und Jubelgeschrey des Affenhei= mers Burgleute, unter ihnen Brigitte und der Klaus= ner in den Saal; es warf die weiße Gestalt das Lailach von sich, und lebend, warm und roth, sank Frau Eli= sabeth in die Arme ihres Gemahls. Der Seltauer erlag dem Schrecken.

Würgt den Verläumder! Riefen die Knechte und umringten ihn; doch hielt sie der Klausner noch

durch die Worte zurück: zum Scheiterhaufen mit
ihm, und dann werde sein Wapenschild an den Gal,
gen genagelt. Nun band man den Seltauer und
schleppte ihn in den Kerker, aus dem jezt der Bet,
fahrer befreyet wurde.

Heiße Küsse, waren lange Elisabeths und Ber,
tolfs Gespräch. Endlich rief, nach schrecklichen Dro,
hungen gegen den Seltauer, der Ritter: Du leb'st,
Elisabeth? Ich habe dich wieder! Und doch hielt ich
deine kalte Todtenhand? Ist's — ?

Gestrenger Herr — so fiel ihm jezt der Klausner
ins Wort — daß eure biedre Hausfrau lebt, sagen
euch ihre Küsse, und ich sag' es euch jezt, daß sie nur
todt schien. Um eures Jähzorns Wüthen zu entgehen,
mußte sie einen Trank trinken, der sie auf zwölf Stun,
den einschläferte, sie der Wärme und Farbe beraubte.
Und mußte sie, den Seltauer zum Geständniß zu quä,
len, als Geist erscheinen und ihn schrecken, daß er
selbst seine Bosheit gestehe, denn gegen seine Be,
schwätzungsgaben würden euch doch keine andern Be,
weise gegolten haben.

Ja, und muß das wahr seyn, weil es wahr ist,
ich bin unschuldig — krächzte jezt eine Stimme,
und so schnell es ihm nur seine Ermattung vergönnte,
eilte Gramsalbus in den Saal — Und bin ich unschul,
dig, und ist's die Burgfrau, und der böse Feind

E 2

unter unsre Füße getreten, Freud' und Jubel nun
überall. Bringt Wein her, guten Leute, und schmeckt
ein Trunk auf einen solchen Schreck. Und gebt mir
unsre Kapuze, der Kittel stinkt nach Galgenluft.
Und muß eur Waffenbruder, Herr Ritter, ein häßli-
cher Kumpan seyn, mich und die edle Frau da so übel
zu beldumden, und mich zu quälen zween Tage, schier
ärger, denn in der Hölle kann gequält werden des
Hohenpriesters Knecht, welcher unserm Herrn einen
Backenstreich gab.

Elisabeth — sprach Assenheim halblaut — der
Bruder vertheidigt mich, da er den Seltäuer anklagt;
aber du — ?

Elisab. Mein theurer Herr und Gemahl, wohl
vertheidigte euch immer mein Herz.

Gramf. Ja, und vertheidigte mich mein Gewissen
auch, und mein Schreien und Gelffen, und mein Bitten und Stäuben; aber das hilfft schier so viel, als
seine Kappe vor einem hungrigen Lindwurm abziehen,
daß er uns nicht verschlinge: und mußt' ich doch hün-
gern, und wär schier gehenkt worden. Ha, brave
Dirne, habt ihr doch groß Mitleid mit dem armen
Gramfalbus — so sprach er zu Brigitten, als sie ihm
einen weingefüllten Becher reichte — wär' ich ein
Laye; ich heirathete euch. Und bring' ich euch den
Becher, Herr Ritter. Gut Vernehmen künfftig.

Geleert bis auf den Boden! Ja, ja, wer so lange
von einem Freunde getrennt war, läßt ihn so bald
nicht wieder aus den Armen.

Aber, guter Gesell — er wandte sich zu einem
Knechte — führt mich jetzt zu unserm Grauchen —
und muß ich doch schauen, wie sich's traute Thierchen
befindet. Und will ich dann ins Bett schlüpfen, und
das Gedenken an alle gehabte Angst und Noth
verschlafen.

Nun humpelte er mit dem Knechte zum Stalle.
Die Burgleute, Brigitte und der Klausner zogen sich
auch zurück, und überließen die ausgesöhnten Ehegat-
ten dem süßen Freudentaumel der Liebe, doppelt
angenehm nach so langer Trennung und nach dem
Zürnen des Schicksals.

Mit Morgensanbruch kamen gen Assenheim Bertolfs Fehdegenossen und Waffenbrüder; es setzte ihnen
der Hauswart 18) den Frühtrunk vor, und bat sie,
in der Halle seines Herrn Ankunft zu harren. Bald
drauf erschien der Ritter, Frau Elisabeth, jugendlich
schön, verschönert noch durch die Röthe siegender Unschuld, führte er an seiner Hand. Gramsalbus wankte
hinter drein, wie hinter einem Gespann edler Rosse,
ein träger, feistgefütterter Stier. Um den Assenheimer drängten sich die Ritter, und hießen ihn will-

18) Was jetzt Haushofmeister.

E 3

kommen; Aber Frau Elisabeth sahen sie scheel und
über die Achseln an; deß gewahrend, sprach also
Herr Bertolf:

Lieben Herrn und Freunde, wohl nimmts euch
billig Wunder, das Weib, im Hoheitsgefühl eines
reinen Gewissens, an meiner Seite zu sehen, über
dessen Schuld Gericht zu hegen, ich euch zu mir be-
schied; doch nicht meine Elisabeth, sondern mich,
werd' ich anklagen, daß ich nicht meine Zunge schweigen konnte im Jähzorn, und, vor der Untersuchung,
meine Hausfrau schuldig nannte des unerwiesenen
Verbrechens. Sie ist, unschuldig, übel beläumdet,
unschuldig, gequält von einem Schurken, der so lange
in der Verkappung eines Biedermann's, mit mir trank
aus meinem Mundbecher, das meine, wie das seine,
zum Nießbrauch hatte, dem ich eines Ritters köstlich-
stes Kleinod, mein Weib betrau'te, und der es zu dem
Laster zu verführen suchte, dessen er es beschuldigte.
Dieser Verläumder trägt das Schildesamt, ihr kennt
ihn alle, viele von euch schätzten ihn, und doch seyd
ihr alle von ihm betrogen. Aus seinem Munde hört'
ich sein Geständniß. Urtheilt nun über ihn, und
dann leide er die wohlverdiente Strafe seiner Bosheit.

Und muß ich doch vorher die gestrengen Ritter
mit meiner Person bekannt machen — Sprach Gramsalbus. — Und bin ich der Mann, welcher, mit eurem

Wohlnehmen, edle Frau, dem Herrn von Affenheim hat ins Ehehandwerk pfuschen wollen, wie mich deß der Judas Seltau beschuldigte. Nun bin ich aber ein Mönch, wie meine Platte beweiset, und hab' ich das Gelübd der Keuschheit gethan, und auch nie gebro‐ chen. Und hab' ich hungern müssen und dursten, schier beynahe sechs und dreyßig Stunden, und sollen gehenkt und in Oel gebraten werden, und bin doch auf einer Betfahrt gen Loretto begriffen. Und sind mir, durch des Ritters Schelmstreiche, die Geschenke für unsre liebe Frau abhanden kommen. Und kann die Gebene‐ deyte doch nicht drunter leiden, daß Schurken, hinter einem Wapenschilde gefreyet zu seyn, wähnen; dies wollt' ich nur sagen, und —

Berr. Seyd ruhig, guter Bruder, es soll dies alles ersetzt werden. Urtheilt über den Verbrecher, Ritter, urtheilt über Asmus von Seltau.

Man führte ihn in die Halle.

Er soll des Todes sterben — sprachen einmüthig die Ritter — und aus seinem Säckel des Betfahrers Verlust ersetzen. Vorher aber stehen eine Stunde oder zwo auf der Schandbube 19) im Burgplatze, mit

19) Die Strafe aller Verläumder, Afterreder und Drey‐ züngler im Mittelalter, auf der Schandbube, einem etwa mannshohen, gemauerten länglichen Vierecke, über welchem gemeiniglich sechs Pfeiler ein Dach tru‐ gen, zu stehen und ihre Verläumdungen, öffentlich,

eigner Hand schlagen sein verläumberisches Maul und
ausrufen: Was ich von Frau Elisabeth Böses gesprochen, hab' ich, wie ein ehrloser Wicht, gelogen.
Und sollen ihm dann die Haare vom Haupte und die
Sporen von den Füßen abgeschnitten, und soll zum
Rabenstein sein Wapenschild, an den Schweif einer
Stute gebunden, ihm nachgeschleifft, und dort vor
seinen Augen zertrümmert werden von Schergen, und
sein Name die Benennung eines schändlichen Ver-
läumbers seyn zu ewigen Tagen. Asmus von Seltau,
findet ihr dies Urtheil gerecht?

Gramf. Er kann nicht anders —

Asm. Ich find' es gerecht.

Elif. Edle Ritter und Herrn, den Mann ziert
Gerechtigkeit, Mitleid das Weib. Warum soll Seltau sterben? Schenkt ihm das Leben.

Gramf. Ich rathe nicht dazu. Je früher, je
besser muß man einem solchen Fuchse das Hirn ein-
schlagen, damit er weniger unschuldige Küchlein fresse.

Berr. Traute Hausfrau, es thut die alte Freundschafft für Asmus, mit dir, dieselbe Bitte. Doch
des Ritterstandes werd' er entsetzt, schon hat er sich
durch Laster seiner Vorzüge verlustig gemacht.

widerrufen. In unserm Zeitalter hat die Strafe auf-
gehört, weil man befürchtete, man würde bald die
Schandbuben größer bauen lassen müssen, als die
Kirchen.

Die Ritter. Billig und recht. Eurer Willkühr,
Affenheim, sey sein Leben, wie seine Strafe über-
laffen.

Bert. So sey dann dies seine Strafe. Im Anzuge
des guten Bruders, den seine Bosheit so quälte, zieh'
er, von einigen Knechten begleitet, gen Loretto, und
führe auf des Betfahrers Esel —

Gramf. Nein, nicht allso! Unser Grauchen darff
er nicht mitnehmen. Es ist ein Wunderefelein, und
von Kindesbeinen an in unserm Kloster gewesen, und
soll es auch dort sterben und begraben werden.

Bert. Nun dann, auf einem andern Esel führe er
die Geschenke, mit seinem Golde erkaufft, welche für
die hochgelobte Jungfrau bestimmt waren.

Gramf. Das kann er. Dagegen hab' ich nichts.

Ein Ritter. Dies Urtheil, Seltau, sprach euch
der Mund eines Freundes, und wir bestätigen es.
Seyd ihr in Loretto angekommen; dann steht es euch
frey, eurem schandvollen Leben, wo ihr wollt, ein
Ende zu machen.

Rom. Werd' doch noch irgendwo eine Höhle finden,
darin ich mich und meine Schande vor aller Welt
verbergen, und meine Sünde abbüßen kann.

Gramf. Aber, ihr Herrn Ritter, den ganzen
Vorgang müßt ihr auf ein Pergament schreiben laffen,

und eure Insiegel drunter drücken, daß unser Abt die
Wahrheit mir glaube.

Ein Ritter. Es geschehe.

Ein Ritter. Doch soll zugleich drauf verzeichnet
werden, wie einer von Denen, welche sich den Heiligen näher verwandt halten, denn wir Layen, es sich
erlauben konnte, die geweihten Kleider der heiligen
Jungfrau, um sein Leben zu retten, Preis zu geben
dem Gespötte ungeschlachter Menschen. Und verhoffen wir, es werd' eur Abt, für dies Vergehen,
euch eine Disciplin zuerkennen, die euch lehre, künftig
Ehrfurcht zu tragen vor heiligen Dingen.

Grams. Ihr Herrn Ritter, Noth hat kein
Geboth, und will ich das wohl verantworten bey
unserm Abte und der Himmelsköniginn. Und werd'
ich doch deßhalb gegeisselt, so muß mich das alte
Sprichwort trösten: Trauben, Weiber und Unschuldige
sind geschaffen, um gedrückt zu werden.

Aom. Daß euch die Geisselhiebe wenіger schreinen,
mögt ihr aus meiner Schatzkammer euch einen
Schmerzenspfennig nehmen.

Grams. So schwer ihn nur unser Grauchen tragen
kann. Und sollen euch Seelmessen davon gestiftet werden, daß euch nicht die Teufel im Fegfeuer die Haut
über die Ohren ziehen.

Zweytes Abentheuer.

Wohl, wie das Schaf im fetten Klee, der Spatz auf vollem Kornboden, befand sich Gramsalbus in Assenheim. Kein Zurückdenken an Fleischesabtödtungen verkürzte ihm die zweystündigen Mahlzeiten, die er viermahl von jedem Tage erbuhlte; keine leise Erinnerung an die schwerern Fasten auf den Knieen, im Refectorium, bey Wasser und Brodt, nahm der Feuerkraft des Weins das winzigste Theilchen; in den weichen Pfülben, so allnächtlich über ihm zusammenschlugen, vergaß er ganz der härenen Decken im Klo-

ſter, und auf den dickgepolſterten Geſſeln, die ihn
nach jeder Bauchfüllung unwiderſtehlich an ſich zogen,
dacht' er nie der harten Betbänke im Chor. Kein
Wunder alſo, daß der äuſſere Menſch in ihm wieder
gebohren wurde, der auch ſonſt manchmal Zeugniß
ſeines Daſeyns gab, wenn bey'm Terminieren, ein
hochbuſiges Dirnchen einen heißen Feuerkuß auf die
Hand des heiligen Bettlers drückte; aber doch nie,
wie jezt, geſtärkt durch die Pflege des Ueberfluſſes,
dreiſt geworden durch die Kuppeley der Gelegenheit, ſo unbeſchränkte Herrſchaft über den innern
Menſchen gewann. Nach Freyheit ſtrebte der Betfahrer, wie das Küchlein im Ey nach Licht und Lufft,
und verſicherte, ohne Hehl, ſeinen Kloſterbrüdern
daheim, wenn geſtohlner Wein das ſtreng'ſte Silentium brach, und ſie ihn den Wunderthuer nannten,
oder vermeinten, der Zahn des ſabäiſchen Elephanten
ſey dem Mandelſtecken Aarons in der Bundeslade zu
vergleichen, das Atzungsrecht an der Tafel des Ehe-
gottes nicht zu verachten, und der, dem Gott Amur
das Oeffnungsrecht zugeſtehe, ſchier ſo ſeelig zu preiſen,
als ob ihm Sanct Petrus die Himmelsſchlüſſel ver-
traue: unter dem Drucke des Gehorſams könne keine
Freude aufwachſen, keine Begier zum Angriff ſich
kräfftigen, und ſelbſt dem Würzblute der Reben, oder

der unüberschatteten Jungfrau Maria, würde er keinen Geschmack abgewinnen, wenn ihm befohlen würde, sich zu berauschen, oder die Heilige zu überflügeln.

Die Assenheimer verlangten in keiner Hinsicht Gehorsam von dem Betfahrer, er durfte thun, was ihm behagte, und jeder Freude zwiefach froh werden, weil keine als Pflichtleistung von ihm gefodert wurde; darum riß er auch sehr oft, Brigitten gegenüber, seine Augen ungewöhnlich weit auf, und schielte der Dirne immer nach, wenn sie sich, aus Schalkheit, etwas um ihn zu schaffen machte. Ob ihn gleich sonst seine Augen bey jeder Naturschönheit sehr entbehrlich dünkten, weil er den Genuß nicht achtete, woran nicht auch der Sinn des Geschmacks Theil nehmen konnte; doch gestand er jezt Brigitten: der Herrgott habe nicht ganz unrecht gethan, die beyden Pförtlein über dem Hauptthore des Menschen zu bauen; es werde doch auch mancher Leckerbissen durch diese Thürlein gebracht, der, wenn er gleich nicht gekauet, doch genossen würde, und sie könne es ihm noch einlächeln, daß er in Gottes Schöpfungen nichts überflüssig finde. Brigitte schien dies nicht zu fassen, und Gramsalbus, des Terminierens und Wallfahrtens gewohnt, versuchte nun einen Kreuzzug in das, allen Männern, gelobte Land, welches die Stifter der Mönchsorden

zwar ihren Jüngern in der Ferne zeigten, es aber,
das einzige Beyspiel der Art, den Layen zu besitzen
gaben. Der Dirne däuchte eine solche Besitzerschleich-
ung nicht statthaft; drum entwischte sie dem Fett-
wanst' und klagte ihrer Frau, der Teufel habe den
ehrwürdigen Bruder Mönch verleitet, das älteste
Trauerspiel wiederholen und von der, allen Mönchen
verbothenen, Frucht essen zu wollen. Elisabeth erzählte
dies ihrem Eheherrn, und beyde hielten es für das
Beste, den Mönch zur Rückkehr zu mahnen.

Nun kam ihm diese Mahnung freylich so sehr zur
ungelegenen Zeit, als stets im Kloster der Glockenruf
zur Frühmette, welcher ihn aus den Armen des
Schlafes trieb; aber er fand keine Entschuldigung, sein
längeres Verweilen in der Burg zu beschönigen:
drum fügte er sich dem Rathe des Ritters. Da er
immer dem Bauche ganz und zuerst lebte, so müh'te
er sich auch jezt zuerst, Waidebeutel, Körbe und Fla-
schen mit Nahrungsmittel und Wein für die Heim-
reise anzufüllen, und dann des Seltauers Bußpfennig
und jenes Pergament zu erhaschen, das dem Kloster-
gericht beweise; nur die gebothlose Noth habe ihn
gezwungen, die geweih'te Kleidung der heil'gen Jungfrau als Larve zu nutzen. Er erhielt's, und Affenheim zahlte ihm, von des Seltauers Nachlaß, hundert

Gulben aus. Kaum hatte er sie, da beunruhigte ihn der Gedanke: dies Gold sey jezt in seinem Gewahrsam, was reiffende Erbsen auf offnem Felde; wie diesen die Sperlinge, so würden jenem die überall umherstreifenden Buschklepper nachtrachten, welche, sobald sie das, durch keinen Mönchsfluch verpönte Geld witterten, sich angelegentlich bemühen würden, ihre Säckel damit zu füllen. Langsam schüttete er es in seinen Waidebeutel, schau'te bald, kopfschüttelnd, hinein, bald den Affenheimer an, und begann endlich:

Ich habe mir erzählen lassen, gestrenger Herr, von einem Gaißhirten, der drüber eins schwaßte mit seinen Gesellen, was sie wollten beginnen, so sie einst Könige würden; und hat dieser Hirt ihm vorgenommen, alsdann seine Gaiße zu Roß zu weiden. Und find' ich solches schier anwendbar auf mich und unser Grauchen; denn Eur Gestrengen selbst wird es bequemer dünken, ein Eselein vor sich herzutreiben so man zu Roß sißt, und hinter drein reitet, denn so man nicht zu Rosse sißt und hinter drein gehen muß. Ist daher mein Begehren an euch, ihr wollet mir ein Rößlein aus eurem Marstalle geben, so es auch gleich schon alt und etwas steif sey, schadet nicht, denn turnieren werd' ich nicht damit, desgleichen ein Schwerdt, ob

es auch etwas stumpf und schartig, denn zum Schla=
gen werd' ich solches nicht ziehen; nur um die
Strauchritter von mir entfernt zu halten, wenn sie
mich, also wohlbewehrt, ersehen. Und da unsre
Kutte stehen würde zum Schwerdte, wie ein Dirnen=
mieder zum Eisenhuthe, will ich solche dem Grauchen
aufladen, und von euch eine Ritterhauskleidung hei=
schen, dieselbe, unterweges, anzuthun. Und sollen,
nach meiner Heimkunft, Roß und Schwerdt und Klei=
dung gar hoch geehrt werden, und soll das Roß am
Charfreytage den heiligen Longinus tragen, und das
Schwerdt, beym Schimpfspiel Judith, des Holo=
fernes Haupt vom Leichnam trennen, und sollen
Wamms, Niedergewand und Barett, dem Noviz
angelegt werden, welcher als Sanct Stephanus gestei=
nigt wird.

Gegen dies Begehren des Mönchs hatte der Rit=
ter nichts einzuwenden, drum gab er ihm Roß und
Schwerdt; doch Kleider, die dem Fetthaufen passend
gewesen wären, fanden sich nirgends: sie mußte man
neu machen, und Gramsalbus bis dahin in Assenheim
sich gedulden. Gern ließ er sich das gefallen, denn
immer noch hoffte er, Brigitte zu übervortheilen;
doch die gefügige Dirne entwich allzeit seinen weit
ausgeholten Streichen. Als endlich die Kleidung
                                             gefertigt

gefertigt war, schlug Gramfalbus Abschiedsstunde.
Der Affenheimer, voll Neugier, wie seine Frau, welche
Abentheuer der fekularisirte Mönch, unterweges beste=
hen werde, gab ihm den Zwerg zum Begleiter, dem
er befahl, zurückzukehren, wenn der Mönch das Joch
der Klosterzucht wieder trage, um ihnen die Winter=
abende, durch die Erzählung von der Reise des Bet=
fahrers, zu kürzen.

Gramfalbus erstieg nun sein Roß. Ein schwarzes,
feuerfarbverhauenes Wamms, mit gleichfarbigen
Nesteln, schmiegte sich um seinen Leib, grüne Nieder=
kleider, mit rothen Pludern, bedeckten seine Schen=
kel, große Stiefel seine Beine, ein blaues Barett
voll Federn aller Farben schmückte sein Haupt, an
einer weißen, mit Schellen verbrämten, Feldbinde
trug er das Schwerdt, der große Spitzenkragen ward
mit einer goldnen Spange zugehäckelt, die geglätteten
Handschuhe zierten silberne Franfen. Wie in einer
Schaukel saß er auf dem Rosse, die Hände hielt er
mit den Schultern, die Kniee mit den Hüfften in
gleicher Höhe. Unterm Thore überkam ihn plötzlich
die Wuth zu seegnen. Geseeget sey — rief er aus —
alles, was ich hinter mir zurücklasse in dieser Veste!
Und müsse es nie fehlen dem Burgherrn an Mark in
Armen und Lenden, noch an Wein in seinen Fässern,

Holzschn. I Bd.   F

noch an Stahl in seinen Schwerdtern, an Kindern in
seinen Gemächern, an Gefangenen in seinen Kerkern
und an Beute in seinen Gewölben. Und nie mangeln
die Hausfrau eines Leibeserben unter ihrem Herzen,
noch der Milch in ihren Brüstlein, noch des Flachs
um ihren Rocken und der Leinwand an ihrem Web-
stuhle. Und sollen gebenedeyet seyn die Wapener mit
einem feinen Augenmaaße, den Hals ihren Feinden
abzuhacken Eines Streiches, und mit Wachsamkeit auf
den Feldwachen und mit Heißhunger bey Gelagen;
und das Hausgesindel mit Rüstigkeit und gelenken,
unermüdlichen Beinen bey Kirmms- und Mayengrün-
tänzen, und muß Keiner aus der Zahl je Pfingstschläfer 20) werden; und die Rosse mit Vogelschnelle und
Kameelsausdauer, und befreyet seyn all ihr Lebtag

20) Am ersten Pfingsttage hatten die Knechte der Bauern
eines Dorfs mit den Roß - und Kühbuben der nahliegenden Burgen ein Fest, wobey der Knecht eines Ritters oder
Bauern, welcher an diesem Tage seines Herrn Vieh am
spätesten zur Weide getrieben hatte, in Birkenäste und
Tannenzweige gehüllt, und unter Nachschreyen des
Schimpfnamen Pfingstschläfer von seinen Gesellen
mit Peitschen durch's Dorf getrieben wurde. Der Abend
machte dem Treiben ein Ende, und Trinken und Tanzen
folgte drauf. Noch jetzt ist in einigen Gegenden Nieder-
sachsens dieses Fest gebräuchlich.

von Spatt und Engbrüstigkeit und Koller, und die
Hunde von Raude und Gicht und Tollheit, und sollen sie auf den gangbarsten Straßen Hasen ersehen,
und den Eber und Bären immer erwischen bey den
Ohren und den Fuchs bey'm Nacken. Und soll keiner
Burgtaube der Habicht nachstellen, und keiner Burg-
henne der Pipp gefährlich werden. Und soll Brigitte
bald einem Eheherrn unterthan seyn, der nach den
ersten neun Monden sie sende zu unserm Kloster, daß
dort der heilige Elephantenzahn über sie komme.
Amen! Und nun, trautes Grauchen, fort, in aller
Heiligen Namen.

Der Esel nahm sich zusammen, und die Augen
immer auf den Waidebeutel gerichtet, ritt mit seinem
Geleitsmann, Gramsalbus bedächtlich hinter drein.
Lachend gafften ihm alle Burgleute nach, und der
Knappen Gespräche hatten noch lange den Betfahrer
zum Gegenstande, den sie, wenn die Wunderkrafft
über einen speisevollen Tisch Meister zu werden, zur
Heiligsprechung tüchtig mache, einst im Himmel an
Abrahams Tafel, als Voresser, wieder zu finden
hofften.

Kaum glaubte sich Gramsalbus ausser dem Ge-
sichtskreise der Assenheimer, da zog er sein Schwerdt,
und spiegelte sich, mit Wohlgefallen, darinn. Das

F 2

muß doch wahr seyn, Erp — so sprach er zum
Zwerge — den Mönchen gehts wie den Königen;
steht beyden alles fein. Und hätt' ich nimmer gedacht,
daß ich mich so ansehnlich würde ausnehmen in Wamms
und Pluderhosen, und sitzt es mir schier so gut, denn
das heilige Jungfrauengewand. Solltest mich gesehen
haben als heilige Jungfrau! Konnt' mich zwar nur
auf der Flucht, da ich über den Rüstsaal schlich, in
einem blanken Schilde beäugeln; gefiel mir aber
nicht wenig, und glaub' mir, mein Sohn, es hätten
sich Engel in mich vergaffen können. Allein magerer
bin ich worden. Ist doch mein Antliz so lang, und
gleich einer ausgehöhlten Gurke, worauf Knaben ein
Gesicht schneiden und dann ein brennendes Licht hin-
einstecken.

Erp. Nicht doch, Bruder! Eur Spiegel lügt,
und scheint jeder Gegenstand von der Schwerdtfläche
verlängert wieder.

Gramf. Meinst du? Desto besser. Und wähnt'
ich schon, die Heiligen hätten ein Zeichen an mir
gethan, weil — Brigitte ist doch ein stattliches Dirnchen. Aber dafür soll Unsereiner nicht einmal Augen
haben.

Erp. Nicht? Das heißt doch viel gefodert.

Gramſ. Ja, als ob nicht alles, was man von
Mönchen fodert, viel gefodert wäre. Und muß, wie
du am Abend dein Gewand ablegſt, grade ſo und nicht
anders, der Noviz, wänn er Profeß thut, das
Menſchſeyn ausziehen.

Erp. Doch, wenn er nun nicht mehr Menſch iſt,
was wird er dann?

Gramſ. Ein Mönch, ein Mittelding zwiſchen
Gott und Menſchen.

Erp. Aber es iſt und trinkt der Mönch doch auch,
gleich andern Menſchen, und wird er müde und findet,
daß eine Brigitte ein ganz ander Geſchöpf denn ein
Affe ſey. Wie geht denn das zu, wenn der Mönch
nicht mehr Menſch iſt?

Gramſ. Dies geht alſo zu, mein Sohn, horch'
alſo — Haſt mir da eine ſchwere Frage vorgelegt,
Erp. Reich mir einmal die Flaſche. — Das muß man
dem Aſſenheimer laſſen, er hat ein Weinchen, das man
feck den Heiligen unter die Naſe und an den Mund
bringen könnte, obwohl ſie jezt gewiß wiſſen, was
ächter Johannisberger iſt. Und geht das zu auf fol-
gende Art. — Wie du auch fragen magſt. Wähnſt
vielleicht, ein Weiſer könne einem Narren ſo geſchwind
auf alle Fragen antworten, als der Wiederhall dem
Rufer. Nun, laß mir doch noch die Flaſche. Ich will dir,

F 3

zur Antwort, erzählen, wie wir Mönche leben.
Horch auf.

Drey Gelübde müssen wir ablegen, das Gelübd
der Armuth, der Keuschheit und des Gehorsams, und
solche auch halten, und weg ist die Menschheit, wie
der Wein aus einer zerspringenden Flasche. Denn,
jeder Mensch will doch etwas haben, so er sein
nennt; der Mönch hat nichts dergleichen, und ist nicht
einmal sein Leichnam sein, der gehört dem Orden.
Und will der Mensch doch seinen Geschlechtstrieb
befriedigen; ja der Mönch soll keinen Geschlechtstrieb
fühlen, gleichsam verschnitten seyn propter angelum
Satanae, das heißt, um der heil'gen Jungfrauen willen. Und kann der Mensch, sey er auch ein Halbei-
gener, etwas wollen oder nicht, Beyspielshalber, nicht
mehr essen wollen, wenn er satt ist, die vernünftigste
Ursache, warum man aufhört zu essen; aber der Mönch
muß essen, muß hungern, muß wachen, muß schlafen,
sich durch den Koth wälzen, auf dem Kopfe stehen,
wie ein Hund heulen, wie ein Esel yaen, ob er gleich
den durchdringendsten Bierbaß hätte, beym Verpflan-
zen der Kohlstauden die Kronen in die Erde und die
Wurzeln in die Luft stecken, sobald's der Wardian
gebeut. Und muß — das Muß, mein Sohn, ist aller
Mönche tägliches Brodt — der Bettelmönch einher-

gehen baarfuß, in einer groben Kutte, und verschleißt
fie, solche, eigenhändig, flicken mit Sackleinen und
alten Hadern. Und ist die Erde sein Bette, dort
schläft er. Ach, und wie lange? Kaum nieset der
Hahn zum zweytenmale, dann klingelt's und lautet's
und poltert's durchs Kloster zur Frühmette, und ob
der arme Bruder im süßesten Schlafe läge, und ob
ihm auch ein Traum eben die dreifache Krone des
heiligen Vaters aufsetzen wollte; fort mit dem Traume,
und fort mit ihm zum Chore, er wird nicht Pabst.
Und nun immer gebetet in der Prime und in der
Tertie, in der Sexte und in der None, in der Ves-
per und in der Komplete. Ach, Erp, oft wird's
Einem nüchternen Muth's, gar sonderbarlich zu Sinne,
und schau't man immmer nach dem gebratenen Oster-
lamme auf dem Einsetzungsbilde des heiligen Nacht-
mahls; und ist's in unserm Gotteshause so täuschend
gemalt, als wär das liebe Lämmlein schier eben vom
Spieße genommen, man sieht's recht dampfen, und
nirgend ein ungares oder verbranntes Fleckchen dran.
Oder man will sich erholen am Konterfay der Hochzeit
zu Cana, da ist auch nichts gespart an Schleck- und
Leckerbissen aller Art, und lassen sich's die Gäste so
wohl schmecken, als wär's am Tage nach der großen
Fasten, und merkt man Einigen die Freßgier so an,

F 4

daß man ihnen die Speckwürste, so sie jetzt verschlin¬
gen wollen, mögt' aus dem Munde reißen; und denkt
man dann der Fleischtöpfe Egyptens, bis man ver¬
zückt wird im Gebete. Nun schwindet alles um den
Verzückten, und sieht er nichts und hört er nichts vom
Erdgetümmel, und findet er sich wieder im neuen
Jerusalem am Himmelstische neben den lieben Heili¬
gen; und legen die ihm wacker vor und schenken
fleißig ein, und vernimmt er die holden Engelein Har¬
fen und Cymbaln und Geigen, wunderlieblich! Aber, so
man nun wieder zu sich und ins Refectorium kommt
zum Mittagsimbs; und statt des feisten Lammsbra¬
tens dünne Suppe aufgetragen ist, und Gemüse in
Wasser gekocht und mageres Fleisch, und an Fasttagen
nur grünes Kraut oder Obst, und den kleinen Wein¬
becher ersieht, der schier also den Durstigen labet, wie
ein Eymer Wasser einen Morgen Sandland, und so
jach versetzt wird aus Canaan in eine Wüste — die
Flasche, Erp: das greifft an, mein Sohn, ärger, denn
so man tagelang in einem Steinbruche arbeitete. Und
pfleg' ich mich deswegen auch selten im Gebet zu ver¬
zücken, denn es braucht ja der Herrgott die treuen
Knechte sehr nothwendig auf Erden. Was uns nicht
alles verbothen ist! Da sollen wir kein Geld bey uns
führen. —

Erp. Aber ihr übertretet das Verboth, denn —

Gramf. Mit nichten. Ich bin so baar an Geld, wie der hölzerne Judas mit dem Säckel, der nun die Seitenlehne unsers Singchors schon manches liebe Jahr trägt.

Erp. Doch die hundert Gülden vom Seltauer?

Gramf. Führt ja unser Grauchen bey sich. Man muß unterscheiden, Erp; ich bin ja nicht unser Esel, und unser Esel ist ja kein Franziskaner, ob gleich er sehr viel ist. Reiten sollen wir auch nicht —

Erp. Und ihr reitet.

Gramf. — nicht anders, es sey denn im Nothfalle, und ist ja unsre ganze Betfahrt ein Nothfall.

Erp. Allein, wenn ihr nun das Geld zum Kloster bringt; was beginnt man dann damit?

Gramf. Es wird unserm Heiligen gegeben, der darff Geld bey sich führen. Weiter von der Regel. Item liegt uns ob, stille Gebete zu thun, täglich drey-mal, und müssen diese, eins in's andre gerechnet, drit-tehalb Stunden währen. Ach, und dann die Disci-plin! Glaube mir, mein Sohn, es gehört ein Engels-gedächtniß dazu, das alles zu vergessen, was man nicht, und das alles zu behalten, was man thun soll; und so man etwas nicht vergißt, und nicht behält: schrecklich wird es geahndet. Bald muß man auf der Erde, bald

ohne Kapuße und Strick essen, bald sich gnügen lassen
an Brodt und Wasser, bald des Tischweins, jahrelang,
entbehren, dieses Labetröpfchens, das schon auf der
Zunge verschwindet, wie eine Schneeflocke auf glühen-
dem Eisen. Gieb mir die Flasche! Bald fühlt man
die Geissel, oder man wird ins Zuchthaus 21) geworffen, wohl gar eingemauert in ein enges, schwarzes
Loch, da ist man mit dem Knöchler allein, und greifft
der, unverschämt, zu. Alle Montage und Mittwo-
chen und Freytage müssen wir unsre zerschundene
Rückenhaut frisch einfurchen, und in der Charwoche
täglich. Und am stillen Freytage singt der Superior
das Miserere dreymal und immer in einem höhern Ton,
und muß sich ein jeder geißeln, so lange der Pater
singt. Dau'rt das doch manchmal so lange, daß
Einem schier die Geduld Valet sagt. Denn, wenn der
Superior nun so hoch singen soll, kann er nicht fort,
und räuspert er sich dann, und hält ein, und huftet,
und hebt von neuem an, und verschnaufft sich wieder.
Hab offt gewünscht, daß ihm die heilige Adelheid einen
Backenstreich geben möge 22) oder daß wir einen

21) Eine stets verschlossene Zelle, wo zum Gefangenen
Niemand kommt, er mit Niemand reden darff.

22) Die heilige Adelheid, Abtißin zu Köln, pflegte den
Nonnen im Chor, welche keine gute Stimme hatten,

Geltling zum Superior hätten; darff nur nicht seyn,
sintemal es kein Verdienst ist, nicht zu sündigen, wenn
man zum sündigen unfähig ist: die Geltlinge vermögen
sonst auszureißen mit der Stimme, daß man ihnen
nicht nachhören kann. Noch drückt uns das Stillschweigen. Ach, mein Sohn, wenn man etwas auf dem
Herzen hat, und darff nicht reden, wie das kneipt und
sticht, und ängstet und quält, und martert und pei-
nig't, ist unbeschreiblich. Und mögt' ich manchmal lieber, daß sich dort Horniße bey mir einherbergten, wo
sie im heil'gen Makarius haufteu, oder mich selbst
räuchern, gleich der heiligen Paßidea 23); wenn ich
nur das von mir sagen könnte, was mir die Brust aus-
dehnt und auf meiner Zunge zu einem Zentner Bley
wird. Antworte nun, Erp, kann solches alles ein
bloßer, blanker, baarer Mensch ertragen und dessen

---

eine Ohrfeize zu geben, wodurch sie, auf der Stelle, eine
reine und starke Stimme bekamen.

S. die römische Religionskasse 1ster Theil S. 179.
Karlsruhe 1787.

23) Der heilige Makarius ließ sich, aus eitel Andacht und
Liebe zu Fleischeskreuzigungen, von Horniffen den Hin-
tern durchlöchern, und aus gleicher Ursache hing sich die
heilige Paßidea, in einem Rauchfange, bey den Beinen auf.
Daselbst, S. 182.

entbehren, und feist dabey bleiben und wohlgestaltet, wie ich?

Erp. Ohne Wunder freylich nicht.

Gramf. Da steckt's. Müssen auch Wunder im Spiele seyn, das laff' ich mir nicht abstreiten.

Erp. Doch, ist euch denn gar kein Vergnügen er- laubt?

Gramf. Vergnügen? Fragst ja dummer als ein Zi- sterzienfer. Und findest du eher in einer Fuchsgrube le- bendige Küchlein, denn in einem Kloster unsrer Regel Vergnügen. Und außer dem Kloster? Bey'm Termi- nieren? Wenn Einem da die Layen nicht so scharff auf die Hände sähen. Freylich, falls einmal Abt und War- dian nicht daheim sind, oder nicht Acht haben der Brü- der, und dem Pater Kellner ein Strohhalm in den Weg gelegt ist, worüber er im Weingewölbe stolpern muß, daß ihm dann einige Krüge wegstipitzt werden: dann schleichen wir jüngern Brüder wohl ins Geißelgewölbe und trinken, lachen, schäkern und singen; aber alles leise, leise! Wart', und will ich dir doch eins unsrer geistlichen Trinklieder singen; wirst ersehen, daß wir auch dabey der Heiligen nicht einmal baar seyn können.

> Hier sitzen wir
> bey Wein und Bier,
> der Zubewürze voll.

Fehd' abgethan!
Nicht Haß noch Spahn
   den frohen Juchhey stöhren soll.

Zum Humpenklang
schall Hochgesang,
   ist gleich der Prior rauh.
Zum Trost hinab
ins Klostergrab,
   fiel dieser süße Himmelsthau.

Wo jener Strauch,
dem Water Gauch
   entschwand, von Früchten schwer;
erwuchs der Safft,
so uhs, voll Krafft,
   risch oben hält im Thränenmeer.

Der Geißel Schlag
nicht schmerzen mag,
   ob's Miserere lärmt;
Dratgürtelstich
versänftelt sich
   wenn Rebenseim die Glieder wärmt.

Silentium

macht den nicht stumm

   den vor der Krug erfreu't;

Bauchrednerey

betreibt er frey,

   Daß laut der Chor: Mirakel! schrey't.

   Als Schwelle wägt

den, so er trägt,

   der wohlberauschte Pfaff.

Tritt's ängstiglich;

Novizenschlich.

   Tritt's schwer; Sanct Abbas und sein Aff.

   Den Wein gekau't,

bis Keinem grau't,

   vor Teufel, Höll und Tod.

Im Feg'pfuhl gar

krümmt uns kein Haar,

   pulst Wein im Blut, die Feuersnoth.

   Glorreiche Frau,

nimms nicht genau

   mit all den Sünden mein!

Ich bring' es dir,

setz mich dafür

zum Himmelskellermeister ein.

Aber leise, mein Sohn! Und was ist's, wenn man
mit gedämpfter Stimme bey'm Humpen singen muß?
Schier, als ob man mit verbund'nem Munde essen
sollte. Und wie oft kommts dann noch?

Erp. Doch lachen und trinken und singen ist ja
menschlich.

Gramf. Sollt's das nicht?

Erp. Ihr sagtet, Mönche wären nicht Menschen,
und fragt' ich euch drauf, wie's denn zugehe, daß sie,
gleich andern Menschen lebten und thäten?

Gramf. Die Frage hat dir der Teufel eingegeben.
Und ist's eine Todsünde, also zu fragen. Widerstehe
dem Satanas. Bete einige Paternoster, daß die Gedanken verschwinden, und will ich auch beten für dich.

Erp, der Schalk, stellte sich, als ob er bete, und
schlug offt dabey an seine Brust.

Gramf. So recht, schreck' die Gedanken zum Leichnam hinaus. Nun, ist's dir vergangen, so wieder zu
fragen?

Erp. Völlig nicht, es kitzelt mir die Frage noch
immer in der Kehle.

Gramſ. Hinunter mit ihr! Noch ein Paternoſter nachgeſtopft, mein Sohn, wirſt ihrer ſchon baar werden. – Nun?

Erp. Die Frage iſt vergeſſen. – – Ich mögt' doch kein Mönch ſeyn.

Gramſ. Und würdeſt du Ungeſtalt auch nie in einer Kutte einherhinken dürfen; ſolche Diener gefallen den Heiligen nicht.

Erp. Mir ganz recht. Wenn ich dagegen der Ritter Leben betrachte —

Gramſ. Und betrachteſt du dann das Leben einer ruchloſen Räuberhorde.

Erp. Die wiſſen von keinen andern Gelübden, denn von ihrem Ritter- und Treueyde, und laſſen ſich die, in Gottes freyen Lufft, und im warmen Bette, bey einer lieblichen, weichen, runden, feuerſprühenden und funkenherauslockenden Hausfrau, wohl halten.

Gramſ. Ach, wohl gut! Seufzte der Mönch.

Erp. Und wiſſen ſie nichts von Geißeln, und wer ihnen einen ſolchen Schröpfkopf nur zeigt, dem ſchmettert's Schwerdt übern Schädel.

Gramſ. Wär' meine Sache nicht.

Erp. Und wann ſie nun ſo ausreiten zum Turnier oder Scharfrennen, und glänzt und glimmert alles an ihnen, und tanzen die Roſſe vor Muth, und tändeln

die

die Ritter mit den Lanzenwimpeln, und sitzen da auf
den wilden Streithengsten, als hätt' der Herrgott
Mann und Thier aus Einem Stücke gemacht, und
klingen die Hörner und bellen die Hunde; —

Gramf. Läßt solches das wüthende Heer auch von
sich hören, und ist doch arges Teufelsspiel.

Erp. — und umschauen auf der Brücke zur Burg,
und liegt Feinsliebchen im Fenster, und wirfft mit der
kleinen Milchhand ihnen Küsse nach —

Gramf. Ach!

Erp. — und sie den Dank zurücknicken, und geben
den Gäulen die Sporn, und alles nun forttobt über
Stock und Block, und Stein und Rain: dann gilt's.

Gramf. Den Hals zu brechen.

Erp. Und so sie nun eine Herberge erreichen, ab-
sitzen, Wein heischen - und falls nicht Becher genug
vorhanden, aus den Helmen trinken, bis sie voll sind —

Gramf. Ach!

Erp. — wieder forttraben, und Jeden, der ihnen
den Weg verrennt, in den Sand strecken. —

Gramf. Werden auch manchmal in den Sand gestreckt.

Erp. Und sich dann zusammenrottet Alt und Jung,
und Mann und Weib, und beäugelt die Ritter, und
Barette, Kappen und Mützen vor ihnen abzieht. —

Gramf. Ach!

Erp. — und sie, gleich bettelnden Pilgern, an keiner Trinkstube vorbeyziehen, ohn' einzukehren —

Gramf. Ach!

Erp. — und kommen sie nun zur Stadt, mit Spiel und Prunk, in die Schranken sprengen, turnieren.

Gramf. Zu Krüppel gehauen werden.

Erp. — siegen, den Dank, ein köstliches Kleinod, erhalten —

Gramf. Ach!

Erp. — von schöngezöpften, geschämigen, holdseeligen Dirnchen entwaffnet werden, so mit ihren weichen Händlein gar wonnesame Gefühle in ihnen aufkitzeln. —

Gramf. Ach! Ach!

Erp. — dann gehen zum Imbs, und gleich tapfer anrücken gegen die Speisen, denn gegen den Feind, sich sättigen in Leckerbissen —

Gramf. Ach! Ach! Ach!

Erp. — dann tanzen mit den leichtfüßigen Fräulein —

Gramf. Wär dazu doch schier zu schwer.

Erp. — kosen, tändeln, liebeln —

Gramf. Das vermöcht' ich.

Erp. — doch in Ehren —

Gramf. Gleich ersprießlich, ob in Ehren oder Unehren.

Erp. — und schlüpffen drauf ins Bett, wohlbe-
rauscht von Minne und Wein, und schlafen bis zum
lichten Morgen und ganz austräumen können jeden
süßen Traum.

Gramf. Ach!

Erp. Und nun der Tag ist wie der vorige, und
der dritte wie der zweete. Und so sie nun wieder heimkehren, und ihnen entgegen kommen Liebchen und
Frauen, und die Buhlen dann dahlen und schäkern mit
ihren Liebchen in Worten, und die Ehemänner mit
ihren Weibern, unter vier Augen, dahlen in Werken. —

Gramf. Gieb mir die Flasche, und schweig!

Erp. Das heißt doch noch leben! Und geht's
zu in ihren Burgen, wie in den Herbergen, immer
vollauf Meth, Bier, und Wein, und wird zu den
Waldlagern, wenn sie jagen, das größte Weinfaß des
Kellers gebracht, und verlassen sie das nicht eher, es
sey denn leer. Und reden sie, wann sie wollen, und
singen was, und so laut es ihnen behagt, die leichtfer-
tigsten Buhllieder —

Gramf. Wird sich aber gewiß keine heilige Mech-
tild, solche Sünden abzubüßen, nackt und bloß über
zerbrochene Gläser und Scherben wälzen 24).

24) S. Gertruden-Buch, oder auserlesenes, geistrei-
ches Gebet-Buch, darinn neben andern andächtig-

G 2

Erp. — und so sie abdrücken, werden sie doch selig.

Gramf. Fragt sich. Und will ich eher glauben, daß das Pflaster, so die heilige Klara auf die Seitenwunde des seraphischen, gottgewordnen 25) Franziskus legte 26) aus spanischen Fliegen, Pfeffer und Salz zusammengesetzt gewesen sey; denn das,

sten Gebettern auch viele begriffen seynd, welche Christus selbst von Wort zu Wort denen beyden heiligen Schwestern Gertrudi und Mechtildi offenbahrt, und gleichwie seine Aposteln das Vaterunser gelehrt, und mit großen Gnaden zu belohnen versprochen hat. Mit Zusetzung eines schönen Tractätleins von dem mündlichen Gebett, darinn erkläret wird, wie nützlich das mündlich Gebett seye, und wie man dasselbige verrichten solle. Durch P. Martin von Kochem. An. 1666 zum erstenmal in Truck gebracht, anjetzo wieder übersehen, und von sehr vielen eingeschlichenen Fehlern corrigiret und cum Privilegio Sac. Caef. Majest. Cölln bey Peter Langenberg 1718.

25) Deificatus. So nennt ihn das Buch der Aehnlichkeiten in der Vorrede Fol. I.

26) Die heilige Klara sah die Wundenmaale des heiligen Franziskus, bey seinem Leben, und legte ein Pflaster auf die Seitenwunde, welches noch jetzt im Kloster der heiligen Klara zu Aßist gezeigt wird.

S. Liber conformitatum L. 2. Fruct. 2. Fol. 101.

Erp. Iſt ja Sündenablaß überall feil, und nehmen die Mönche dafür, was ſie erhaſchen können. Fehlt dem Ritter Gold, ein Seelengeräth zu ſtiften, ey nun, ſo bleibt ihm doch noch ein Hund oder ein Roß, wie denn noch kürzlich Einer für ſich und ſeine Rotte Knechte, Ablaß erhandelte um einen Gaul 27). Iſt der Hausfrau der Weg zum Sparhafen des Eheherrn verſperrt, noch ſteht ihr der Hühnerhof offen; und ſelbſt eine Katze, wenn ſie nur guter Art iſt, dem Beichtiger, im wohlverſchloßnen Betkämmerlein, vom Bußtaumel ergriffen, überreicht, entnimmt mit jeder gefangenen Kirchenmaus, den ſchweren Stein einer Todſünde dem Herzen der ſchönen Geberinn. Summa, jetzt iſt für die gröbſte Sünde Vergebung zu erhalten, beſitzt man nur Gold oder Goldeswerth, und hätte man auch, wie Jener, der Verdauung wegen, Menſchen geſchlachtet.

Gramſ. Der Verdauung wegen! Laß doch hören das Geſchichtlein. Es ſiechen viele Brüder in unſerm Kloſter an ſchlimmer Dauung. Und wer etwas für die Verdauung thut, iſt mir ein ehrenwerther Mann. Laß hören.

Erp. An ſchlechter Verdauung ſiechen eure Kloſterbrüder? Sollt wähnen, bey ihrer Mäßigkeit müßten ſie verdauen können, wie die Strauße.

27) Ein hiſtoriſchwahres Factum.

G 3

Gramſ. Ey nicht doch. Die harte Koſt, elend zubereitet, und kein Tröpfchen Magenwein drauf; bedenk
dies. Das Geſchichtlein, mein Sohn.

Erp. Uebernachtete vor einiger Zeit in Aſſenheim
Einer von Werdenberg aus dem Schweizerlande,
und gedachte, bey'm Imbs, geſprächsweiſe, ſeines
Urahnherrn, mutterſeits, des Letzten von Vaz, der
ein grauſamer, frevelhafter Unmenſch geweſen, und
dreyen ſeiner Knechte gebothen, nach einer ſtarken
Mahlzeit, ſich voll zu trinken. Und wie nun der Eine
nach dem Willen des Ritters, die Nacht hindurch,
Steig' auf, Steig' ab rennen, der Zweite, fein bedächtlich und langſam, im Gemache auf und nieder
wanken, der Dritte den Rauſch ruhig im Bette aus-
ſchlafen müſſen; hat er allen dreyen am Morgen laſſen
die Bäuche aufſchneiden, zu erfahren, welches Benehmen der Dauung am zuträglichſten geweſen 28).

Gramſ. Und was brachte er heraus??

Erp. Erwähnts davon der Werdenberger nichts.

Gramſ. Ey, ey, Jammer und Schade! Und hätte
das viel tauſend Menſchen erſprießlich ſeyn müſſen. —
Horch, was ſchallt dort im Walde! Heil'ge Jungfrau,

28) S. die Geſchichten ſchweizeriſcher Eydgenoſſenſchaft durch
Johannes Müller. Zweyter Theil, S. 76 in der Anmer-
kung 247.

nun haben uns die Buschklepper! Ach, dünket doch
das Gold so stark aus, wie der Bruder Juniperus,
den der Bruder Johannes von den Thälern
auf achtzehn Meilweges witterte 29).

Erp. Ihr mögt auch die Buschklepper kennen, wie
ein neugebohrnes Kind den Rosenkranz. Es singen die
Buschklepper nicht, wenn sie den Pilgern über die Gur-
geln oder Wadsäcke wollen. Rittersleute sind's, das
vernimmt man schon aus dem fröhlichen Gesange, Rittersleute und nicht Mönche, pflegen die nicht so dreist
unter des Herrgotts Ohren zu singen, auch nicht Bauern,
ist solchen das Singen schier lange vergangen. Schau't,
dort kommen sie hervor aus dem Gehölze, drey Ritter
mit ihren Knappen. Führt der Erste einen silbernen
Stern, der Andere einen güldnen Thurn, der dritte
einen Eber. Kenne sie nicht; habe diese Schilde nie
bey einem Stechen zu Assenheim gesehen. Sie lugen
zu uns her, sprengen auf uns ein.

Durch Gruß und Gegengruß wurde das Gespräch
zwischen Gramsalbus und den Rittern angeknüpft. Wie
sie, bey'm ersten Blicke, dem Rosse den Feuermuth
und dem getroffnen Keiler die Rachgier absahen; so
merkten sie es dem Mönche auch stracks ab, welcher
Geist in ihm sein Wesen treibe. Ein paar freundliche

29) S. Liber conformitatum. L. I. Fol 91.

B 4

Fragen über Woher? und Wohin? entlockten gleich
dem Betfahrer seine ganze Geschichte, und weil der
Schwamm, den man aus einer Badwanne zieht, nichts
anders als schmutziges Wasser von sich geben kann; so
gab auch Gramsalbus nur das, was er im Kloster in
sich gesogen hatte, und in so reicher Maaße von sich,
daß die Ritter bald, sich nicht um mehrern Stoff zum
Vergnügen zu bringen, das Lachen verbeißen mußten.
Ein solcher Reisegespann war diesen frohen Gesellen,
welche von einem Turnier kamen, wo sie sich mit Vortheil herumgetummelt hatten, ein gar köstlicher Fund.
Der Franziskaner, welcher, wenn er von einem Orte
hörte, wo sich's wohl seyn laße, dort, auf dem Wege
zum Himmel eingekehrt wäre; wurde schnell von ihnen
beschwäzt, die Reise des Tages abzukürzen, und
zechfrey, mit ihnen, zur Vesperzeit in einer Herberge sich
gütlich zu thun, die sie ihm als eine der besten rühm-
ten, so je an einer Wegscheide erbauet sey. Unterdeß
die Ritter, wie es verlautete, miteinander von den
Kämpfern bey'm letzten Rennen sprachen, formte sich
in Gramsalbus Hirne ein Heldenendschluß. Da er
schon im Geiste die speisevollen Schüsseln, die hoch-
schäumenden Weinhumpen sah, wurmte es ihn, daß
vom Versuch des Herrn von Batz, die leichteste Art
der Dauung auszufinden, kein Ergebniß zu ihm gekom-

men; und darum wurde er mit sich Eins, ohne doch
seinen Gott dem Messer Preis zu geben, in der folgenden Nacht sich dreymal zu berauschen, und nach jeder
Anfüllung die Rolle eines der geschlachteten Knechte
zu spielen: um dann, am andern Tage zur Erkenntniß
gelangt zu seyn, ob das Rennen, das langsame Gehen
oder ein ruhiger Schlaf der Verdauung am meisten
vortheile. Gern wär' er ein Heiliger worden. Doch
auf dem gewöhnlichen Dornpfade der Seligspre-
chung, über Blutgerüste und Scheiterhaufen, durch
Löwengruben und Verließe, diese Glorie zu er-
jagen, behagte ihm nicht. Vest überzeugt, der Ent-
decker dessen, was der Verdauung am zuträglichsten,
sey wohl des Strahlenscheins würdig, und der Wein-
rausch der beste Führer zu diesem Ziele; bestärkte er
sich in dem Vorsatze, den Versuch zu wagen, ob ihn
die Geister der Trunkenheit auf einen Armsessel im
himmlischen Refectorium heben könnten.

Voll dieses heiligen Endschlusses, zu dessen Ausführung er sich schon jetzt durch Paternoster- und Avebeten
vorbereitete, wurde ihm der Weg zur Freudenherberge
kurz. Bald ersah er, in einem angenehmen Thale,
den grünen Kranz, der einen güld'nen Sporn umschloß,
auf dem braungelben Grunde des Strohdachs. Vor
ihm waren schon die Ritter dahin gesprengt, und ka-

men ihm, da er sich eben zur rechten Seite des Rosses
hinunterließ, mit einem vollen Weinhumpen entgegen, den er, noch zwischen Roß und Erde schwebend,
leeren mußte. Wohl behagte das dem Schlemmer,
und sanft, als hätte ihm schon Sanct Franziskus zu-
gerufen: Sitz her zu mir, du treuer Knecht! kitzelte
seine Ohren die Mahnung der Knappen, welche vom
Wirthe foderten, was nur in deffen Kellern und Kam-
mern an Speisen und Getränken sich finde, aufzu-
schüffeln und einzubechern. Nie ging wohl dem Franziskaner das: Friede sey mit diesem Hause! inniger
vom Herzen, als jetzt, da er in diese, der Völlerey geweih'ten, Kapelle trat, und das Tabernackel erblickte,
in dem die Humpen und Doppelbecher, aufgeschichtet,
glänzten. Unwillführlich knixte er diesen wunderthäti-
gen Reliquien dreymal im Vorübergehen seine Ehrer-
bietung, und pflanzte sich, ihnen gegenüber, so vest
auf einen Schragen, als woll' er dort wachsen, gedeihen, Frucht tragen und verdorren. Die Ritter satzten
sich zu ihm. Zum Humpentabernackel wurde nun der
Tisch, und mit größerer Innbrunst, ob's ihnen gleich
den Nimbus erwarb, können nicht die heilige Paula
und Eustachium die Schürz- und Schweißtücher der
Mönche zu Bethlehem geküßt haben 30) als die war,

30) S. Pauli Langii chronicon citizense. P. 1200.

uit welcher Gramfalbus die Becher jetzt an seine Lippen drückte.

Bald ergriff Alle die Verzückung des Weins. Jeder gab sich, wie er sich sand, und Keinem lag etwas
daran, wie der Andere von ihm denke. Auf des Betfahrers Gestalt wurden zuerst die Pfeile des Spott's
geschossen. Der Sternritter verglich ihn einer Warte,
über welche der aufgehende Vollmond schaue, der
Thurmritter einem stehenden Kohlensacke, auf dem ein
überreifer Kürbis liege, der Eberritter einem Kühl-
fasse, auf dem der Dampfkolben wack'le. Gramfalbus
lachte, und vergalt dadurch den Spott der Ritter, daß
er sie allen möglichen Ungestalten ähnlich fand, welche
sich durch Magerheit und Länge auszeichnen; doch blieb
noch alles unter dem Friedenspanier eines hochgefrey-
ten Zechgelages. Der Verspottete lachte zugleich mit
dem Spötter, brachte ihm den Krug, reichte und
drückte ihm traulich die Hand, und freu'te sich der
Feuertheilchen, welche, durch den Weingeist entzündet, überall hervorsprühten, wohin man nur traf, wo
man auch berührt wurde. Aber schnell drehte sich das
Wetterfähnlein des Gesprächs. Es erhub sich ein
schneidender Wind, ungünstig den Pfaffen und Mönchen. Die Rittersleute schrieen alles hervor, was
sie, seitdem sie Mönche kannten, böses von Mönchen

gehört hatten. Aus diesem sprach sein Vater, aus
jenem seine Mutter, aus dem dritten eig'ne Erfahrung. Selbst der Wirth mischte sich ein, und auch
dies mußte der gehudelte Franziskaner entgelten, daß
einmal der Tochter des Wirths ein Mönch im Beichtstuhle etwas zugemuthet hatte, was, dem Herkommen
nach, nur der Mann seinem Weibe zumuthen darf 31),
was nur Dirnenwollust dem Buhlen vor des Pfaffen
Machtspruch, fruchtbar zu seyn und sich zu
mehren, verstattet, und eben dadurch, daß weder
Vater und Mutter des Löfflers Ansinnen erfahren, für
erlaubt erklärt. Gramsalbus schwieg nicht, sondern
übertönte, gleich einer Pulse 32) bey'm Läuten, die
andern Glocken, die Krieger, welchen es doch sonst
auch nicht an Erz in der Stimme fehlte. Endlich rief
der Sternritter: Summa, es hat der Teufel die Mönche
erschaffen.

Wie, wenn endlich, bey'm Vogelschießen, der hölzerne, zerschmetterte und losgerüttelte Rumpf des

31) Eine solche Zumuthung im Beichtstuhle war, nach einer
Bulle Pabst Benedicts des Dreyzehnten, kein seltner
Fall (infrequens casus).

32) An einigen Orten nennt man so die größte Glocke in
einem Geläute, auf welche, gewöhnlich, nur ein harter
Schlag nach dem andern geschlagen wird.

gekrönten Adlers, durch einen Bolzen von der Stange
geworffen wird, aller Mitschießer Armbrüste zur Erde
sinken; so senkten sich jezt die Zungen der Schreyer,
da der Sternritter diesen Königsschuß gegen den
Mönchsrumpf gethan und ihn zu Boden geschlagen
hatte. Gramsalbus hielt es für Pflicht, jezt auch
einen Meisterschuß zu versuchen, und brüllte also:
Nein! Nein! Und behaupt' ich, es habe uns der liebe
Herrgott, eigenhändig, wie wir leiben und leben, und
gehen und stehen, erschaffen.

Der Sternritter. Kann euch erzählen, ehrwürdiger Schmeerbauch, wie's bey solcher Mönchswerdung
hergegangen, und muß doch wohl ein Geschichtlein
wahr seyn, davon auch die kleinsten Umstände bis zu
uns gekommen sind.

Gramf. Ist noch keine Folge. Nein! Nein! Nein!

Der Sternr. Silentium, Mönch! Denk einmal,
ich sey dein Abt, und laß dir erzählen; ist gar spaßlich
und erbaulich zugleich anzuhören.

Gramf. Nein! Nein!

Der Æberritter. Ja! Ja! Erzähl', Bruder.
Und wenn du Mondkalb, nicht so lange das Silentium
hält'st; zwäng' ich dich in jenes Bierfaß, und zapf'
dich mit meinem Dolche an. Erzähl', Bruder.

Der Sternr. Es begab sich, als Gott der Herr
den Lettenklos vor sich hatte auf der großen Töpfer-
scheibe, zu bilden uns arme Sünderlein, daß aus einer
hohlen Eiche der Satan hervorlauschte, und gar bedächtlich zuschau'te, welch' ein Gefäß jezt werde gedre-
het. Und lugt' er und gafft' er, und kaum that der
Herr den Mund auf, das Fiat zu sprechen; siehe! da
sprang empor der Klos, und ging stolz einher auf seinen Füßen, gleich einem neubemäntelten Bischoff, und
that so mächtiglich groß, als ob er sich selbst aus der
Leimgrube genommen. Und freuete er sich der Blumen
und aß von den Früchten der Bäume, und lockte die
Thiere zu sich, und thät sie kirren mit sanften Worten
und Streicheln, schauckelte sich auf den jungen Palmen
und sprang fröhlich und wohlgemuthet umher. Und ver-
wunderte sich höchlich der Satan des seltsamen Thiers,
Mensch benamset, sintemal es sich so altklug gebehrde,
als hätt' es bey des Schwarzen Erschaffung schon lateinische Briefe mögen verstehen, und lachte er höhnisch
in seinen rothen Bart, daß er's dem Herrn habe abgese-
hen, Menschen zu machen. Und kaum hatte der liebe Gott
den Rücken gewandt, und war der Mensch entlaufen,
zu beschauen den Garten; da trat hervor der Krähen-
füßler, sich hoch aufschürzend, und ergriff mit seinen
Klauen einen Erdenklos, und begann draus zu gestalten

ein Menschenbild, und war im geſtalten vom Anfang
her, der Böſe ein Meiſter. Als er's nun hatte geſtaltet, wollt' er ihm auch, wie er's geſehen vom Herrgott, mit einem Worte das Leben ſchenken, und
pauſt' er ſeine ſchlaffen Backenſäcke dick auf, und
grunzte ein Pfuar hervor, denn es ging vorher ein ſtar-
ker Wind, allſo, daß der Teufel das Schöpfungswort
nicht recht konnte verſtehen.

Kaum hatte der Satan ſein Pfuar geſprochen; da
begann zu erzittern der Erdkloß, wie ein Gehäuff von
Erdſchwämmen pflegt zu erzittern, wenn eine Eidechs
ſich daran reibet, und zu quabbeln wie Froſchleich,
wenn ein Windſtoß niederfähret aufs Waſſer, und ein
Haupt erhob ſich aus dem Haufen, und gähnte deß
Mund an, was nur die Augen erſahen, und reckte und
ſtreckte die Geſtalt ſich, und ſtützte ſich empor auf Händen und Füßen, und humpelte zur Wieſe und zertrat
die Blumen und trübte das Waſſer im Quell, und
brach die Pälmlein nieder, ſcheuchte die Thiere hinweg, zupffte den Gaißbock am Bart, und ſtieß ihn und
meckert' ihm nach. Und lachte der Satan laut und
freu'te ſich der Geſtalt, ſo er erſchaffen, und nannte
ſie Mönch. Doch ob dem Gelächter ergrimmte der
Mönch, und faßte einen ſchweren Bachkieſel, und warff
ihn dem Schwarzen ſo mächtig wider das Knie, daß

dieſer gräßlich heulte, und noch davon hinket, bis auf
den heutigen Tag. Und erboſt er ſich drüber, und
ſpie ſein Geſchöpf an und ſprach: Pfui dich an, du
ſcheußliches Bild, all dein Leblang! Wie hab' ich
ſo ſchlimm Schweiß und Mühe verwendet. Hinaus
in alle Welt, Land und Leut zu betrügen.

Und als nun der Winter zur Welt kam, konnt ſich
der Mönch nicht der Kälte erwehren, und begehrt er
vom Teufel ein Gewand, und brachte ihm der ein
braunes, grobes, wollenes Tuch, und brannt' in die
Mitte ein Loch, und warff es dem Mönche über das
Haupt, und mußt' er es tragen bey der Arbeit, bald
hinten, bald vorn mit den Händen, und blieb er doch
hängen damit im Dornicht und an den dürren Aeſten
der Tannen. Drum beſchwert' er ſich wieder bey'm
Satan, daß er nicht arbeiten könne, des Schurz's halber, was er doch ſo ungerne that. Und vermerkte daraus der Schwarze, wie es drauf anlege der Mönch,
gar nicht zu arbeiten, ſondern ſich laſſen ernähren von
andern, und verlange zu eſſen des Brodts, ſo er nicht
habe gebacken, und zu trinken des Weins, den er nicht
habe gekeltert. Doch ſtellt er ſich einfältig und ſiß
ſchwanke Schößlinge von den Weiden, und gürtete damit die Kutte dem Mönche, daß ſie ihn bey der Arbeit
nicht hindre. Auch ſchor er ihm das Haupt kahl, und

lieſ

ließ nur einen zottigen Haarſtreifen ſtehen, gleich einer
Krone; ſintemal der Mönch hatte geheiſcht, zu ſeyn
ein König der Menſchen.

War aber ſchier eitel vergebliche Mühe geweſen,
denn es rannte bald wieder der Mönch den Teufel an,
und klagte, daß er ſich nicht könne ernähren durch Arbeit, und bedürff' er der Hände zum Seegnen, und
zum Schwenken der Rauchfäſſer, und zum Abzählen
des Roſenkranzes, und müſſ' er weich. ſie erhalten und
ohne Schwielen, zu betaſten damit die Pulſe bußferti-
ger Weiblein. Auch ſey von Niemand zu fodern, daß
er thun ſolle doppelte Arbeit, und da ihm ſchon obliege
das Faſten und Beten und Predigen und Singen, begehr' er, daß ihm, wie dem Propheten Elias von Raben gebracht werde das Brodt: widrigenfalls er fürder
nicht ſeyn wolle ein Dienſtmann des Teufels, ſondern
ihm Fehd' anſagen und ſchaden, ſo baß er's vermöge.

Und wurmt' es nicht wenig den Schwarzen, daß er
einen ſo treuen Lehnsmann und Allzeitmehrer des Höl-
lenreichs ſolle verlieren, und bedacht' er ſich lange und
ſprach dann: So mache dich auf, o mein Sohn, und
ziehe durch Städte und Dörfer, und bitte, um Got-
teswillen, die Layen, dir zu geben, weſſen du immer
bedarffſt: ſagend: Den Brüdern ein Brodt durch Gott.
Und daß es dir an einem Waidebeutel nicht fehle, will

Holzſch. I, Bd.　　　　　H

ich dir nehmen dein Hemd, und es zunähen oben und
unten, so auch an den Aermeln und brennen in die
Mitte ein Loch, und über deine breiten Schultern es
hängen.

Und that der Satan nach seinem Versprechen, und
ward also der Bettelmönch, wie man ihn heut zu Tage
mag überall sehen in Dörfern und Flecken und Städten
und Burgen und Klöstern.

Es gebehrdete sich Gramsalbus, während der Erzählung des Sternritters, wie ein Scholaster, dem,
in der Messe, die Bälge den Wind verweigern, weil
die Chorbuben bey'm Treten einander thätlich befeh-
deten, und der, um seine schlechte Zucht nicht durch
sein Schweigen laut werden zu lassen, unter dem Lita-
neyen der Gemeine Hände und Füße mächtig bewegt,
bis ihn der Friede in der Bälgekammer wieder zu Wind
bringt, und er nun kräftig in den Gesang orgelt. Da
er nicht schreyen, nicht den Ritter überbrüllen durffte,
schlug er um sich mit den Armen, strampfte mit den
Füßen, und verzerrte sein Antliz, als ob man ihm ein
Maal in die Scheitelhaut brenne; bis endlich am
Schlusse der Erzählung sein Nein! Nein! Nein! mit
frischem Winde daherbrste. Die Ritter, gewohnt
dem Worte eines Mönchs, wie eines Weibes, nicht
ohne Zeugen zu glauben, verlangten auch jetzt diese

Zeugschafft, und der, den die ungerechte Sache immer
am erſten zum Gewährsmann ruft, weil das Zuſammen,
bringen Mund gegen Mund, und Auge gegen Auge,
unmöglich iſt, Gott, mußte auch hier das Stichblatt
ſeyn, die Stöße der Gegner aufzufangen. Von ihm
foderte Gramſalbus, durch ein Wunder, die Mönche,
als eheliche, zu Schild und Schwerdt ſeiner Macht
und Ehre, gebohr'ne Kinder anzuerkennen. Aber der
Himmelskönig ſchien dieſe Beglaubigungsurkunde ſeiner
Sendung nicht einem Gramſalbus anvertrauet zu ha,
ben: denn der leere Becher, von dem der Mönch pralte,
er werde ſich ſtracks, ohne eines Menſchen Zuthun,
mit Wein füllen, blieb leer. Daran war nun, nach
des Franziskaners Verſicherung, der Ritter Unglaube
Schuld, denn es glichen die Wunder geſchämigen Dir,
nen, welche ſich nie vermehrten Hageſtolzen entſchleyer,
ten. Was alſo die Wunder nicht unmittelbar, würden
ſie doch mittelbar beweiſen, und ein Gottesurtheil
ſolle, klärlicher denn ein lateiniſcher Brief und Zeu,
genbeſiehung, es außer Zweifel ſtellen: Gott habe
die Mönche erſchaffen.

Kaum hörten die Ritter das Wort Gottesur,
theil, als ſie zu ihren Wehren griffen, und ſich freu',
ten, den Bruder Fettwanſt etwas einkerben zu können.
Laut riefen ſie ihn auf, ſein Schwerdt zu ziehen, und

die Trinkstube zum Kampfplatz zu machen. Aber, als
hätten ihn Schlangen aus einem gedeckten Brey ange-
züngelt; so fuhr Gramsalbus vor dem Gedanken zurück,
seinen heiligen Leichnam scharffen Klingen in waffen-
geübten Fäusten blos zu stellen, und für eine Genossen-
schafft Martyrer zu werden, welche ihm blese Aufopferung nur durch Seelenmessen danken würde. Mit nichten — schrie er — und verdient' ich ja, daß ihr mich
an allen Außengliedern verstümmeltet, und nichts mir
unverletzt ließet, denn meinen Magen, fall's ich so
wahnsinnig handelte. Und ist das Schwerdt nicht meine
Sache, und soll, wer es freventlich zuckt, durch's
Schwerdt umkommen. Auch würd' es mir der Herrgott nicht Dank wissen, daß ich sein Wundervermögen
hätte zu unnützen Ausgaben gezwungen. Aber weihen
und seegnen will ich eins dieser Schwerdter, und wollen wir es dann glühend machen, oder es tauchen in
einen Braukessel voll Sud und Gluth, und soll dann
Einer von euch drauf lustwandeln, baarfuß, oder mit
nacktem Arm' aus dem Kessel es langen: und ob ihr
euch nicht Arm und Bein dran und drauf verbrennt,
mögt ihr mich zwängen in einen leeren Weinschlauch,
daß mich der Freudenwürze Geruch, so vormals drinn
dampffte, quäle zu Tode.

Der Sternr. Euch steht es zu, auf dem glühenden Eisen zu lustwandeln.

Gramf. Mit nichten. Ihr sollt's beweisen, es habe der Teufel die Mönche erschaffen; und falls ihr dies nicht könnt, ist's erwiesen, daß sie der liebe Herrgott verfertigt.

Der Eberritter. Hast du Recht, Mönch; es wird das Schwerdt in deiner Faust zu einem Blitzstrahle, der alles vor und um sich niederschmettert.

Gramf. Wenn auch, mag ungern' einen Blitz handhaben.

Der Thurnr. Sollten auch unsre Klingen dich treffen; du wirst es eben so wenig fühlen, als die Mastsau, wenn sich in ihren Speck Mäuse einfressen.

Gramf. Ist das Recht auf eurer Seite, dann wird das siedende Wasser im Kessel zu Eis um euerm Arm erstarren, und das glühende Eisen euern Füßen so wohlthun als ein Dampfbad.

Der Sternr. Leben in Fehde mit dem Feuer.

Gramf. Vermerk's, aber ob ihr ihm auch noch so ängstlich ausweicht; es packt euch doch.

Der Thurnr. So ihr nicht, durch eure Fürsprache bey'm Herrgott, uns davon befrey't, heiliger Mann.

Gramf. Und wollt' ich lieber, denn das, eure Jagdhunde mit meinem Fleische füttern, ihr Spötter,

ihr Frevler, ihr Otterngebrüte. Euch hat der Teufel
mit einer mannstollen Hexe auf dem Blocksberge in
einer Walpurgisnacht erzeugt, und führt ihr seine Hörner auf den Helmen, und seinen Krähenfuß in euern
Wapen, und habt ihr nach seinem Widerhackenschweiff
eure Pfeile gestaltet, und nach seiner Hornschuppen-
haut eure Panzer —

Der Eberr. Sollt man nicht denken, er sey des
Teufels Schlafgeselle, so genau kennt er ihn.

Gramf. Und so gleichen eure Fäuste in den eisernen
Handschuhen seinen Krallen, wenn er damit in der Höl-
lenasche herumgewühlt hat, und wie er auf die Seelen, so jacht ihr auf Beute und Raub, und liefert ihm
und seinen Knappen die Menschen aus, so ihr erschlagt
in Feld' und Turnieren. Summa, der Herrgott hat
die Mönche erschaffen.

Die Ritter. Der Teufel hat sie erschaffen.

Gramf. Nein! Nein!

Die Ritter. Ja! Ja!

Gramf. Und kommen wir auf diesem Wege nie auseinander, und ja'ten und nein'ten wir bis an unser Ende.
In unserm Waidebeutel hab' ich hundert Goldgülden,
und will ich die Hälffte davon an funfzig Gülden zur
Wette setzen: das Urtheil des heiligen Kreuzes werde
für mich sprechen, und es bestätigen, Gott, und nicht

der Teufel, habe uns Mönche erschaffen. Und ist's,
die Arme kreuzweis übereinander gelegt, in die Lüfft
zu recken, eine Sache, der ihr schier so stämmig gewachsen seyd, denn ich. Und hat der verlohren, dem
sie am ersten niedersinken. Wollt ihr die Wette eingehen?

Der Sternr. Topp, Mönch! Ausgeleert die
Säckel, Brüder.

Gramf. Eile zum Stall, Erp, gieb unserm Grauchen ein Futter und bringe mir Waidebeutel und Kaputze. Ich darf's nicht wagen, in diesem unheiligen
Gewande ein Himmelsabentheuer zu bestehen.

Aber bedenkt ihr auch, Bruder — raunte ihm der
Zwerg zu — was ihr beginnen wollt? Es macht euch
der Wein zu vermessen.

Geh du — erwiederte leise der Mönch — ich bin
schier so weinnüchtern, als am Abend eines Charfrey-
tags und ein Meister in solchem Gottesurtheile; kann
stundenlang dadurch den Herrn im Himmel erheben:
darum gehorche.

Der Thurnr. Unsre ganze Haabe besteht nur aus
dreyßig Gülden; es wäre denn, ihr wolltet uns dreyßig
Gülden auf dieses Helmkleinod vorstrecken, sonst mögen
wir die Wette mit euch nicht eingehen.

Gramſ. Ey, warum das nicht? Gern' dien' ich
meinem Nächſten, und ſollt' ich mir auch deswegen von
meiner Armuth etwas abdarben. Doch, dreyßig Gülden auf das Kleinod? Iſt ſolches nicht ſo viel werth.
Und fodert ihr nur ſo unchriſtlich, weil ich ein Mönch
bin, und vermeinet, wir hätten Goldſtangen, ſtatt der
Knochen in unſerm Leichnam, und Edelgeſteine ſtatt
der Leichdorne. Ihr wißt's nur nicht, wie arm wir
ſind, und alles an uns nagt und zwagt, und uns aus-
ſaugt und zehrt von uns. Und iſt Niemand ärmer,
denn der vom Altare leben muß. Nur fünf und zwanzig Gülden kann ich euch auf dies Kleinod —

Der Sternr. Nun dann, ſo gebt was ihr wollt,
da ihr nicht geben mögt, was ihr könntet.

Erp brachte den Waidebeutel und legte dem Mönche
die Kutte an.

Gramſ. Zähle nun ab, mein Sohn, funfzig Gülden zum Wettgelde, und zwey und zwanzig für die Ritter. Drey Gülden behalt' ich zum Zins zurück.

Der Sternr. Mönch! Mönch! Nennſt du das
auch, vom Altare leben?

Gramſ. Es ſtehet geſchrieben: Wuchert mit euerm
Pfunde.

Auf beyden Seiten rüſtete man ſich zum Armkam-
pfe. Die Ritter ſprachen heimlich mit einander und

dem Wirthe.- Kaum bemerkte das der Betfahrer, so
schlug er zween Humpen an einander und rief: Und ist
hiemit der Kampfort gefreyet, und soll der, welcher
sich regt, die Gottesstreiter zu irren mit Antasten oder
Anzupffen, oder mit Stoßen und Schlagen, verflucht
seyn all sein Lebtag, und immer Wasser trinken und
Trebern essen, und wenn er in Todesnöthen liegt, soll
seine Seele nicht wissen, wo hinaus, und fall's sie doch
endlich entwische, nicht wissen, wo hinein. Amen!
Eure Hände, daß ihr mich auf keinerley Art berührt.

Wort und Handschlag drauf — versetzten die Ritter.

Gramſ. Wer hat den Muth, mit mir zu kämpfen?

Der Sternr. Ich.

Gramſ. Ihr sollt euern Mann an mir finden.

Der Eberr. Ich will Kampfrichter seyn.

Der Thurnr. Ich Grieswärtel und Herold.

Der Wirth. Ich das Volk und die Prügelknechte.

Der Eberr. Sag' an, Herold, wer sind diese
Kämpfer?

Der Thurnr. Ein edler, ehrenhafter Ritter, Herz
Diether von Steineck, und ein schmutziger, böckelnder
Mönch, aus der Dunkelheit entsprungen, wie — stin-
kende Dünste aus einer Mistlache.

Gramſ. He, heißt das Wort halten?

H 5

Der Eberr. Stille gebieth' ich! Sag' an, sind die Kämpfer einander ebenbürtig?

Der Thurnr. Nein. Doch wie ein edler Stier auch gegen einen räudigen Hund sein Horn senkt, allso will auch der wackre Ritter Diether seiner Abkunft eine Stunde vergessen.

Gramf. Pah! Eine Stunde? Vom Morgen bis zum Abend verharr' ich in einer solchen Stellung, ich bin ein andrer Simon Säulenmann, und hänge meine Arme an die Lufft, wie der heilige Amarus seine Kutte an die Sonnenstrahlen 33). —

Der Eberr. Schweig, oder ich überantworte dich den Prügelknechten. Sag an, Herold, warum sie hier erscheinen.

Der Thurnr. Sie erscheinen hier, um, durch das Gottesurtheil des heiligen Kreuzes, der Erste zu-beweisen, es seyen die Mönche vom Teufel, der Andere, sie seyen von Gott erschaffen.

Der Eberr. Haben die Kämpfer eine gleiche Zahl Humpen geleert?

Gramf. Nein! ich konnt' ja nicht trinken im Aerger. Will vorher noch eine Scheure ausleeren.

Der Eberr. Grieswärtel, stelle die Kämpfer allso, daß ihnen gleich getheilt sey das Licht der Sonne, aus

33) Lexikon der Heiligen. S. 92.

jenem Stückfaß blickend, und der Rauch, so viel
Heerde zieht.

Der Thurnr. Es ist geschehen.

Der Eberr. Seyd eurer Waffen mächtig, ihr Käm-
pen. Herold, nimm diesen Krug und leere ihn, in
dreyen Zügen. Bey'm letzten Zuge recken die Kämpfer
ihre Arme, kreuzweis, zum Himmel.

Der Wirth. Sieg dem, der recht hat!

Der Thurnritter verwaltete nun, da er einen Krug
in drey Zügen leeren sollte, zum erstenmale sein Amt
mit Widerwillen; doch zwang er sich zum Gehorsam,
und kaum hatte er die letzten Tropfen in sich geschüttet,
als die Streiter Gottes und des Teufels ihre Arme
kreuzweis übereinander, in die Lufft stießen, Gramsalbus zugleich das Miserere zu singen, und der Sternritter laut zu lachen begann. Nie sah er, in solcher
Stellung einen Feind vor sich. Wie ein abgerindeter
Eichenstorn, an dessen Spitze ein Vogler, ein Paar
starke Leimruthen vestete, stand der Mönch da, gesenkt
das Haupt in die Halbzirkel der Ell'nbogen, geöffnet
den Schlund seines Mundes, und die vom Rauche
rothgebeizten Augen, daß sie des Goldhaufens auf dem
Tische hütheten, glühend das ganze Gesicht in der
Brunst des Weins und der Habsucht, und doch dabey
Mienen erzwingend, als unterziehe er sich jetzt, zur

Ehre Gottes, der schmerzendsten Fleischeskasteyung.
Ab und auf wickelte er den Faden seines Gebetes, und
schielte zuweilen zum Steinecker, ob dem noch nicht die
Arme erlahmten.

Unterdessen zechten die andern Ritter wacker, bothen
auch dem Mönch' einen Trunk, der sich aber nicht irren ließ und immerfort sang. Wie von ohngefähr, und
als gewahre er dessen nicht, stieß nun der Thurnritter
einen vollen Humpen um, und Gramsalbus, dem jeder
Wein geseegnet däuchte, wovon man, ohne Sünde,
nichts verschütten dürffe; lüpffte schon das linke Wol-
fenbein und zuckte mit der rechten Hand, den Humpen
zu begreifen: doch schnell besann er sich eines bessern,
drückte den Arm vest an den andern Ell'nbogen und hielt
es für hinlänglich, nach den Worten des Psalms: Ad-
sperges me, Domine, hyssopo, & mundabor — Ach,
die schöne Wunderbrühe! Frommt nun keinem Chri-
stenkinde! — zu schreyen. Der Streich mißlang, und
Trinker, Lacher und Sänger triebens wieder wie vorher.

Nun ging der Eberritter zum Fasse, zapfte seinen
Humpen voll, und unterließ, als hätt' er es vergessen,
den Hahn umzudrehen. Gramsalbus zitterte zusammen, als zeige ihm der Teufel seinen Sündenschuld-
brief, und rief: Exultabunt ossa humiliata. Rettet!
Rettet! Zu Hülffe! Haltet unter Hände, Mäuler,

Becher! Der Thurnritter wehrte dem Auslaufen des
Wein's und trank dann seinem Gesellen wacker zu. Bey
jedem herzhafften Trunk seufzte der Mönch: daß ihr
vermaledeyet werdet! Ihr stecht das Faß aus, noch
eh' ich einen Finger rühren darff.

Die Erschütterung des Lachens versprach dem Steinecker den Sieg nicht, auch wurden ihm schon die
Arme schwer, Gramsalbus hielt sie noch immer so steif,
als trüge er drauf seine Seele zum Himmel. Da stürzte
mit dem gräßlichen Geheul der Wirth ins Gemach:
Ritter Hans, es hat mir eur Hund das Böcklein gestohlen, so ich euch zum Nachtimbs auftischen wollte.
Was! — Sprudelte Gramsalbus — Tunc imponent
super altare vitulos. Haltet den Dieb! Jagt ihm
den Raub ab! Und mit diesen Worten schob er auch
seine Füße fort, rannte mit der Stirne gegen die nie-
drige Thür, und schlug rücklings nieder.

Verlohren! Verlohren! — Jubelten die Ritter
und Steineck ließ die Arme sinken.

Mit nichten! — Zürnte Gramsalbus — Schau't,
es stehen meine Arme noch eben so straff denn vorher,
und ist's eins, liegend oder knieend, sitzend oder stehend. — Helfft mir auf —

Man richtete den Betfahrer empor, und als wären
sie so verwachsen, hielt er noch immer kreuzweis die

Arme, achtete nicht des Bluts, das ihm über die Wangen floß, und schrie nur: Noch nicht verlohren. Ach, Grauchen! meine Stirne! Hab ich denn das ganze Haus nieder getrümmert? Wo ist der Braten? Wo hin der verruchte Dieb? Lauft, ergreifft ihn, wann ihr nicht wollt, daß ich Hungers sterben soll. Und will ich ihn bannen, daß er nicht weiter kann, und ihn verfluchen, daß seine Kehle ehern, und seine Zähne zu Brey werden. Ach! meine Stirne! Erp, wisch mir den blutigen Schweiß ab, daß ich den Greuel der Verwüstung um mich ersehe.

Erp that's, und sobald der Franziskaner nur blinzeln konnte, suchte er gleich den Steinecker und jauchzte: Ihr habt die Hände sinken lassen, ich habe gewonnen, unser ist das Gold, und sind die Mönche von Gott erschaffen. Und, wie wenn ein Fallgatter niederstürzt, so riß er seine Arme zum Wanst, scharrte Geld und Kleinod, mit den Ell'nbogen in den Waidebeutel, warff ihn dem Zwerge zu, und keuchte dann dem Böcklein nach, mit dem der Hund davon gegangen seyn sollte. Durch das Lachen bis in die Fußsohlen erschüttert, stemmten sich Ritter, Wirth und Zwerg aus Fenster, und verfolgten mit den Augen den Mönch, der gleich einem lahmgehauenen Hatzbären, wenn ein Feuerpfeil ihm den Pelz entzündet, durch's Thal wüthete, und

unaufhörlich jammerte: Haltet den Dieb, er hat mir
das Glück meines Lebens gestohlen! Deß nicht ach=
tend, was vor ihm lag taumelte er fort, und fiel,
kopfunter, in einen schlammigen Sumpf. Schreckli=
cher als jetzt der Betfahrer, brüllt nicht die Rohrdom=
miel, wenn sie ihren Schnabel auch noch so tief ins
Röhricht steckt. Mit Händen und Füßen griff er um
sich, wie ein Fuchs, den die Fangringe am Halse hal=
ten, und rammte sich selbst dadurch immer vester in
den Sumpf. Nun eilten ihm die Ritter zu Hülffe,
zogen ihn hervör und trugen ihn zur Herberge. Dort
erhielt er, nach langem Waschen und Reiben, Sprache
und Gesicht wieder. Habt ihr das Böcklein? Röchelte
er nun, rief dann dem Ja des Wirths ein helles: In
dulci jubilo nach, und küßte und herzte die Ritter.

Und hast du doch den Waidebeutel, mein Sohn?
Fragte er dann den Zwerg.

Erp. Um dreyßig Gülden und ein stattliches Kleid
nob schwerer.

Gramf. Soll unserm Heil'gen wohl gedeihen. Gebt
mir jetzt einen vollen Humpen. Habt's nun gesehen,
wie der Teufel die Mönche haßt, drum kann er nicht
ihr Schöpfer seyn. Es wurmte ihn mein Sieg; flugs
zauberte er den Sumpf vor meine Füße.

Wirth. Nicht also, ehrwürdiger Bruder, der Sumpf ist mit dem Thale gleiches Alters.

Gramf. Ihr seyd mit einem Narren gleiches Alters, nicht aber der Sumpf mit dem Thale.

Wirth. Mein Großvater ist im trunknen Muth hineingefallen und drinn erstickt; mußte also der Sumpf schon da seyn.

Gramf. Nein, sag' ich, und ob auch eure ganze Sipschafft darinn erstickt wäre. Mit dem Augenblicke, als ich den Fuß jenseits der Binsenbüschel setzte, wurde der Sumpf; dies behaupt' ich und will's beweisen durch das Gottesurtheil des heiligen Kreuzes.' Ich wette zehn Gülden —

Wirth. Deß bedarff's nicht. Ich glaube schon. Ihr sah't ja dem Sumpf auf den Grund, könnt also sein Alter am besten wissen.

Gramf. Sollt's denken, und sey der Sumpf benamset: der Teufelssumpf, zu ewigen Tagen. Untersuch nun meine Wunde, Erp.

Erp. Es ist nur eine leichte Hautschramme, und müßt ihr eine harte Stirn haben.

Gramf. Ist auch schon manches steinerne Herzensthor damit aufgesprengt. Nun zu bir, liebes Lotterbettlein, und zu euch, ihr holden, weinvollen Becherlein. Mit euch will ich kosen, an euch mich halten.

Gegen

Gegen den Heiligen, den ihr beherbergt, ist der wei=
feste Salomo närrisch, die treueste Rahab falsch, der
tapferste David feig, der schnellste Asahel lahm — euch
leb' ich, euch will ich sterben. — Noch ein Begehren
hab' ich an euch, ihr Herrn Ritter. Ihr wollet nem=
lich den Hergang dieses Gottesgerichtes einem Perga=
mente einverleiben, solches mit eurer Namenunter=
schrift und Insiegelbeydruckung versehen; daß unserm
Abte daheim kund wirde, es seyen diese dreyßig Gold=
gülden und das Helmkleinod, fall's ihr es nicht einlö=
set, dem Kloster eigen nach Billigkeit und Recht, als
welchem ungerechterworbnes Gut nie behagt, auch zu
Ehren des heiligen Miserere, dem ich solchen glorrei=
chen Sieg über euch und eure gotteslästerliche Behaup=
tung verdanke.

Die Ritter erfüllten den Wunsch des Mönchs, Stein=
eck schrieb das Abentheuer nieder, und die Namen
und Siegel der Theilnehmer bürgten für die Aechtheit
dieser Urkunde, dem Betfahrer lieber dann eine Ur=
kunde, daß seine Großahnen schon zur Zeit Heinrichs
des Finklers, bey Kriegsspielen, von den Prügel=
knechten durchgebläuet wären.

Die Ritter hatten nun des Gauffs genug, übersatt
sich gelacht; gerne gönnten sie dem Mönche den Ge=
winn, und satzten sich, friedlich mit ihm zum Imb=

Sein gellendes Hosianna sagte dem Braten die ernsteste
Fehde an, und der hung'rigste Hund würd' ihn nicht so
arg, als er behandelt haben. Der Vorsatz, ein Heiliger der Verdauung zu werden, schwand ihm. Da er
merkte, der Wein drohe, ihn zu überwältigen, nahm
er Abschied von den Rittern, gab ihnen seinen Seegen,
schlich in eine Kammer, nahe dem Stalle, und schlief
dort ruhig, bis ihn das Hunger-ya seines Esels zum
Frühstücke weckte.

Drittes Abentheuer.

Ohne der Ruhe zu pflegen, bestiegen, gleich nach
Gramsalbus Davonschleichen, die Ritter ihre Rosse
und setzten ihren Zug fort, doch bezeichneten sie vorher
dem Zwerge, für fünf bis sechs Tagereisen, die besten
Herbergen, und die, durch Gastfreyheit ihrer Besitzer,
berühmtesten Burgen, auf dem Wege zum Kloster
seines Reisegefährten. Diese frohe Mähr minderte am
Morgen, beim Frühtrunke, des Mönchs Kummer, sich
von einer Schenke trennen zu müssen, wo es ihm, nach
seinem Ausdrucke, so wohl ward, wie in der Kaiser-

pfalz den zwölf Greifen, welchen des Deutſchen Reichs
Oberhaupt, am weißen Donnerstage, die Füße zu
waſchen pflegt. Mit leichtem Herzen ließ er ſich nun
auf ſeinen Gaul heben, wußt' er doch, er finde gegen
die Vesperzeit in der Burg eines reichen Grafen, das
alles wieder, was er hier verlaſſen müſſe. Kaum hatte
er ſich zwiſchen die Sattelbauſchen gepreßt, da begann
er auch gleich von dem geſtrigen Abentheuer zu ſeelbä-
dern, und die Untrüglichkeit der Gottesurtheile, beſonders derjenigen zu rühmen, welche weder Brand-
noch Hiebwunden zurückließen.

Dem Urtheil des Feuers oder ſiedenden Waſſers
würdet ihr euch alſo nicht unterworffen haben, ehrwürdiger Bruder? Fragte ihn nun der Zwerg.

Gramſ. Hier nicht, mein Sohn, wohl aber daheim
in unſerm Kloſter, denn dort —

Erp. — hättet ihr Mittel zur Hand gehabt, euch
vor dem Gebranntwerden zu ſichern?

Gramſ. Sollt's denken.

Erp. Aber, wie mögt ihr denn das ein gerechtes
Urtheil nennen, ſo ihr der Beſtechung verdankt?

Gramſ. Da ſchwatzeſt du einmal wieder, mein
Sohn, wie ein Stocktauber vom falſchgehaltnen Tacte.
Biſt gar zu vorwitzig, guter Freund, und macht nicht
Vorwitz, ſondern nur Glauben, ſeelig; und iſt der

unter den unsichtbaren Gottesgaben, was der Wein
unter den sichtbaren, der Fünftelsafft, durch den ein
Hirsekorn zum Kürbis sich aufdehnt, eine Taube
zum Adler, und ein Sandkorn zum Diamant wird.
Dem Glauben gelingt, dem Vorwitz mißlingt alles.
Durch den Glauben hat der heilige Korbinian einen
wilden Bären zum Saumroß gemacht; durch den
Glauben der heilige Fechinus eine Speckseite in eine
Pflugschaar umgewandelt; durch den Glauben ist
der heilige Antonius de Robes unter einem Rosenkranz', im dichtesten Platzregen, trocken einhergegan-
gen; durch den Glauben hat der heilige Bernhard,
den Teufel zu einem Wagenrad gekrümmt, gespeicht
und genabet: wären sie nur vorwitzig gewesen; Sanct
Korbinian hätte keinen Altar bekommen; Sanct Anton
kein trocknes Fädchen am Leichnam behalten; Sanct
Fechinus den Feldmäusen ein Feyertagsmahl aufge-
tischt, und Sanct Bernhard würde dem hochgebene-
deyten Jungfrauenbilde nie das Reden in der Kirche
haben verbiethen können. Mögte deiner Frage gar
nicht antworten, beförderte nicht mäßiges Reden die
Dauung. Sieh, weil der liebe Gott, von Ewigkeit
her es wußte, daß ich immer und allzeit, nur das,
was wahr ist, behaupten könne; legte er in meine
Arme die Krafft, sie, eine geraume Zeit, kreuzweis

J 3

über einander, gen Himmel gereckt zu halten. Und
machen wir Mönche dies dem Herrgott, in Etwas,
nach. Doch, weil wir die Krafft nicht füglich in die
Glieder des Unschuldigen zu bringen verstehen, den wir
immer schon vorher kennen, eh' er aufs glühende
Schwerdt tritt, oder das rothe Eisen ergreifft; so umgeben wir sie damit, und salben ihm Sohlen und Flachhände —

Erp. Womit? Womit?

Gramf. Mit unserm Speichel. — Ha, ha, Neu-
gieriger! Gehe hin und thue desgleichen. Und werden Sohlen und Flachhände dann so wenig verletzt, als
der Diamant dadurch, daß man brennenden Zunder auf
ihn legt. Nun antworte mir: Spricht Gott alsdann
durch uns ein gerechtes oder ungerechtes Urtheil?

Erp. Dann freylich ein gerechtes. Aber warum
schlichtet ihr nicht, ohne solches Gepränge, die Händel?

Gramf. Fiele ja dann uns die Ehre, nicht Gott
anheim. Und soll der Mönch sich der Demuth befleißi-
gen, so viel er immer nur kann. Dies zeigen auch unsre ärmlichen Kleider und Zellen —

Erp. Die Zellen vielleicht, doch nicht die Außen-
seiten eurer Klöster. Ist ja Marmor, Kunst und Mühe
recht daran verschwendet, und sieht man überall so
mancherley nutzlose Verzierungen, und sind, gemeinig-

lich, eure Kirchthürme so durchbrochen, verschnörkelt
und verschränkt, wie Nürenberger Drechselwerk, und
stehen in jeder Mauerblende, deren sie oft mehr als
Taubenhäuser Pförtlein haben, erjene, übergülbete
Bildsäulen. Eure Altardecken starren von Gold, eure
Fahnen blenden das Auge durch Farbenfülle, eure
Meßgefäße —

- Gramf. Mein Sohn, mein Sohn, übereile dich
nicht in deinen Urtheilen, damit du nicht in eine Todsünde fallest. Muß nicht das Seelgeräth der Kloster-
stiffter, auf alle Weise, guten Christen zu Gesicht gebracht werden, daß man erkenne, wie gottesfürchtig
sie gewesen, und die Vorüberknixenden, dankbarlich-
gerührt, für solcher Biederleute Seelen viel andäch-
tige Paternoster beten, und so erhabene Beyspiele
zur Nachahmung reizen? Und wär's nicht stinkender
Undank, solcher Frommen Gutthaten in finstere Gewölbe zu verstecken?

Erp. Wohl höchst undankbar. Vergebt mir meinen Vorwitz, Ehrwürdiger. Es kommt nur nicht zur
Kunde der Layen, warum dies und jenes in euern Hei-
ligthümern so und nicht anders ist; würden sonst ge-
scheuter davon denken.

Sollt's meinen — entgegnete Gramfalbus und sagte
nun alle Antworten her, welche man ihm im Kloster

eingeißelte, die Beschuldigungen der Layen zu entkräften, und glofflerte jedes Zwanggeſetz des heil'gen Franziskus, ſeinen erſten Jüngern gegeben, ſo geſchickt zum
Vortheil der lebenden Kapußenträger; daß ſelbſt der
Stiffter, vor Verwunderung verſtummt ſeyn würde,
dieſen, ſeiner Geſtalt und Gefräßigkeit nach, ächten
Franziskaner, dem Schweine ſehr ähnlich, das er ſeinen Zöglingen zum Vorbild aufſtellte, ſo ſchlangenklug,
gleich dem Teufel im Paradieſe, ſchwatzen zu hören.
Freylich ward es ein Miſchmaſch, wie weiland des
theuren Bruders Juniperus Gemengſel, der Hühner und
Gänſe, Eyer und Käſe, Butter und Wurzeln, Speck
und Obſt, Würſte und Kohl, ungerupft, ungeſchält,
ungewaſchen und ungereinigt in einen Topf warff,
miteinander kochte, und es ſeinen Brüdern auftiſchte
34); aber dies ſättigte, mit Hülffe des Eckels, wie damals die Mönche, jetzt den Zwerg am geſchwindeſten.

Gramſalbus vergaß dabey nicht, ſeinen Flaſchen
und Säcken weidlich zuzuſprechen, und ſich alſo, mit
ihm zu reden, die Zeit, durch Beten und Arbeiten zu
kürzen.

Da ihn der Wein immer redſeeliger machte, erzählte
er jetzt ſo manche Sonderbarkeiten „von den lieben
Heiligen, ihrem Himmelsweſen, Haushalt, Thun

34) Lib. conformit. Fruct. 9. Fol. 55.

und Laſſen"; daß ſich der Zwerg nicht entbrechen konnte, den Himmelskundigen Mann um Belehrung zu bitten, wie denn eigentlich die Heiligen mit dem Herrgott
ſtänden, und welchem Uebereinkommen beyde Theile gehorchten?

Ja — verſetzte Gramſalbus — das kann ich dir nur
durch ein Gleichniß anſchau'lich machen, denn vor der
Sache ſelbſt würdeſt du Sündenknecht, ob all dem
Glanz der Himmelsherrlichkeit, deine Maulwurffsau-
gen nicht geöffnet halten können. Horch: Es iſt das
Himmelreich gleich einem Könige, der ſeit langen, lieben Jahren ſich beſtrebte, ſeine Nachbaren zu unterjo-
chen, und doch ſelbſt nicht ins Feld ziehen konnte, dieweil er daheim gar viel und mancherley zu ordnen hatte. Und wählte er drum aus ſeinen treuen Unterſäßen
Feldherrn, Hauptleute und Rottmeiſter, und ſchickte
dieſe, mit wohlgerüſteter Mannſchafft, gegen ſeine Wi-
derſacher. Aus Pflicht und Liebe zu ihrem Herrn thaten dieſe, was ihnen menſchmöglich, und noch oben-
drein, was ihnen nicht menſchmöglich war, alſo ein
übriges, ermächtigten ſich der Feinde, unterwarffen ſie
dem Könige, und zogen dann, muthig und tapfer, gar
wider die meuteriſchen Saßen in ihnen ſelbſt, als welche
nicht ſelten ſich erfrevelten, dem Könige einen Poſſen
zu ſpielen. Und hießen dieſe Meuterer Hunger und

Durſt, und Bequemlichkeit und Trägheit, und Rang-
ſucht und Ehrgeiz, und Liebe zu ſchönen und häßlichen
Weibern, und Gold= und Ehrgier, und Wohlbehagen
an Feyerkleidern und unzerrißnen Rücken, unzerſtachel-
ten Schenkeln und graden, geſunden Gliedern. Und
kehrten die Ueberwinder endlich heim ins Erbreich ihres
Königs, wie Knaben, die unter ein Rudel wilder Thiere
geriethen. Fehlte dem Einen der Kopf, dem Andern
die Naſe, dem Dritten die Haut, dem Vierten der
Magen, den er ſich weggehungert, dem Fünften die
Lunge, ſo er in eitel Stoßgebeten verzettelt, dem
Sechsten die Milz, um die er ſich, über ſeine eigene
Thorheiten, gelacht, dem Siebenten die Galle, ſo er
ſich über ſeine angebohrnen Schwächen weggeärgert,
dem Achten der rechte Fuß, den er dem linken ſo lange
angeſchmieget, bis er mit dieſem zu Einem verwachſen
war, dem Neunten die Augen, ſo er ſich ausgeriſſen
hatte, weil er nie, ohne Begier, ein nacktes Dirnchen
ſehen können, dem Zehnten eine Hand, weil er ihrer
nicht Herr zu werden vermochte, ſo ſie einem Schürz-
tuche zu nahe kam, dem Eilften gar etwas, ſo uns
Mönchen nur geiſtlicher Weiſe fehlen ſoll — — kurz,
alle kamen ſo verſtümmelt zurück, daß, wenn man das,
was ſie ehmals gewogen, dem vergleichen wollen, wie
ſchwer ſie jetzt ins Gewicht fielen, der Himmelsſaal

drey Viertheile Maße weniger zu tragen hatte, denn
vor ihrem Auszuge.

Solcher Aufopferungen höchlich sich verwundernd,
schlug der Himmelskönig die Hände über seiner Platte
zusammen, und wußt' er lange keinen Rath, wie er
dies, den Martyrern vergelten solle. Endlich beschloß
er, sein Reich unter sie zu theilen, und für sich nichts
zu behalten, denn den Titel Oberkönig, und den
goldnen Thron, auf dem er zu sitzen pflag. Und machte
er die Eintheilung also, daß, wer das edelste Glied
verlohren, das größte Reich erhalten solle; wie denn
auch geschehen, und die, so ohne Magen oder Kopf
heimgekommen, mehr denn einer Krone gewürdigt sind,
und Sanct Origenes gar der dreyfachen Pabstsmütze
werth gefunden worden. Und nahm der Oberkönig sich
ferner keines Dinges an, sondern ließ die Unterkönige
schalten und walten, wie's ihnen gemüthlich war. Da=
her, mein Sohn, wir billig die lieben Hei=
ligen höher ehren, denn den Herrgott,
sintemal sie alles zu geben und auszu=
spenden haben 35); besonders der seraphische

35) „Die Heiligen, welche in ihren Wunderwerken Gott
selbst übertreffen, werden auch mit völligem Rechte, mit
mehreren brennenden Kerzen verehrt als Gott selbst“.

S. Katholischer Unterricht vom Pater Faß. 3tes
Stück. S. 24.

Franziskus und die gebenedei'te Jungfrau, durch welche, über lang oder kurz, die heilige Dreyeinigkeit in
eine heilige Fünfeinigkeit umgeschaffen seyn wird.

Erp suchte mancherley gegen diese Reichsvertheilung
einzuwenden; aber Gramsalbus, der sein Gleichniß
auch im Kleinsten für passend und zutreffend gehalten
wissen wollte, rief, so oft der Zwerg nur ein „Doch"
hervorgedrängt hatte, ihm stracks entgegen: Und sey
der verflucht, welcher dies nicht glaubet, wohl gar
daran zweifelt! — Und so ward denn die Zahl der
Gläubigen um einen Streiter vermehrt.

Die Strahlen der Sonne rötheten schon Flur und
Wald, als der Betfahrer die Burg erblickte, welche,
nach Erps Versicherung, ihre Herberge seyn würde,
und nun eilte er, im Schofe eines weichen Bettes zu
neuer Thätigkeit wiedergebohren zu werden. Kaum
nah'te er sich dem Vorsprungshause — da öffnete sich
die Pforte, vier reichgekleidete Buben hüpfften heraus,
neigten sich ehrerbietig vor dem Pilger, hoben ihn vom
Pferde, reichten ihm, in einem güldnen Gastbecher,
einen Labetrunk, und baten ihn, auf ihre Schultern
gestützt, in die Pfalz zu gehen. Gramsalbus gewährte
sie dieser Bitte mit einer Hofart, als erweise er ihnen
den größten Liebesdienst, und ließ sie die Schwere
seiner Mönchheit wacker fühlen. Als ob der Pabst

. feinen Einzug in diese Veste halte, so schnell rauschten die Brücken vor dem Franziskaner nieder, so jach barsten die Pforten vor ihm auf. Wohin er blickte, sah er die Burgleute, ehrfurchtsvoll zurückweichen und bewundernd ihm nachschauen.

Zum ersten Gemache, wo er etwas ausrasten wollte, weil er sich jezt, wie verzärtelte Kranke, die immer mehr begehren, je ämsiger man für sie sorgt, ganz ermattet stellte, flog ihm ein Dienerschwarm nach, Sessel und Fußschemel ihm unterzuschieben. Die Eile warff sie zu Boden und stieß ihre Köpfe wider einander. Herzlich lachte dessen der Mönch und rief: Noch einmal, ihr Leutlein. Und ehe sie sich noch zusammengerafft hatten, torkelten die Knechte wieder nieder, und wälzten sich so lange über und unter einander, bis der Betfahrer, laut schluchzend vor Lachen, ihnen einen Wink gab, aufzustehen. Gleich begannen einige Buben dem Gottesmanne das Wamms loszunesteln, das Barett abzunehmen und die Stiefel auszuziehen, Andere trockneten ihm den Arbeitsschweiß von der Stirne, und börnten ihn, zur Stärkung, mit Wein, noch Andere legten ihm einen seid'nen Schlafpelz an, und demüthig fragte nun der Burgwart: Ob ihm vergönnt sey, den ehrwürdigen Pilger ins Bad zu führen?

Führt mich nur immer hin, guter Freund, entgegnete, auf ihn hinabsehend, Gramsalbus — und soll
euch erlaubt seyn, alles mit meinem Leichnam vorzu-
nehmen, was ihm frommt. Er lehnte sich auf seine
Stützen und folgte dem Hauswart. Im Badgemache
waren die Knechte, mit solcher Bereitwilligkeit ge-
schäfftig, den Pfaffen zu entkleiden, den Badschurz
ihm umzulegen, ihn zu waschen, zu reiben, zu salben,
und seine Winke auszudeuten, daß ihn der Wahn
trunken machte, dies alles gebühre ihm, weil er eine
geschor'ne Platte habe. Kaum hatten die Badknechte
das ihre gethan, so kleideten ihn die Leibbuben in ein
langes, violettsammtnes Gewand, gürteten es mit
einer seidenen Schärpe, legten ihm Schnäbelschuhe
an, und leiteten ihn zu einem reichgeschmückten Saal.
Der goldstückenen Wandteppiche dort, wie des mit
Schnitzwerk überladenen Getäfels, der blinkenden Waffen und fast sprechenden Gemälde gewahrte Gramsalbus kaum; seine Augen sahen allein einen Tisch, mit
vollen Schüsseln und Bechern bis an den Rand bedeckt.
Seiner Größe vergessend, und ohne sich nöthigen zu
lassen, huschte er zum Tische, fiel in einen Sessel,
und unterzog sich, auf einmal wieder der demüthige,
bußfertige Mönch geworden, dem trauten Bruder Ju-

niperus zu Ehren, der Ordenspflicht, nach Art der
Schweine zu fressen 36). '

Als ob er seit seiner ersten Jugend von so vielen
Knechten bedient gewesen wäre, so geschickt wußt' er
die, ihn jezt Umgebenden, zu beschäfftigen, bald zeh-
nerley in einem Athem zu fodern, bald das, was er
befahl, zu widerrufen, bald das Dargereichte schnell
zu verschlingen, die Schüssel unter den Tisch zu werfen, und dann auf die Nachläßigkeit der Diener zu
zürnen. Ein Harfner begann, zum Saitenklang, ein
Lied zu singen; aber Gramsalbus rief ihm bald zu:
Genug des Klingklangs, guter Mann; will's als gehört annehmen. Bin kein Freund von solchem lang-
weilenden Hin- und Herweben der Töne und solchem
Singsang, wie der Hunger den Nachtigallen abzupres-
sen pflegt. Laßt mir Geiger und Bockspfeifer kommen,
daß sie mich in den Schlaf fideln und dudeln. Der
Sack meines Bauchs ist bis oben an gefüllt, und in
meinem Hirne tanzen die Weindünste, wie Blasen auf
einer Pfütze, wenn's regnet — will nun schlafen.

*) Manger en cochon.

        G. Ordres monaſtiques. Hiſtóire extraite de tous
          les auteurs, qui ont conſervé a la poſtérité ce
          qu'il y a de plus curieux dans chaque ordre &c.
          A Berlin (Paris) 1751. Tom III. P. 555.

Er legte sich in den Sessel zurück, und reckte sich,
dehnend und gähnend, dem Schlafe entgegen; da traten zween, wie aus Stahlblöcken geschmiedete, Ritter
in den Saal, scharffe Stacheln starrten von den Brust-
stücken ihrer Panzer, von den Knie-, und Ell'nbogen-
schilden ihrer Arm- und Beinschienen. Sie gebothen
dem Mönche, ihnen zu folgen. Hoch auf schau'te der,
eine ängstende Ahndung, ob er vielleicht jetzt die Zeche
bezahlen solle, durchschauerte ihn, drum zögerte er, den
Kriegern zu gehorchen; allein, sobald diese nur seiner
Bedenklichkeit gewahrten, stimmten sie den hohen Ton
herab, und baten höflich, es möge ihnen vergönnt
seyn, den hochwürdigen Vater geleiten zu dürffen.

Ey, das ist ein andrer Psalm, den ihr anhebt,
liebe Herrn, den sing' ich mit. So läßt sich auch nur
Etwas von mir erhalten — sprach Gramsalbus, und
stützte sich vom Sessel auf. Schnell schlüpfften wieder
vier Buben unter seine Arme, und schoben ihn, durch
eine Reihe Gemächer, den Rittern bis in die Burgkapelle nach. Ein leichter Nebel von Weihrauchsdampf
füllte sie, und machte das Licht der brennenden Kerzen
zum Dämmerschein.

Kaum witterte der Franziskaner, wo er sich befinde;
da stotterte er: Nein, daraus wird nichts. Und wähnt
ihr, ich solle euch hier Eins predigen. Nicht also,
lieben

lieben Leutlein; das läßt sich mit vollem Magen schier
so bequem thun, als in Fußblöcken tanzen. — Seht
einmal —

Ein Ritter drückte ihm den Ell'nbogenstachel, nicht
gar sanft, in die Seite, sprach drohend: Schweigt!
und leitete durch diese fühlbare Erinnerung den Fluß
der Mönchsberedsamkeit wieder in seine Quelle zurück.

Jezt näherten sie sich dem Altare. Dort stand, im
hochzeitlichen Schmuck', ein schönes Fräulein, neben
ihm ein Pfaff im Meßgewande. Zween, ganz mit Eisen vermummte, Männer lehnten sich aufs Chorge-
länder.

Was soll das aber? Kräh'te Gramsalbus, als man
ihn dem Fräulein zur Rechten stellte, als sich der Pfaff
zu ihnen wandte, und die vier Ritter, wie Trauzeugen
pflegen, paarweis hinter ihn und das Fräulein traten, doch der Schienenstachel seines Begleiters versie-
gelte ihm den Mund.

Der Pfaff schlug ein Brevier auf und hub an, eine
Trauungsformel zu lesen. Gramsalbus vernahm das
nicht, trunken und schwindelt von Stolz, Wein und
Weihrauchsdampf, zagend vor den scharffen Spitzen,
die so nahe um ihn glänzten, sauste in seine Ohren bald
ein lieblicher Orgelton, bald ein Hagelwetter, das wider die Kapellenfenster schmetterte; unruhig schob er

das Sammtkäppchen von einer Seite zur andern, sah
bald den Pfaffen an, schau'te bald neugierig in die ge-
schlossenen Helmrosse der Ritter, bald tief in die Augen
des schönen Fräuleins. Das wandelte seinen Sinnen-
rausch in gänzliches Unbewußtseyn. Doch als nun um
seine Teigfaust, und um die zarte, halbspannenlange,
blinkende Wachshand des Fräuleins der Pfaff die Stole
schlang, als er sprach: So knüpff' ich um euch,
Herr Albrecht, Graf von Kühnau, und um euch, Fräulein Irmentraut von Staudach, das Eheband im Namen Gottes, der gebenedey'ten Jungfrau und aller glorreichen Heiligen: da erwachte er jach, gebehrdete sich,
wie in den geistlichen Schimpfspielen der Klostergaukler
die Teufel, wenn sie durch Engel mit Rosenkränzen ge-
fesselt werden, und schrie, indem er die Stole von der
Hand zu schlenkern suchte: Nein, nein! Und bin ich
nicht der Graf Albrecht von Kühnau, auch nie gewesen,
so viel ich mich erinnere. Bin der Bruder Gramsalbus,
ein Franziskanermönch, und darff ich nicht freyen, ob
ich gleich wollte, sonst werd' ich eingemauert in ein
enges Loch, das kaum Gelaß hat für einen meiner
Schenkel, und muß ich mich daselbst auffressen und
sterben, hab' ich mich endlich verzehrt. Nein, nein,
und —

Zunge und Hand erstarrten ihm, denn die Schienenstacheln seiner Geleitsmänner zerprickelten ihm Rücken und Weichen.

Der Pfaff las ungestöhrt einige Augenblicke, da erhub Gramsalbus von neuem allso seine Stimme: Und war meine Mutter Köchinn bey einem Stiftsherrn, und mein Vater ein ehrbarer Schreiner, und bin ich allso kein Edelknecht, vielweniger noch ein Graf. Und will ich lieber bleiben wer und was ich bin, und könntet ihr mich auch engeln, denn gleich nachher des blassen Todes seyn zu müssen. Und ist's Kirchenraub den ihr begeht, mich hier zu verfreyen —

Die scharffen Spitzen bohrten ihn wieder an. Er schwieg.

Es endete der Pfaff. Die Ritter wünschten dem neuen Paars Glück, und baten den Mönch, mit ihnen, zum Speisesaal zurück zu kehren.

Gramf. Gern, gar gerne. Aber, ihr Herrn, sagt mir doch, was ist das, oder was soll's seyn? Zum Scherz ist's zu ernsthaft, und zum Ernst zu boshaft. Wißt ihr wohl, daß ihr Alle vor den Send müßt, und exkommunicirt werdet in alle Ewigkeit, so ich euern Unfug nur dem ersten, besten Kinde erzähle? Und seyd ihr ja ärger denn Heiden und Sarazenen —

Ein Ritter hob den Ell'nbogen und Gramsalbus ver=
stummte.

Im Speisesaal wies man der Hefenmasse, neben
dem Fräulein, den Ehrenplatz an, und auf den Knieen
reichten ihr jetzt die Leibbuben den Wein. Das Zwi=
schenspiel gefällt mir — sprach sie — aber eure verfluch=
ten Stachelworte, ihr Ritter, und das, was kommen
wird, ach, Grauchen! was kommen muß! mißhagt mir
so, als sollt' ich zerlassenen Schwefel aus einem glüh'n=
den Humpen trinken, und Nattern und Kröten von
Todtenschädeln essen. Nicht wahr, es ist nur eu'r
Scherz gewesen, ihr lieben, guten Herrn, und ihr,
gestrenges Fräulein, wolltet nur lernen, wie sich ein
Mönch gehabe, wenn man ihn traue? Ja, ja, und
würden ganz andere Donnerworte mir entfahren seyn,
wären mir die vermaledeyten Stacheln nicht immer in
die Rede gefallen, und hätt' ich's euch, geliebte Toch=
ter in Christo, nicht stracks abgeschaut, daß man eure
Einwilligung zu diesem Schimpf erzwungen. Ihr
gleicht den Weibsen gar nicht, die einen ehrlichen
Mönchsmann necken können, wie ein Schmetterling den
Knaben, habt gar nichts Brigittenartiges, keine so
schelmische Spitznase, die gleich alle Herzensgeheimnisse
erwittert, auch keine so grünbraune Augen, auf wel=
chen so viele Sonnen herumglinzern, daß man nirgends

vor ihnen im Schatten seyn kann, und die mit den
Katzenaugen das gemein haben, auch im Dunkeln sehen
zu können, noch weniger einen stets offnen Mund, der
immer zu sagen scheint: Gieb! Gieb! — Laßt's nun
geendet seyn das Schimpfspiel; wiedererzählen dürfft
ihr's so nicht. He, nicht wahr, es ist nur eu'r höflicher
Scherz gewesen?

Niemand antwortete.

Gramf. Daß ihr Zeitlebens die Zunge nicht wieder
bewegen könntet für eur Stummbleiben! Oder, es hat
sich der Pfaff nur üben sollen, den Ehestandsknoten
knüpfen zu lernen? Ach, zu schlagen ist er leicht, und
hält doch vest, wie der, den Meister Hämmerling um
einen Diebshals knüpft; aber ihn zu lösen, ihn weniger
beschwerlich zu machen, da steckt der Knoten: und hätt'
sich der Pfaff darauf üben mögen, und wär' er dann in
Jahresfrist reicher denn das Weltmeer worden. Es ist
nichts mit dem Ehestande. Einem dickschaligen Apfelsi-
na, der nur wenig Safft hat, gleicht er; einem Seekrebs,
den man nach dem Gewichte bezahlt, und durch dessen
Fleisch man nur den Hunger stärker reizt; einem rund-
umkollernden Fasse, aus dem der Wein läuft, so bald
es einmal angebohrt ist. Nicht? Alles ist nur Scherz
gewesen? Freylich ein böser Scherz, ein arger Scherz,
ein gotteslästerlicher Scherz, ein Teufelsscherz, der

euch in die Hölle stürzen wird, so tief, und tiefer, als
ein Sonnenstrahl in tausend Jahren sinken kann, fall's
ihr nicht Buße thut und unser Kloster begabt. Nun,
war's Scherz?

Keine Antwort. Der Hauswart fragte: Ob es Sr.
Gestrengen beliebe, zu Bette zu gehen?

Gramf. Von ganzem Herzen! Also gegessen wird
heute nicht mehr? Nun dann, zu Bett! Und liegt
mir viel daran, diesen vermaledey'ten Traum auszu-
schlafen.

Er sprang vom Sessel und lief dem Hauswart, eine
Schaar Leibbuben Beyden nach. Im anstoßenden Zim-
mer entkleideten sie den Betfahrer, und legten ihm
dann wieder ein eng'zugenesteltes Nachtgewand an, bothen ihm zum Schlaftrunk einen vollen Doppelhumpen,
und brachten ihn, mehr getragen, denn sich selbst tragend, zu einer gewölbten Halle.

In der Mitte der Halle prangte ein köstliches Prunkbette. Ein Himmel von lasurblauem Atlaß, durch den
gülbne Sternchen funkelten, ründete sich über ihm zu
einem Halbbogen; hinter einem sanftrothschielenden
Fransenstreife schwebten wallende Umhänge, aus Gold-
und Silberfaden gewebt, weich und lieblich, wie das
falbe Dämmerlicht einer lauen Sommernacht, zum Boden hinab, und glänzten im Doppelflimmer, gleich den

Mondſtrahlen auf bereiſten Wieſen, von hellgrünen,
ſeid'nen Pfülben wieder. Um den Schragen brannten,
auf mannshohen, marmornen Säulenleuchtern, arm‐
dicke Wachskerzen. Wohlriechende Blumennäpfe und
Binſenkörbe, aus welchen bunte Federbüſchel hervor‐
ſchwankten, ſtolzierten, miteinander abwechſelnd, zwi‐
ſchen den Leuchtern, Credenzſchreine, voll cryſtallner
Gefäße, in den Ecken der Halle. Zum Haupte des
Bettes ſtanden vier Ritter in blitzenden Rüſtungen, mit
Fliegenwedel in den Händen. Das ſpiegelhellgeglättete
Wandgetäfel warff den Zauberſchein der glimmernden
Seide, der blendenden Lichter, des blinkenden Cry‐
ſtalls, des geſchliffenen Stahls vielfach zurück.

Gramſalbus gaffte dies alles ſo an, als hätte ſich
ihm der Himmel geöffnet, blieb lange ſtumm, endlich
ſprach er: Wollt's ſo wieder gut machen, was ihr bö‐
ſes gethan; allein zu viel, iſt zu viel. Zu viel Mühe,
ihr Herrn, zu viel Aufwand! Und hätt's mir, ob
gleich ich ein Mönch bin, wohl ein wenig ſchlechter ge‐
than. Aber freylich, könnt ihr's ſo ſchön geben, wohl
kann ich's auch ſo ſchön nehmen. Nur die Kerzen wol‐
len wir auslöſchen; es ſchläft ſich nicht gut, wenns ſo
hell iſt. Ihr mögt' ſie zuſammenpacken und auf ein
Saumroß legen, daß ich ſie mit mir nehme zu unſerm
Kloſter. Und will ich euch, ihr Herrn Ritter, auch

nicht abhalten von der Ruhe. Die Fliegen stechen mich
nicht wach, auch graut's mir nicht, in der großen Halle
allein zu seyn. Oder ob ihr wachen wolltet diese Nacht,
so verfügt euch in den Stall zu unserm Grauchen, daß
dem nichts Leides widerfahre; nur dürfft ihr nicht zu
viel Geräusch machen, sintemal —

Ein Ritter sprach drohend: zu Bette!

Gramſ. Ja, ja, edler Herr! Dazu hab' ich mich
mein Lebtag nicht nöthigen, vielweniger noch zwingen
laſſen. Und ſollt ihr's ſehen, mit e i n e m Huſch bin
ich in dem Flaum, wie ein Aal in der Reuſe.

Er ging näher hinzu, ſprang aber, als ob er mit
nackten Füßen auf glühende Kohlen getreten, ſchnell
wieder zurück, und ſchrie: Ach, das Fräulein liegt auch
darinn! Nein, ihr Herrn, und könnt ihr mir ſolches
nicht zumuthen. Das iſt zu viel, heißt, die Buße zu
weit getrieben. So bußfertig ſeyn, iſt Sünde.

Ein Ritter. Zu Bett!

Gramſ. Ey gerne; doch in ein anders. Oder dem
Fräulein — und ſchläft's noch nicht, die großen Augen
gucken noch ſo freundlich aus dem Engelsköpfchen, wie
die Sonne durch einen weingefüllten gläſernen Humpen.
Ach, und in meinen Gebeinen iſt auch Menſchenmark
und Mannesblut in meinen Adern — Oder dem Fräulein mögt's denn belieben, ſich alsbald fort zu machen.

Bey ihm, bey ihm? Nein, das kann nicht seyn, und
dürft' ich eher allen Heiligen den Dienst aufkündigen,
denn das —

Die Ritter entblößten die Schwerdter und riefen:
Zu Bett', oder — !

Gramſ. Ach ja, ja! Aber was kanns euch doch
nutzen, mich solcher Verſuchung blos zu ſtellen? Freylich, wenn meine Lebenswaage ſchon jenſeits der Funfzig überſchlüge — Allein bedenkt, drey und dreyßig
Jahr alt zu ſeyn und neben der Jungfrau — Ach, wie
ſo ſchön ſie iſt! Und könnt' ich mich gelüſten laſſen,
wenn ich in das Polſterparadeis verſetzt würde, von
dem zu naſchen, was ſo lieblich anzuſchauen, dem Ehe-
ſtande Geſchmack abgewinnen, und —

Die Ritter hoben die Wehren, und Gramſalbus —
war mit einem Satze im Bette.

Gramſ. Nun, da lieg' ich — auf Roſen! Aber
drunter rauſchen Holzdornen. Uh! Uh! Was ſoll den
das blanke Eiſen hier? Thut's weg, und fürcht' ich
die ſcharfen Dinger, wie Hunger und Durſt.

Rühr' es nicht an, oder du biſt des Todes! Zürnte
ein Ritter.

Gramſ. Ach! Auf welch Hohleis bin ich gerathen!
Wer doch erſt hinüber wäre! Hülfe, ihr Heiligen alle!

K 5

Er zog ein Brevier aus einem Säckchen, das er immer am Halse trug, hob es mit gefalteten Händen
zum Himmel und ächzte: O, du lieber Herr Gott!
So ich jetzt Zeit hätte, wollt' ich dies ganze Büchlein
ausbeten; weil ich aber keine Zeit habe: siehe, so opf're
ich dir es mit allen Gebeten, so drinn stehen, zu deinem ewigen Lobe, mit Bitte, du wollest sie selbst,
zu deiner höchsten Ehre für mich ablesen
37) und mir beystehen in dieser Gefahr.

Nun legte er das Büchlein nieder, und schloß die
Augen vest zu. Doch schlafen konnt' er nicht. In ihm
begann etwas zu erwachen, das alle Müdigkeit ver-
scheucht, und selbst den eifrigsten Verehrer des Schlafs
neckt, seinem Götzen ein Opfer zu entziehen. Ihm
ward, als würd' er überall von weichen Händchen ge-
kitzelt, als bürste man seine Fußsohlen, als drehe man

37) Gramsalbus Einfalt, also per procuratorem zu beten,
muß schon durch einen andern Legendenspäher auf die
Nachwelt gekommen seyn; denn ich finde dies Nothge-
bet, fast wörtlich, in dem Gertrudenbuche S. 83
wieder: doch verdienen auch der Eingang, wie die Nutzanwendung dazu, durch Pater Kochem verfaßt, bekann-
ter zu werden. Der Eingang lautet: Allhier muß ich
dich noch ein gar edles und köstliches Kunststücklein lehren, wie du dies Gebetbüchlein, in einem Vatter unser
lang, könnest ganz ausbetten. Und ist dies: Wenn du

brennende Schwefelfaden durch seine Knochenröhren,
als fließe, tropfenweis, glühendes Bley seine Kehle
hinab. Er rüttelte sich, schau'te zum Bette hinaus,
und fand die Halle menschenleer. Leise zog er sich jetzt
wieder zurück, und lauschte mit langaufgerecktem Halse,
zu seiner reizvollen Bettgenossinn um. Heißer und bän-
ger ward's ihm, ihn dünkte das Herz bald im Nacken,
bald im Hirn, bald in den Fingerkoppen, bald in allen
Gliedern zugleich zu schlagen, mächtig fühlt' er überall
den Puls pochen. Langsam hob er die Hand, durchs
Gefühl zu erfahren — ob das Fräulein schlafe, reden
konnt' er jetzt nicht; doch in dem Augenblick klingelte
etwas an der linken Seite des Bettes, und von der
rechten fuhr eine schwarze, rauhe, kalte Faust hervor,
die ihn gar unsanft ins Ohr kneipte. Als ob seine
Schlafgesellinn, in den scheußlichsten Drachen verwan-

bißweilen große Lust hast, zu betten, und keine Zeit hast,
so nehme dies Gebettbuch mit beyden Händen, hebe es
ein wenig in die Höhe, und sprich: O, mein Gott rc. —
Die Nutzanwendung besagt: Wann du dieß von Herzen
thust, so kannst du so großen Lohn verdienen, als
hättest du das ganze Buch ausgebettet. Daraus du
siehst, wie leichtlich der Mensch bey Gott verdienen
könne. O, daß wir nur erkennten, was für ein köstliches Ding sey, Gott dienen; wir würden gewiß eyfri-
ger seyn!

belt, ihn angeblecft hätte; so schnell riß er die erlah-
mende Hand zurück. Eine Höllenangst stürzte auf ihn,
und zermalmte sein Herz. Doch entwich noch nicht aus
ihm der Lustteufel. Heiß dürstete ihn nach einem Labetrunk, seine Leber zu kühlen; aber durch gespannte
Armbrüste, durch gezückte Schwerdter ergrimmter Feinde
zu rennen, dünkte ihn jezt leichter zu seyn, als dies.
Er lag neben der anmuthigsten Quelle, aber sie wurde
durch einen freysamen Unhold bewacht. Nie däuchte
ihm das kleineste Zeiträumchen ausgedehnter, denn jezt,
nie reicher eine Marter an sonderbar schmerzenden Qualen zu seyn. So offt die Angst in ihm nur seine Hand,
seinen Fuß rückte, so offt sie ihm nur den Kopf bewegte, erklang ein Glöcklein, und die rauhe Kralle drückte
sich in sein Fleisch. Aufzusehen wagte er nicht, um
nicht in den Rachen des Lindwurms unter dem Lager
zu gerathen.

Ein schreckendes Gepolter im Vorgemache mehrte
noch seine Leiden. Die Thür der Halle wurde aufge-
brochen, eine Schaar geharnischter Männer tobte, mit
wildem Geschrey, durch sie, auf den Mönch zu, zerrten ihn, unter Flüchen und Schimpfworten, aus dem
Bette, und schlugen so wacker mit Gerten und Peitschen auf ihn ein, daß er sich jezt freywillig in den eng-
sten Kerker seines Klosters geflüchtet haben würde, um

nur dem Unwetter zu entkommen. Sein Heulen, Bit,
ten und Vorstellen half nichts; er wurde hin und her
geworffen, wie ein Fuchs auf der Prelle. An die
offene Thür kugelte er, stolperte hinaus, die Steige
hinab, zum Burgplaße, durch die Thore, über die
Zugbrücken. Das wilde Getöse verfolgte ihn bis zum
Außenwerke. Auf Händen und Füßen kroch er fort,
dem Gleise nach. Die Dunkelheit der Nacht heßte
neue Schreckensungeheuer gegen ihn. Er weinte, daß
ihn beynahe die Thränen erstickten.

Wer da? Riefs nun neben ihm, und fast entsinnt
röchelte er: Niemand.

Und wer ist der Niemand? Fragte die Stimme.

Gramf. Ach ich, ein armer Mönch, den der Teufel
zum Bogenfenster hinauswarff. Seyd ihr ein Mensch,
helfft mir. Werde keine Stunde mehr überleben.
Mein Alles —

Stimme. Nun schweigt, ich bin ein Mensch, ein
Bauersmann. Wollt ihr bey mir hausen diese Nacht,
so laßt euch aufhelffen.

Gramf. Ach, ach! Es ist kein Glied an mir, das
nicht in den letzten Zügen liegt. Erbarmt euch mein,
und will ich euch dafür in den Himmel helffen.

Bauer. Damit hat's, hoff ich, noch gute Weile.
Auf!

Er zog ihn in die Höhe, und schleppte ihn zu seiner
Hütte. Dort salbte er des Zerbläuten Rücken, Schenkel und Schultern, und schob ihn dann ins Bett.

Was sonst Gramsalbus Unglücksschmerz zu mindern
pflegte, vergrößerte ihn diesmal. Sein frühes, un-
williges Erwachen vom Schlafe, welcher ihn der Erinnerung seines Ungemachs auf einige Stunden entzog,
das erste Ausdehnen der blutrünstigen, sangernden 38)
Glieder, die Nachwehen des Schreckens und der
Schläge, welche, wie Nachwehen des Weinrausches
dem Nüchterngewordenen um so unerträglicher sind,
weil sie der Geist des Weins nicht mehr tragen hilfft;
brachten seinem innern und äußern Empfinden die Vor-
gänge der entwichenen Nacht zu lebhafft zurück. Sie
füllten ihn so bis oben an mit dem blähendsten Miß-
muth über die Ungeschlachtheit der Burgleute, empör-
ten seinen Zorn so hefftig gegen sie, daß er Pabsts Benedicts des Achten Kernflüche 39) in der Maaße ver-

38) Ein Provinzialismus, der das schmerzende Nachdröh-
nen einer heftigen Gliedererschütterung bezeichnet.

39) Wider diejenigen ausgesprochen, welche das Kloster
zu Clunn bestohlen hatten. Nur einige Stellen zur
Probe. Diese Belialskinder sollen, wie faule Glieder,
vom Leibe Christi abgeschnitten werden, verflucht seyn
im Gehen und Stehen, beym Essen und Trinken, sogar
ihre Speise, ihr Getränk, die Früchte ihrer Leiber und

größerte, wie eine nachhallende Gebürgkette das Tosen
des Donners; daß er seine Galle in den schreckendsten,
langgehallteſten Tönen ausbrüllte, und seinen Wirth
nicht wenig besorgt für das Zerplatzen des Blasbalgs
machte, der dieser Posaune Wind zuführte. Alle Martern, den Blutzeugen des Christenthums, von den
boshafteſten Henkern zugefügt, alle Beschimpfungen,
von den muthwilligsten Schergen ihnen angethan, hielt
der Mönch, im Vergleich mit dem, was ihm geschehen, für Kinderpossen, für Freundesneckereyen, welche
man gern verzeiht, weil sie, gleich Funken von glü-
hendem Eisen abgesprengt, nur schrecken, ohne zu verwunden. Am bitterſten schien die jähe Umwälzung
seines Schicksals ihn zu verdrießen, am empfindlichſten
dies zu wurmen, daß ihn, vom Bette der Bequemlichkeit, dem er selbſt in der Raserey des Unmuths Recht
angedeihen ließ, von der Seite einer reizenden Dirne,
der er sich nur mit dem ausschweifendſten Lobe ihrer

ihrer Äcker. Sie sollen die Plagen des Herodes empfinden, bis ihnen die Gedärme zerberſten, mit Dathon
und Abiran von der Erde verschlungen werden, damit
sie bey'm Teufel und seinen Engeln wohnen, und immer und ewig gepeinigt werden. Alle Flüche des alten
und neuen Testaments sollen über sie kommen.

S. das römische Gesetzbuch. Frankfurt und
Leipzig 1787. S. 31 und 32.

Schönheit erinnerte, die Peitsche verjaget habe. Das
warff eben, so argwähnte er, das schwärzeste Licht auf
seine Feinde, welche durch diese schnelle Abwechslung
ihn zu tödten gesucht hätten, da sie nicht ihre Mord-
hand an ihn legen dürfften. Wer nur Mönch sey —
pralte er — was nur ein Kreuz sehen, und vor ihm
niederknixen, was nur den Klang eines Meßglöckleins
hören, und sein Haupt entblößen, was nur Weih-
rauchsdämpfe riechen könne, ohne zu niesen; werde
sich erheben, ihn zu rächen an den Burgbewohnern,
und die Strafe der meuterischen Engel müsse im Himmel nicht mehr Auffehen gemacht haben, als die Bestrafung dieser Rotte eingeeiseter Teufel auf Erden
erregen solle.

Der Bauer schmeichelte, durch Billigung dessen,
was der Mönch droh'te, dem Zorn des Beleidigten,
und kirrte ihn dadurch, gegen Abend, zum Verschnaufen, daß er ihm einen gedeckten Wildprettsbrey vor-
warff, und Wein in seinen Witterungskreis und über
seine Zunge brachte, der, wie Gramsalbus schwur,
nicht auf des Bauern Mist gewachsen seyn könne; doch
ihn gänzlich zu beschwichtigen, wäre jezt selbst dem
seraphischen Vater unmöglich gewesen. Das Geschrey
eines Esels rührte noch dazu im Saitenspiel der Empfindungen des Betfahrers feinere Chorden an. Er
                                                    dachte

dachte Gräuchens und deſſen, womit er bepackt war,
und die ſchreckende Gewißheit, das Gold, ſeinen Abt
zu beſtechen, und die Belobungsurkunden ſeines Be-
tragens, zugleich mit dem geliebten Langohr verlohren
zu haben, ächte nun aus ihm, wie aus einem böſen
Knaben die Furcht vor der Geiſel.

Mit dieſen Klagen ſang er ſich ſelbſt in den Schlaf,
dieſe Klagen ſprachen im Traume aus ihm, und erwiederten den Morgengruß des Wirths, als dieſer die Arzney brachte, womit er ſeinen Kranken am vorigen Tage,
wenigſtens ſtundenlang, ſeines Unglücks vergeſſen gemacht hatte. Wenn er gleich heute eine dauernd're
gute Würkung ſpürte; doch konnt' er es nicht verhindern, daß, ſobald die Kinnbacken des Franziskaners
ermatteten, gegen die Speiſen zu wüthen, ſie ſich
gegen die Burgbewohner zerarbeiteten, und daß jeder
Humpen, der des Nimmerſatts Gaumen labte, ihn
ſtärkte, den Feinden ſeiner Ruhe, den Räubern ſeines
Eſels und wohlerworbenen Beſtechungsvermögens, alle
Krankheiten in die Glieder und alle Teufel in jede
Höhlung ihrer Körper zu fluchen.

Eine kußähnliche Berührung ſeiner Lippen weckte
ihn am Morgen des dritten Tages, dem er in des
Bauern Hütte entgegengrämelte. Eine Berührung,
angenehmer ihm jetzt, denn der Kuß des zartnervig-

ßen Dirnenmündchens, wenn gleich nur Grauchens
kaltes, rauhes Maul seine Leffzen rieb. Als ob er auf
dem Thiere seinen Siegseinzug in das wiedereroberte
Jerusalem halten solle; so schnell sprang er vom Lager,
so froh schlang er seine Arme um das Eselein, und
nannt' es mit den süßesten Namen, welche je ein Buhle
seinem Liebchen nach langer Trennung gab: kaum, daß
er den Zwerg und das hochpdaußende Gepäcke bemerkte,
unter dessen Last Grauchen noch einmal so klein, als
sonst, erschien.

Hab' ich dich wieder, trautes Thierlein? — Kreischte
Gramsalbus — Nun, an Futter scheint es dir nicht
gemangelt zu haben. Und lehrten euch die Heiligen
also handeln, ihr Ritterhunde. So ihr eure Zähne
auch in unser Grauchen geschlagen; sollte kein Knöch-
lein eures Gebeins dem Höllenfeuer entgangen seyn.
Brennt schon die Burg, Erp, und liegen schon die
Buben ermördet in ihrem Blute, die mich also quäl-
ten? Was hat man dir denn aufgesackt, gutes Eselein? Sind doch die Urkunden der Ritter nicht vergessen, mein Sohn, auch nicht das Kleinod, und — ?

Erp. Nichts ist verlohren oder vergessen, ehrwürdiger Bruder; aber hinzugekommen gar vieles! Schau't
— und nun begann er, den Esel zu entlaßen — die
Kleider, so ihr trugt in der Burg.

Gramſ. Mag ſie nicht ſehen. All meine gehabte
Angſt rauſcht mir entgegen aus dem Knirſchen des
Sammts. Thu ſie beyſeit. Mir grauelt vor ihnen.
Iſt ſie bald zerſtöhrt die Burg?

Erp. Warum das?

Gramſ. Warum? Du Erſtgebohrner des Teufels,
magſt du ſo fragen! Wüſt' und leer muß ſie werden
und kein Stein gefugt bleiben am andern, und nur
Freyharte müſſen drinn hauſen, und Heren drinn Unholde gebähren, und über die Mauertrümmer nur
Schlangen reckhalſen! Hat nicht der unſchuldige Gran-
ſalbus drinn auf der Folter gelegen?

Erp. Will euch die Gedanken wegklingeln. — Er
ſchüttelte einen ſchweren Säckel.

Gramſ. Das kannſt du nicht, und wär' auch der
Beutel gefüllt mit eitel Gold.

Erp. Wie er iſt.

Gramſ. Wie er iſt? Iſt! Tön't doch ein gar lieblicher Wohlklang draus hervor. Und unſer ſoll dies
Gold ſeyn?

Erp. Euer.

Gramſ. Bey den Wundenmaalen des heil'gen Franziskus! Hab' in meinem Leben nicht viel Lieblichers
gehört. Es juckt mir in den Sohlen, als ſollt' ich
darnach tanzen. Wohlauf, Fiedler!

Er ergriff den Bauern, und tanzte mit ihm um den Esel.

Gramf. Aber, nun sing mir auch eins, Fiedler, das mir wohl töne, gleich deinem Gegeige. Sing mir, wie die vermaledey'ten Burgleute erschraken, als der Blitz in die Veste hineinkrachte, und die Haare lichterloh brannten um ihre Köpfe, und ihre langen Gebeine zusammenkrochen zu gebrat'nen Hasengestalten, und wie das Schwerdt des Würg'engels wüthete. Sing', sing.

Erp. Vermöcht' ich das, dann hättet ihr dies Geld nicht, und schenkten es eben die Burgleute euch.

Gramf. Immerhin; könnten uns ja damit begabt haben in ihrem letzten Stündlein.

Erp. Das scheint ihnen noch nicht nahe zu seyn.

Gramf. Es muß ihnen nahe seyn, gar schon vorüber. Eile zur Burg, alles was mich marterte, wird leblos da liegen.

Erp. Wollen vorher sehen, was man mir für euch mitgab. Hier, ein Bündel Wachskerzen —

Gramf. Ey, und haben sie sich das fein gemerkt. Aber sie sollen doch verflucht seyn und bleiben, und —

Erp. Item, ein Fäßlein Wein —

Gramf. Hebert mir einen Humpen voll heraus, guter Freund Bauer; will'n versuchen. — — Nun,

der liebe Herrgott mag, wenn's anders dem heil'gen
Franziskus gefällt, mit meinen Flüchen beginnen, was
ihn gelüstet, sie erfüllen oder nicht; der Wein ist unübertreflich! Wer doch ein Faß wär, um des Him-
melstranks immer voll zu seyn!

Erp. Ein Sack mit Speckwürsten, Gebackenem,
Wecken —

Gramf. — Das mundet! Wie Manna! Der Herrgott thut wohl besser, wenn er sich stellt, als habe er
die Flüche nicht alle gehört — nur so die Hälfte etwa;
das kann nicht schaden. Aber, Erp, bey allen diesen
köstlichen Dingen beschwör' ich dich, rede, wie kommt
das alles zusammen? Auf ein Schnürchen, wie in
einem nürenberger Spieley gereihet zu finden Speckwürste und Geißeln; volle Goldsäcke und Knittel,
schöne Dirnen und rauhe Krallentatzen, Weinfässer und
Schienenkacheln, Hochzeitsbette und Folterbänke, Becher und Hippen —

Erp. Das kann ich euch erklären, wollt ihr mir nur
ruhig zuhören.

Gramf. So lang' ich trinke; ja. Und heb' nur an.

Erp. Mir erzählte der Sternritter alles, und so
oft, daß ihr beynahe seine Worte von mir vernehmen
werdet.

Gramf. Der Sternritter?

L 3

Erp. Eben der hat euch das Bad geheizet.

Gramſ. Der! Nun ſo mögen ihm alle meine Flüche ſo heiß machen, daß er baarhaut zur Welt hinausläuft!

Erp. Die Burg, wo ihr in einer halben Nacht dem Himmel und der Hölle nahe gebracht wurdet —

Gramſ. Wahr, mein Sohn. Doch, leider! ſah ich nur den Himmel, und die Qualen der Hölle mußt' ich fühlen.

Erp — gehört dem reichen Grafen von Staudach. Und iſt der ein Mann, den ſeine Freunde pur Eines Fehlers, der übertriebenſten Ehr- und Ranggier, be- ſchuldigen, ſeine Feinde ihn nur allein der Mackel hal- ber verachten. Um von den Spitzen ſeiner Wapenkrone die Knöpfchen zu verdrängen, ſoll er ſeine Lebensjahre vermindern, und um eine Hermelindecke in die Klauen ſeiner Schildhalter zu bringen, ſeine Stammhalter verhungern laſſen können. Geht er an eines Vorneh- mern Seite; dann ſoll er hüpffen, wie ein junger Kna- be, denn es verſtattet ihm die Freude, ob ſolcher Ehre, nicht, langſam und bedächtlich einherzuſchreiten. Sitzt er an eines Fürſten Tafel; dann iſt's er nicht, ſondern käu't ſich ſatt an der Behaglichkeit, einem Purpur gegenüber hungern zu dürffen. Als ihm einmal ein König die Hand auf die Schultern legte, dreh'te

er den Kopf so lange bis er die Stelle küssen konnte,
ob ihn gleich sein Hals darnach, wochenlang, schmerzte.

Und hätte man ihm dies verzeihen mögen, denn er
schadete nur sich damit; aber es fraß diese Untugend,
wie ein Krebs, auch seine Tugenden an. Als seine
Tochter mannbar wurde, warb um sie durch Liebe und
Biederkeit, der edle Graf Albrecht von Kühnau —

Gramf. Ist mir nur lieb, daß ich einen Biedermann hab vorstellen müssen. Die spielen sich leichter
denn die Bösewichter, und hat man auch mehr Ehre
davon. In unsern Mysterien pflegt ich immer den
Herrgott, den Noa, den Samson, den Judas Makka-
beus und den lieben Heiland zu machen; wie sie mir
gelungen, kann dir meine heil'ge Jungfrau. —

Erp. — und versprach sie ihm auch der Vater, und
ergaben sich nun die beyden Minneleute schier einer
solchen Wonne, als ob in den Burggarten der Baum
des Lebens wäre verpflanzt worden. Aber es ersah bey
einem Ritterspiele, der Herzog, des Staudachers
Lehnsherr, Fräulein Irmentraut, eure liebliche Bettgenossinn, ehrwürdiger Bruder —

Gramf. Ey, rede mir nicht von dem Fräulein,
mein Sohn; will doch sonst alles, was in mir lebt und
webt, von ihm mit sprechen.

L 4

Erp. — und wollt' er nun keine andre Dirne an
feiner Seite auf dem Fürstenthron sehen, denn Schön-
trautchen. Dem ersten Halbwörtlein, so er sich nur
davon verlauten ließ, antwortete der Vater stracks ein
Dutzend: Ja. Und ob nun auch Tochter und Buhle
sich drüber magrer und dürrer gegrämt hätten, als eine
verwelkte Distelstaude, und schneller verblüht wären,
denn eine Paßionsblume; Irmentraut wurde angekün-
digt, sie solle des Herzogs Ehgemahl werden. Drob
erschrak also die gute Dirne, als wär' ihr, bey'm
Schlafengehen, ein Bär aus dem jungfräulichen Bette
entgegen gesprungen.

Gramf. Oder wie ich, da mir die rauhe Tatze zum
Ohr fuhr. Und glaub mir, Erp, es ließe sich leichter
beschreiben, wie dem Bruder Aegidius zu Muth gewesen seyn könne, als seine Seele, wie in eine Sackpfeife
der Wind hinein und aus ihr hinaussaust, aus seinem
Leichnam hinaus und wieder in ihn zurückwandelte
40); denn mir damals zu Muthe war.

Erp. Und ärgerte das den Kühnauer mehr, als hätt'
er sich vor einem Turnier Arm' und Beine verstaucht.
Sein Bitten und Drohen, Irmentrauts Thränen und
Seufzer, die Vorstellungen der Waffenbrüder Stau-
bachs fruchteten nichts, und wollte lieber der alte Graf

40) Lib. conformit. Lib. 2. Fol. 47. Col. 4.

wortbrüchig gescholten werden, denn der Seligkeit entbehren, einen Herzog Eydam nennen zu können. Allein
die Liebenden ließen nicht von einander, und weil Ritter Albrecht, seiner Dirne zu hofieren, nicht gegen
den Vater das Schwerdt ziehen durffte; sollte die List
das thun, was sonst bey Kriegsleuten der Faust Geschäfft ist. Darüber zerbrachen sich Kühnau's Gesellen
weidlich die Köpfe, denn ihn selbst wußte Staudach
so zu placken, daß er immer auf dem Gaule hängen
mußte, das Raubgesindel zusammenzuhauen, so ihn
von allen Seiten befehdete.

Gramf. Nun, wann komm' ich denn ins Spiel?
Da ich einmal heraus, mögt' ich gern wissen, wie ich
hineingekommen bin.

Erp. Ihr werdet bald auftreten. Schon rüstete
man zum Hochzeitsfeste des Herzogs, und war das
Turnier, von dem die Ritter heimkehrten, die ihr im
Gottesurtheil des Kreuzes besiegtet, größerer Feyer-
lichkeiten Vorläufer; als Steineck, Kühnau's Busen-
freund, der wieder auf der Landstraße lag, eine List
erdacht hatte. Um vom Kriegsspiele heimbleiben zu
können, mußte Irmentraut eine Krankheit erkünsteln,
und nahm das Staudach auch für Wahrheit; doch zog
er, seiner Burgmänner Treue versichert, zur Herzogs-
pfalz, um an eines Fürsten Seite in die Schranken

sprengen zu können. Vorher hatte Steineck die Staubacher gekörnt, wenn ihr Herr noch seinen Hochmuth mit Wind aus des Herzogs Dunstkreise füttr'te, auf einen, von seinen Knappen, erregten, blinden Lärm, gegen diese auszuziehen, doch mit der Nacht wieder heimzukehren, und was sie dann in der Burg nicht geheur fänden, mit der Geißel zu ordnen. Allein der Tag dazu war nicht anberahmt, denn noch fehlte der Mann, welcher den Bettsprung 41) mit der Staubacherinn vollziehen mußte.

Gramf. Aber, was sollte der Bettsprung?

Erp. Den Herzog irren, und ihn abschrecken, eine Geschiedene zur Fürstenmutter zu machen; denn es wär' dann doch nöthig gewesen, Fräulein Irmentraut vom Kühnauer zu scheiden. Ein Freyhart sollte der Springer seyn, damit der Schimpf des Ernsts gewiß nicht verfehle. Ein Rittersmann hätte sich nie dazu verstan-

41) Wenn sich die Fürsten und Großen im Mittelalter ein Gemahl aus fernen Ländern wählten, so pflegten sie dorthin einen ihrer Verwandten oder Diener zu senden, der sich die Braut antrauen ließ, und sich dann zu ihr aufs Bette legte. Entweder war dieser an der linken Seite leicht gepanzert, oder man legte auch ein bloßes Schwerdt zwischen beyde. Der ganze Hofstaat des Brautvaters stand um das Lager her. Diese Cerimonie hieß der Bettsprung.

den, weil der geschlungene Knoten, daß er desto besser
halte, daß geschlagen werden mußte.

Gramſ. Guter Freund Bauer, ihr mögt euch derweile etwas vor der Thür umsehen.

Bauer. Laßt mich bleiben, lieber Herr, denn ich
wußte und weiß um alles.

Gramſ. Wußtet ihr? Dann werd' auch euch ein
Theil meiner Flüche zum Lohn.

Bauer. Dafür, daß ich eur ſo ſorgſam pflegte?

Gramſ. Und ich war gut genug, zerbläuet zu werden, ich, ein Mönch, der Pabſt werden kann, ſobald
es den lieben Heiligen gefällt? O, des unerhörten
Greuels! • Dem Steinecker ſoll es nimmer wohl gehen,
wohin er auch einen Fuß ſetzt, und ſoll er nirgends
ſanft liegen, wie weich er ſich auch bettet, und ſoll er
auf eb'nem Boden den Hals brechen, oder an einem
Löffel voll Suppe erſticken!

Erp. Ohn' den Bettspringer gefunden zu haben,
kehrte Ritter Diether mit ſeinen Geſellen vom Turnier
zurück; da traf er auf uns, unfern der Herberge zum
güldnen Sporn, und erkieſte euch, die Feyerlichkeit
zu vollziehen.

Gramſ. Daß ihn dafür die Heiligen erkieſen, dem
Reihen der Verdammten in das ewige Höllenfeuer
voranzuſpringen!

Erp. Durch eure Kleidung getäuscht, hielt er euch
für einen Spitzbuben, der sich die Haarkrone habe
scheeren lassen, um desto sicherer seine Diebshände in
andrer Leute Taschen zu bringen. Und so wart ihr
für seine Absicht der beste Mann. Daß ihr ein ächter,
gerechter und vollkommner Mönch seyd, hab' ich ihm
noch nicht einreden können.

Gramf. Satanas wird's ihm schon einreden.

Erp. Um alles zu euerm Empfang in Staubach zu
ordnen, verließ Steineck die Herberge so früh —

Gramf. Wo er einst bis in alle Ewigkeit hausen
muß, da ist schon für ihn geordnet von Ewigkeit her.
Solch gotteslästerlicher Zweifel und Frevel ist ein
Zeichen vor dem jüngsten Tag. Ja, und soll es männiglich bekannt werden, daß jeder arme Sünder, durch
Vergabungen und Seelgeräthe sich loskaufe von der
Strafe, auf dem glühenden Rost zu liegen, der von
einem Ende der Welt bis zum andern reicht —

Erp. Wie gut es euch wurde in Staubach, werdet ihr noch nicht vergessen haben —

Gramf. Nein, oder ich müßte lügen; ist mir
selten so schmackhaftes Essen unter die Zähne gekommen, und selten solch' alter Wein mir über die Zunge
geglitten; aber was ist das gegen die Stacheleyen in
der Kapelle, und gegen die Versuchungsqualen an des

Fräuleins Seite, und gegen die Martern, als mich
die Teufelskralle segnete, und gegen die Schmerzen
der Geißel und die Nachwehen?

Bauer. Giebts hier doch auch nun Nachfreuden
im Säckel und Fäßlein.

Gramſ. Wiegen das Wehe nicht auf. Darüber
aber kann ich mit euch nicht handeln, Hans Erdenlkos,
und wißt ihr's doch nicht, was es heißt, an eines ſolchen Dirnchens Seite liegen, und ſo kalt bleiben zu
müſſen, und zu wollen, wie das Schwerdt zwiſchen
uns — Allein, was ſollten denn die Mannen des
Staudachers außer der Burg?

Erp. Heimkehren gegen Mitternacht, um euch —
von der ſchönſten Aßung zu peitſchen, über welcher je
der Rüſſel eines Franziskaners grunzte. — Das raunte
er dem Bauern zu.

Gramſ. Ja, ia, um mich — Ich verſtehe ſchon,
was du meinſt. Doch, warum mußten ſie denn deswegen vorher weggehen?

Erp. Kam nun die Geſchichte zur Kunde des Grafen, ſo waren ſie frei von aller Verantwortung. Gegen die Feinde ihres Herrn zogen ſie aus, trieben dieſe
zurück, und bei ihrer Zuhauſekunft auch den ungebete-
nen Gaſt, den ſie mit ihres Herrn Tochter in einem
Bette fanden.

Gramſ. Das iſt fein erſonnen, aber teuſliſch fein.
Und will ich mich noch einmal in das Bette einer
Dirne ſchrecken und von rauhen Lindwurmstaßen krauen
laſſen, wenn ich ſolche Spißfündigkeiten in eines Layen
— wollt ſagen, in eines Menſchen Hirn, geſucht hätte.
Nun, Erp, und verhoff' ich doch zu Gott, daß dieſer
argen Schalksknechte Vorhaben mißlungen ſeyn wird.

Erp. Grade das Gegentheil. Es iſt ihnen, mit
Gottes Hülffe, ſehr wohl gelungen.

Gramſ. Mit Gottes Hülffe? Das lügſt du. Keine
Hand kann der Herrgott in ſolchem Spiele gehabt
haben. Schwarzkünſtler und Zauberer mogten das Ge=
deyhen dazu geben. Dauert das aber nicht lange.
Kommen ſie einem Kreuze nur auf zwanzig Schritte
nahe; flugs iſt ihr Glücksgeld in Koth verwandelt.

Erp. Graf Albrecht von Kühnau iſt geſtern mit
der ſchönen Staudacherinn, nur drey Schritt von einem
Cruzifix entfernt, feyerlich getrau't.

Gramſ. Unmöglich! Und hätte dazu der Herzog
ſchweigen können, und der hochmüthige Graf?

Erp. Was der Herzog gethan, weiß ich nicht;
doch der hochmüthige Graf gab ſeinen Segen laut und
vernehmlich dazu.

Gramſ. Gewiß nicht freywillig.

Erp. So freywillig, wie ihr jetzt den Humpen

leert. In dem Turnier hatten zween Ritter, die sich
vor dem Stechen nur den Grieswärteln zu erkennen
geben wollten, den ersten und dritten Dank erhalten;
und bat sie nun der Herzog, auch ihm ihre Gesichter
sehen zu lassen. Das thaten sie, und es war der Eine
des Kaisers Neffe, der Andre ein Prinz von Würtemberg. Und freu'te sich nicht wenig des unvermutheten
Zuspruchs der Herzog, und geboth, das beste Schlafgemach in der Pfalz, so bis dahin der alte Staudach
inne gehabt, den Fürsten einzuräumen; und mißfiel
das dem Grafen. Am andern Tage, bey'm Frühtrunk,
sah man in des Herzogs Gemach nur drey Sessel,
diese nahmen die drey Fürsten ein, und Graf Staudach
mußte mit dem Hofgesindel stehen; das verdroß ihn
höchlich. Bey'm Mittagsimbs schmauß'ten die drey
Fürsten allein an einer Tafel, welche auf dem erhöh-
ten Estrich der Halle gedeckt war, und Graf Staudach mußte mit den übrigen Rittern essen; das wurmte
ihn schmerzend. Nach dem Imbs luftritt man, Staudach nestelte sich an des Herzogs Seite; aber der wies
ihn zurück ins Gefolge, mit diesen Worten: Ihr gehört hinter uns, Graf, zu meinen andern Lehnsträ-
gern. Höhnisch lachten diese, als jener sein Roß wenden, und zu ihnen hinreiten mußte. Das verbannte
aber auch die Geduld aus seinem Herzen. Er trabte

wieder zum Fürsten und sprach: Wohlan, Herr Herzog, weil ich denn nicht zu euch gehöre, mögt ihr euch auch ein Ehegemahl wählen aus eures Gleichen. Meine Dirne wird nie eur Weib. Und so sprengt' er zur Pfalz, befahl seinen Mannen aufzupacken, und verließ, spornstreichs, die Stadt. Lachend hat ihm der Herzog, dem des Kaisers Neffe eine Königstochter zum Weibe angetragen, nachgespottet: Mag der hochbrüstige Narr laufen. Unterweges traf Staudach auf den Kühnauer, und voll Unmuth über des Herzogs Benehmen, rief er ihm zu: Kommt, Ritter, euch meine Dirne antrauen zu lassen. Ob dem das gemüthlich gewesen, könnt ihr urtheilen. Des Bettsprungs würde nun nicht gedacht —

Gramf. Aber ich werd sein gedenken, und will stracks zum Staudacher, und soll mir der Genugthuung verschaffen, daß man mit mir so umgesprungen in seiner Burg —

Erp. — bis Gestern Abend, bey'm Becher, Steineck, eben der in Eisen gehüllte Ritter, welcher euch so oft spornte, es dem Grafen auf eine so launige Weise erzählte, daß dieser schier vor Lachen sein Eingeweide verschüttete.

Gramf. Daß er es einst dafür, wie Judas, verschütte!

Erp.

Erp. Aber es hatte das Lachen schnell ein Ende, als der Ritter euern Namen nannte; da fuhr der Graf auf zum Zorn, sprach, er habe von euch so mancherley Böses gehört —

Gramf. Was?

Erp. — so mancherley Böses, daß wenn ihr nach vier und zwanzig Stunden noch in seinen Besitzungen athmetet, er euch über die Gränze werde stäupen lassen.

Gramf. O, du thaureiches Fell Gideons 42)! O, ihr Heiligen alle, erbarmt euch mein! Ihr wißt am besten, wie tugendsam ich bin. — Wann sagte das der Staudacher?

Erp. Gestern Abend.

Gramf. Wir wollen uns flugs aufmachen und fürder ziehen. Es scheint mir der Staudacher, nach allem, was du mir von ihm erzähltest, ein Tollkopf zu seyn, und würd' ich ihn nicht können zurechtsetzen, ohne meinem Ansehen etwas zu vergeben, und mich baß zu ärgern. Drum pack wieder auf, Erp. Wer schenkte uns denn aber das Gold und den Wein — ?

42) So nennt der Verfasser der: kurzen Andachts- übungen zum allgemeinem christlichen Ge- brauch, samt eines Anhangs von heiligen Gesängen, Salzburg 1785. S. 135 die Jung- frau Maria.

Erp, Gräfinn Irmentraut von Kühnau.

Gramf. Gräfinn von Kühnau! Ach! Ach! Unser Roß! Unsre Ritterkleider!

Erp. Sind in der Burg zurückgeblieben. Soll ich sie holen?

Gramf. Nein! nein! Unsre Kaputze! Und ist's auch so besser. Haben mich doch die unseligen Layenkleider, einzig und allein, in all das Unglück gestürzt. Muß nun wieder hinter unserm Grauchen hertrotten. Bist du fertig? Gut. Valet, Freund Bauer.

Schnell warff er die Kutte über, und schlich, wie ein Dieb vom Garten, wo Fußangel gelegt sind, aus der Hütte des Bauern, dem Zwerg' und seinem Esel nach.

Viertes Abentheuer.

Länger als eine Stunde zog dies, sonderbar zusam=
mengefugte, Kleeblatt seines Weges, ohne das trau=
rige Stillschweigen zu verjagen, das sich vor der Hütte
des Bauern zu ihm gesellte. Es schien sich mit Nach=
denken über die Vorfälle der vergangnen Tage zu be=
schäfftigen, besonders der Esel, welcher oft stehen blieb,
den Kopf bedächtlich schüttelte, nach Disteln umher=
roch, und weil er keine fand, seine Glieder weiter
schob. Gramsalbus machte dann auch Halt, nickte mit
dem Haupte, wenn Grauchen Kopf schüttelte; als

wollt' er sagen: Haſt wohl recht, unzufrieden zu ſeyn; es iſt unerhört, wie man mit deinem Gefährten umgegangen — und trug ſich dann ſo läßig hinter drein, als liege die Erdkugel ſeit ihrer Erſchaffung auf ihm. Erp bannte endlich den finſtern Kloſterunhold durch den Ausruf: Hättet ihr nur noch das Roß von meinem Ritter, ehrwürdiger Bruder; das Gehen nimmt euch zu ſehr mit und den Weg deſto weniger.

Gramſ. Ach ja. Und haben's die lieben Heiligen vergeſſen, wie ſchwer man an ihrem Kreuze zu tragen hat! Es iſt eiſern, mein Sohn.

Erp. Wär beſſer, ſo man den Eſel in Staubach zurückbehalten, denn das Roß —

Gramſ. Ey, nicht alſo. Nein! nein!

Erp. Auf's Roß hättet ihr euch ja auch packen können.

Gramſ. Wenn gleich, und will ich lieber zu Fuß mit Grauchen zu unſerm Kloſter keuchen, ſo ſehr es mich auch abhagert und ermattet; denn auf dem weißen Zelter des Königs von Napel, welchen dieſer dem heiligen Vater jährlich, pflichtſchuldigſt, zu geben gehalten iſt, ohne Grauchen dahin traben. Und würd' es mir nicht wohl gelohnt werden, brächt' ich das traute Thierlein nicht wieder heim. Zwar ſteht es jetzt lö-

retto nicht, und kann nicht aus dem irdenen Brey-
schüsselchen des Jesuskindleins Häcksel schnobern —

Erp. Aber, was wäre denn mit dem Langohr verlohren? Ich gäbe für das lebenssatte, gliederlahme,
kaum behäutete Knochenwerk nicht das, was mir von
einem, aus Wasser gekochten, Gemüse übrig bleibt,
so ich gesättigt bin.

Gramf. Mein Sohn, da redest du einmal wieder,
wie ein Sarazene vom hochheiligen Amte. Wenn du
wüßtest, was in dem behäuteten Knochenwerke steckt!
Eine lebendige Wünschelruthe! Und über welchen
Schätzen schlägt sein Beinlein an? Ueber Heiligthü-
mern. Nun, scheint es dir nicht gleich fetter zu werden, und leichter auf dem Boden fortzugleiten?

Erp. Wahrlich, so däucht mir.

Gramf. Laß dir nur erst erzählen, und du wirst vor
Bewunderung schier trunken werden. Es ließ unser
Abt die Klosterküche erweitern, und in den Garten hin-
ausrücken, und mußte dazu dies gute Thierlein, sintemal ein Prophet nichts gilt in seinem Vaterlande, Holz
und Steine tragen. Was geschieht? Eines Tages
stehts unter seiner Last gar geruhig, wie's jetzt da steht,
und thut, als ob nichts in ihm lebe noch webe; plötzlich legts die Nase an den Boden, horcht umher, schau't
dann zum Himmel, und beginnt nun, mit dem rechten

M 3

Vorderhufe immer auf e i n e Stelle zu schlagen, ja
allmählig ein tiefes Loch zu scharren. Und gewahren
deß die Werkleute nicht eher, als bis sie das Thier
entladen wollen, und sehen nun, daß es mit starren,
unabgewendeten Augen in das gegrabene Loch schau't,
und — in dem Loche liegen zween Schenkel, und ein
Armknochen des heiligen Sebastians.

Erp. War's auf den Knochen zu lesen, daß sie einst
Sanct Bastian gehörten?

Gramf. Ich werde mich Deiner entledigen müssen,
du schlangenzüngiger Rickert, denn es beginnt der Teufel des Unglaubens zu laut aus dir zu reden.

Erp. Hochwürdiger Herr, habt doch Nachsicht mit
meiner Schwäche. Ihr wißt ja, selbst Grauchen kann
nur naen, nicht singen. Und unterwerff ich mich gern
jeder Büßung für die, mir angebohrne, Sündenunart,
zu vorlaut zu seyn. Nur jagt mich nicht von euch —

Gramf. So falle dann nieder auf dein Antliz und
küsse Grauchens Fußstapfen, bereue herzinniglich dein
Vergehen, und nimm zur Strafe diese fünf Streiche
mit unserm Knotenstricke. — Jezt steh auf und sündige hinfort nicht mehr. Daß die Knochen ehmals des
heil'gen Bastians waren; ersahen wir aus den langen,
schmahlen Furchen, so die Pfeile der Mohren drinn ge-

ſchnitten hatten, welche den Heiligen zum Martyrer
machten.

Und dies geweihte Gebein entdeckte Grauchen, das
jezt ſo ſittig und beſcheiden neben uns hinſtolpert, als
hätt' es deß längſt vergeſſen. Ein Bild der ächten,
chriſtlichen Demuth, die nie deß denkt, was ſchon geſchehen iſt, ſondern deß, was noch geſchehen ſoll.

Erp. O, Wunder! Wunder!

Gramſ. Weiſe geſprochen, mein Sohn. Und wollen wir nun einmal alle berühmten Eſel alter und neuer
Zeit an uns vorüber gehen laſſen im Geiſte, und ſehen,
ob ſie je ſo etwas vermochten. Und war der erſte Eſel,
der im Paradieſe pate, ein großer, wichtiger Eſel, eben
weil er da ſchriee; aber an unſer Grauchen reicht er
doch nicht, denn er konnte keine Heiligthümer entdecken; Urſach: es gab damals noch keine. Wär der
Stammeſel würdig geweſen, durch Reliquienfinden die
Kirche zu fundiren, wie leicht hätte der Herrgott ſich
eines Gliedes entäußern gekonnt. Muß alſo dieſem
erſten Wurff doch irgendwo etwas gemangelt haben;
ich denke — Glaubensſinn.

Ferner, der Noachitiſche Archmeſel. Und kann es
dem auch nicht an lobenswerthen, nachzuahmenden
Eigenſchafften gefehlt haben, weil grade Er, vor allen
Andern ſeines Gleichen, erhalten wurde; aber er war

doch zum Bescheler berufen: und wer solch' ein sinne-
beschäftigendes Amt hat, gelangt nie dazu, Heiligthümer zu erwittern; denn das erfodert Gelübd, oder was
einerley ist, Himmelssinn.

Folgt nun Bileams Esel, der erste, so mit dem
Maule reden konnte. Und hab' ich deswegen auch alle
Hochachtung für ihn; doch noch mehr für unser Grauchen, denn dies redete mit dem Hufe. Und wer etwas
mit einem Geräthe, das gar nicht zu einer solchen Arbeit gemacht ist, hervorbringen kann; wird billig höher
geschätzt, als der, so dies, mit dem gewöhnlichen,
dazu bestimmten Werkzeuge verfertigt. Und ist der
Mund, bekanntlich, zum Essen, Küssen und Reden,
der Huf zum Gehen und Stehen gemacht. Kunstsinn
wär' also diesem Esel zu wünschen gewesen, und wer
weiß, wie's dann um unser Grauchen stände.

Item, das Langohr, auf welchem der Heiland über
Palmen und Kleider ritt. Sieh, mein Sohn, ich will
mich zeitlebens, meilenweit von jedem vollen Becher
entfernt halten, wenn unser Grauchen nicht eben so
dreist auf die Wämmser und Schauben losgestrampft
hätte, nicht eben so königlich unter dem Herrn einher-
geschritten wäre, nicht eben so oft ynet, mit den Ohren
jeden frommen Mönchsmann gegrüßt, und nach allen
Pharisäern ausgelöckt hätte, denn jenes. Auch würde

auf unserm Grauchen die übergebenedepte Jungfrau so
ruhig haben sitzen können, als auf dem Josephischen,
falls sie nur nicht zu arg mit den heiligen Beinen geläu-
tet, denn solche Glöckner pflegt es gerne abzusetzen.
Und wissen wir ja von diesen Eseln nichts erheblichers,
denn daß sie getragen haben; und welcher Esel kann
das nicht? Strebsinn, mehr zu seyn als Andre, man-
gelte hier.

Sanct Peters, des Einsiedlers, Esel bleibt immer
ein stattliches Thier, und soll mit gar schönen, erwecklichen Tugenden geziert gewesen seyn, von welchen der
Bruder Spongiolus in unserm Kloster, einen Stoß Bücher zusammengeschrieben, der mir bis an den Nabel
reicht; aber daß er hätte Heiligthümer entdecken können, davon findet sich auch kein Sylblein drinn: und
hat doch der Bruder Spongiolus schier sein Lebenlang,
und ist er jetzt siebenzig Jahr alt, nichts gethan, denn
über des Einsiedlers Esel nachdenken.

Der vierbeinte Graue, den unser seraphische Vater
Bruder nannte, lockt mir auch keine Kniebeugung
ab; denn der, den man hier zu bewundern hat, ist der
heilige, nicht aber der unheilige Esel. Summa, Erp:
Unser Grauchen erreichte bis jetzt kein Esel an Glaubens-
Himmels-Kunst- und Strebsinn, und wird es auch
keiner je erreichen, falls ich mich anders auf Esel ver-

M 5

ſtehe, wie ich hoffe. Unſerm Abte kam des alten, ma=
gern Herrn Vaterwerden zur guten Stunde, um durch
die Betfahrt gen Loretto, Grauchens Haut und Kno=
chen tüchtig zu machen, dereinſt in güldnen und ſilber=
nen Trunkaſelchen auf Hochaltären zu glänzen. Mit
dem Hinkommen gen Loretto hat's nun freylich gute
Wege; doch denk' ich, der Ausſpruch einer Synode
könne die Knochen eben ſo baß heiligen, als die Luft
zu Loretto es gethan haben würde.

Während der Zeit, daß Gramſalbus ihm dieſe Lob=
rede hielt, gefiel es Grauchen, die Heerſtraße zu ver=
laſſen, und einem ſeitabgehenden Gleiſe nachzuſchlei=
chen. Dem Zwerge däuchte es einerley, wohin er ge=
lange, drum kümmerte ihn dies nicht, und der
Mönch, vor deſſen Augen ſchon des Eſels Knochen,
in Gold und Silber gefaßt, unter Kryſtallſtreifen lie=
gend, ſchwebten, bemerkte es nur, als die flache
Spuhr unter dichtſtehendem Farrenkraute ſich verlohr,
und kniehohe Haide und weißbehang'nes Eichenge=
ſtrüpp ſein Fortſchreiten hemmte. Jezt ſchau'te er um=
her und ſuchte den Weg. Der Zwerg konnte ihm den
nicht zeigen, auch trau'te es Gramſalbus dem, einſt
ſelig zu ſprechenden, Reiſegeſpann zu, er werde leicht
die Straße auf der Erde finden, da er es vermocht
habe, Heiligthümer unter der Erde zu verſpühren.

Aber außer einigen stumpf und schnell endenden Fuß-
steigen, entdeckte Grauchen nichts, und zerrte seine
Begleiter immer sich nach zu einem dicken Walde.
Dort standen die Bäume einander so brüderlich nahe,
daß der Franziskaner oft in Gefahr gerieth, zurückbleiben zu müssen, weil sein Wanst sich nicht durch
die engen Pässe zwängen ließ, wodurch Zwerg und Esel
schlüpfften. Diese Umwege, welche die Furcht noch
ungebahnter machte, er werde vielleicht gar des hoch-
beladenen Wunderthiers Last tragen müssen, da es
kaum noch durch die niedrig verwachs'nen Zweige
brechen konnte; trieben ihn an, besorgt umher zu-
schauen, und ohn' Aufhören den Zwerg zu fragen: ob
er noch nicht den Weg wittre? Doch Erp bekannte,
ohne Hehl, es dünke ihn leichter, eines Schiffes
Gleise auf den Meersfluthen wieder zu finden, denn
in diesem Haine den Schatten eines gebahnten Pfades.

Mürrisch und maulend setzte sich jetzt der Verfahrer
nieder, und suchte Trost bey der Flasche, seinem ersten
Rath' in Nothsachen; aber, geschreckt durch die heimliche, hehre Stille des Waldes, nur selten von einem
Rehe, das über dürres Laub hinstrich, oder von einem
Eichhörnchen, das Buchenhülsen aufknusperte, unter-
brochen, konnt' er seines Freundes Rath nicht verstehen. Nun schrie er dem schnarrenden Gekreisch' eines

Hähers, weil er es für Menschenstimmen hielt, eini=
gemal nach: He, Landsmann, wo finden wir hier Weg
und Steg zum Kloster des heiligen Cyriakus? Doch
nur der Wiederhall antwortete fragend, und den Ohren
des Mönchs schall'te dies gar wie's Pfeiffen der Wald=
ritter, die sich einander dadurch zu ihm hin entböthen.
Der Muth verließ bald auch die Zunge des Verirrten,
wo er noch allein hauste. Immer näher drängte er
sich an seinen Esel, und saß lange stumm und in sich
gekehret da; bis er endlich, freudiger, denn Einer
der Krieger Gottfrieds von Bouillon, als sie über die
Schwelle des heiligen Grabes schritten, aufschrie: Ich
hab's! Hab Weg und Steg, und ob auch die Bäume
wanddicht stünden.

Erp. Wo denn?

Gramf. Es begab sich eines Tages, daß unser
hochgelobte, seraphische Ordensstifter, Sanctus Fran=
ziskus, ausging, zu predigen, und sintemal alle Welt
hungerte, die Worte des Heils aus seinem hochreinen
Munde zu essen, zweifelhaft blieb in seinem Gemüthe,
welche von diesen heißhungrigen Küchlein er zuerst solle
füttern. Und befahl er drum dem Bruder Maßäus,
die Augen vest zuzuschließen, sich einigemal im Kreise
herumzudrehen, und dann stracks einen Burzelbaum
zu machen; wohin dann des Bruders Maßäus Kopf

gerichtet, dahin wolle der Ueberheilige gehen. Und
geschah' es also 43). Und ist mir, mein Sohn, durch
göttliche Eingebung, in den Sinn kommen, mich auf
gleiche Art, des Weges zu unserm Kloster zu verst-
chern. Empfahe darum hiemit meinen Segen, und
drücke nun deine Augen so vest zu, als wollte dich ein
nacktes Dirnchen zur Unzucht reizen, gehe dreymal
kreisein, kreisaus und wieder kreisein, und vollführe
dann den bahnmachenden Burzelbaum.

Erp. Bin nicht gelenkig, noch weniger andächtig
genug dazu.

Gramf. Schadet nichts, und würde unser Grauchen, falls es nicht so beladen, oder ein Klotz, fehltest du mir, eben so gut den wegweisenden Burzelbaum vollziehen können, wär' nur der heilige Segen
mit ihnen.

Erp. Aber ihr seyd ja der Magnetstein des Se-
gens, und ist der ja viel würksamer, denn der Stahl,
an den er gestrichen.

Gramf. Schweig' und gehorche, oder ich verstoße
dich. So du ein Mönch wärst, wollt' ich stracks mein
Oberes zu Unterst kehren; allein deinen ungeweih'ten

---

43) Lib. conformitat. Lib. I. Fruct. 8. Part. 2. Fol. 44.
Col. 1.

Augen kann nicht verstattet werden, solches zu sehen.
Nieder mit dir!

Erp mußte gehorchen, so ungern er es auch that.
Als er sich einigemale im Kreise gedreht, und dann um
seine Axe gewälzt hatte, lag sein Kopf gegen Abend.

Gramſ. Dort liegt unſer Kloſter, und dorthin
wollen wir ziehen.

Erp. Ich finde nicht, daß dorthin die Bäume ein⸗
zelner, denn rund um uns ſtehen.

Gramſ. Werden vor uns weichen, wie ehmals die
Bäume im Walde von Rekanati ſich beugten vor dem
Hauſe der gebenedeyten Jungfrau. Und biſt du noch
nie auf Glaubenswegen gegangen. Da iſt's immer,
als wäre alle tauſend Schritte die Welt mit Bergen
und Felſen verſchloſſen; ſcheint aber nur ſo: denn ſtößt
du nur die Naſe dran; gleich öffnet ſich deinen Augen
wieder ein gebahnter Pfad. Nach tauſend Schritten
findeſt du's wieder wie vorher; denn das mit der
Naſe drauf ſtoßen iſt die Hauptſache bey Glau⸗
bensreiſen. Nur friſch weiter.

Sie machten ſich auf, und wenn gleich der Wald
noch eine Meile lang, ſo dicht wie vorher war; ſo
zeigte ſich ihnen doch dann ein freyer Raum, von Wa⸗
gengleiſen durchkreuzt. Gramſalbus jauchzte nun dem
heilgen Burzelbaum ein Stoßlob, und befand ſich aller

Sorgen baar. Auch da stürzte diese schwere Laſt noch
nicht wieder auf ihn, als der Abend ſie noch nicht zu
Menſchenwohnungen brachte. Noch ſchlief er die Nacht
ruhig in ſeinem Lager von Haidekraut; noch tröſtete
ihn, am andern Tage, die Hoffnung, mit der Dämmerung werde ſich ihm das Thor einer bequemen Herberge öffnen. Aber als er gar des britten Morgens
den Wadſack am Eſel niederſchlottern ſah, als er das
Fäßlein hochaufſtülpffen mußte, wollt' er ſeinen Mundbecher füllen; da wurde er kleinlaut und ſchlummerte
wenig die kommende Nacht. Vergebens rief er den
Schlaf der Siebenſchläfer auf ſeine thränenfeuchten
Augenliede; vergebens heiſchte er vom heiligen Franziskus, er möge Grauchen zum wärmenden Ofen machen, daß er ſich dabey der nächtlichen Kälte erwehren
könne 44). Grauchen blieb ohne Heißkrafft, der
Schlaf fern von ihm. Zu Charfreytagen dehnten ſich
ihm die Stunden aus, denn er durffte ſie nicht durch
Eſſen und Trinken, wie gewöhnlich kürzen, wollt' er
ſich für den Nothfall noch Nahrung auffſparen. Dieſer
fraß am vierten Morgen alles, leerte Säcke und Fäß-

44) Als einſt der ſeraphiſche Vater den Bruder Maßäus
umarmte, wurde dieſer ſo von dem Heiligen durchhitzt
als wär' er in die Arme des glühenden Molochs gerathen. S. Lib.-conformit. Prolog. 2. Fol. 3. Col. 3.

lein, und wenn sich die Pilger nicht entschlössen, an
Grauchens Tafel zu essen, das in den Wäldern, ja
selbst auf der wüsten Haide reichliche Atzung fand; so
mußten sie des Hungertodes Beute werden, der schon
in der Ferne seinen Zahn auf sie wetzte.

Diese braunrothe Steppe wurde dem irrenden
Mönche bald furchtbarer, denn das dunkelste Holzdik,
kigt. Nirgend ein Sträuchlein, ein Fels oder alter
Eichenstorn, hinter dem er sich hätte verkriechen können. Der Muth floh seine Gebethe, wie der Hase
sein Lager, wenn Grauchen drüber hinschritt. Der
Horizont engte sich in der nächtlichen Dämmerung so
klein um ihn zusammen, daß er besorgte, nur eine
Hand dürffe der Teufel ausrecken, um ihn in die Hölle
hinabzuziehen. Vom Morgen bis zum Abend zürnte
er, daß Deutschlands Fürsten und Herrn eine solche
Haide nicht urbar machten, welche größer seyn müsse,
denn die Sandwüsten Arabiens. Unter Seufzen, Zit-
tern und Zähnklappern durchjammerte er die Nacht;
dem jungen Morgen, der das weiße Reifgewand über
die gekrüuste Fläche breitete, weinte er entgegen,
und schlotterte seinem Esel so muthlos und ver-
grämelt nach, wie der Stäupling dem Henker zur
Schandbude. Ihm schwand zum Schwatzen, dem
Zwerge zum Fragen die Lust; auch den gereuete

es

es jezt bitter, so schälkisch den Heerweg verlassen
zu haben.

Endlich ersahen sie auf dem Gipfel eines Berges,
den sie erglimmten, eine Warte, und gewiß goß der
Anblick himmlischere Freude dem Mönche ins Herz,
als einst der heiligen Gertraud die Erscheinung des Er-
lösers, der, von Engeln und Martyrern umgeben, in
ihre Zelle trat, der kranken Bewohnerinn eine Messe
zu lesen 45). ...

Nun kommen wir doch zu Menschen! — Jubelte
Gramsalbus — denn Eichhörnchen und Hasen können
keinen Luginsland bauen, und wird wohl eine Burg
in der Nähe seyn. Ersteig die Warte, mein Sohn,
und schau, ob du nicht irgendwo einen rauchenden
Schornstein erblickst. Und bin ich so abgeschwächt, daß
ich, vor Ermattung, auf der untersten Staffel der
Himmelsleiter würde liegen bleiben müssen.

Erp halff sich, so gut er konnte, zum Thurm hinauf.

Gramf. Hast du eine Burg mit deinen Augen gefaßt?

Erp. Nicht allein eine Burg; eine ganze Stadt.
Hier, grade unter mir, im Grunde —

Gramf. Nun, seyn deß die Heiligen gelobt und
gebenedeyt!

45) S. Gertrudenbuch im Leben der heil. Gertrudis. S. A 7.

Holzsch. I. Bd.   N

Erp. Benedeyt sie nicht zu früh, Bruder; es däucht mir, als ob die bösen Geister, so uns auf der Haide, wie kochende Erbsen im Topfe herumkollerten, jetzt ihr Spiel mit meinen Augen treiben. Mönche vor den Mauern mit Kreuzen und Fahnen, Büßer auf den Mauern — Glockengeläut —

Gramf. Das hör' ich auch. Was aber sieh'st du?

Erp. Auf Leitern steigen Menschen in die Stadt —

Gramf. Erp, spotte mein nicht. Wer steigt wohl durchs Fenster in ein Haus, wenn eine Thür drinn ist? Die Stadt wird doch Thore haben.

Erp. Zugbrücken seh' ich und Thorgewölbe, aber keine Pforten. Wie der Thurmbau zu Babel in unsrer Burgkapelle abgeschildert —

Gramf. Die Stadt muß belagert seyn.

Erp. Doch gewahr' ich weder Kriegsleute, noch Fehdgeräth. Aus den Warten gucken Kniegalgen, daran zieht man Körbe und Fässer zur Mauer —

Gramf. Und ist darinn gewiß Fleisch, Brodt und Wein. Mag nun der Teufel leibhaftig die Stadt besitzen; es giebt dort zu Essen und zu Trinken, und werd' ich also wohl und bequem drinn hausen.

Erp. Jetzt steigen auch die Mönche wieder mauerab —

Gramf. Geschwind zu mir und hin zur Stadt, ehe sie Fässer und Körbe leeren.

Der Warte enteilte Erp und mit ihm dem Berge
Gramfalbus so schnell und frohgemuth, als nur immer
ein begnabigter Verbrecher den Rabenstein verlaffen
kann. Am Fuße des Berges breitete sich ein grüner
Anger bis zu den Mauern einer Stadt aus. Ein Lamm
hätte die Wiese in einigen Tagen abgrafen können, und
doch stolzierten drey Gränzpfähle, mit unterschied'nen
Wapen und Helmzierden, drauf. Wie Knappen ihren
Herrn, so standen diesen drey Pranger zur Seite; an
ihnen hingen die Wahrzeichen der wegesichernden Gerechtigkeit, Halseisen und Armschellen. Hinter dem höchsten der Pfähle, von den ellenlangen Flügeln einer gros-
sen Eule, welche eine Maus im Schnabel trug, über-
schattet, und fast durch ein Wapenschild bedeckt, das
alle Farben zur Schau stellte, erhob sich ein kleines
Haus. Der dampfende Schornstein zog den Getfahrer
so unwiderstehlich an sich, wie die eine Hälfte der
Kette, womit Sanct Peter zu Rom gefeffelt war,
die andre Hälffte zu sich riß 46). Zur halbgeöffneten
Thür stolperte er, und herrschte einem Manne, in einem
schwarz und weiß getheilten Wamms und Barett zu,

46) Die Kayserinn Eudoxia befaß die Hälffte einer Kette,
welche Petrus im Kerker getragen hatte, die andre Hälffte
war in Rom. Um zu erfahren, ob sich die Hälfften gleichen, schickte Eudoxia die halbe Kette zum Pabst. Kaum

der sich auf die untere Klappe lehnte: Aller Heiligen
Segen wird euch füllen von den Zähen bis zum Barett-
quästlein, so ihr mich erlabt durch Speis und Trank.

Geht weiter — versetzte der Mann — Quacksalbern wird hier nichts gegeben.

Gramf. Quacksalbern? He, wer seyd ihr?

Der Mann. Ich bin der, wozu man mich machte,
macht und machen wird.

Gramf. Ihr seyd ein Narr.

Der Mann. Ehrwürdiger Vater, ich bitte, ihr
wollet meine Beichte hören —

Gramf. Daß alle Glieder, womit sie sündigen, den
Layen verlahmten, verdorrten, abfaulten —

Der Mann. Wollt ihr von kalter Küche leben?
Keine Sünde außerm Kloster; kein Braten im Kloster.

Gramf. — denn immer sollen wir nur ihnen dienen mit Lossprechung und Vergebung, und die Stelzen
seyn, auf welchen sie dem Sündenkothe entwaten. Hast
du nichts zu essen, nichts zu trinken?

Der Mann. Ich wollt' euch ja beichten, also be-
wiesen, daß ich zu essen und zu trinken — .

brachte man sie einander nahe, so flogen die Hälfften
zusammen und wurden zu einem unzertrennlichen Ganzen, das noch heut zu Tage, nicht ohne häufige Wunderwerke, in der Kirche Sri. Petri in monte Exquilino
aufbehalten wird. S. Baron. in Ao. 439.

Gramſ. So gieb mir!

Der Mann. Ehrwürdiger Herr, ich bekenne vor Gott und euch, daß ich mit vielen ſchweren Sünden —

Gramſ. Daß ſie zu Bergen aufwüchſen und dich ſo tief in die Erde drückten, daß dir nicht Ahndung bliebe, du könneſt noch tiefer ſinken! Wagſt du's, eines Lieblings der Heiligen zu ſpotten? Mich hungert, dürſtet —!

Ein Flucher macht ſich ſelbſt bezahlt — erwiederte der Mann, zog ſich zurück und die Thür ſo kaltblütig zu, als ob er ſie vor Regengeſtöber ſchließe.

Gramſ. Bin ich unter Unholde und Kobolde gerathen? Und verfängt weder Seegnen noch Fluchen etwas bey dem zweyfarbigen Frevler; glatt iſt er und unfaßbar, wie eine Mondkugel über einer Thurmuhr, und kalt und herzlos, gleich unſerm Küchenmeiſter bey'm Zappeln des Aals, dem er einen Nagel durch den Kopf getrieben hat. Ja, die Thür iſt verſchloſſen, und jene Stadtpforten ſind's, und doch iſt mein Magenmund ſo weit geöffnet, als wollt' er eines Rieſen Tageskoſt auf einmal verſchlingen. Wie lieblich der Schornſtein raucht! Ach, ſolche Wolken könnten den ſündigſten Menſchen zum Himmel heben! — — Ich muß ins Haus, in die Küche! — Guter Mann, wenn ihr je hungrig zu Bette gegangen ſeyd, oder, noch durſtig, den

Boden eines Bechers gesehen habt, ohn' ihn wieder
mit Wein übergülden zu können; so erbarmt euch mein.
Und will ich weder seegnen, noch fluchen; nur essen,
nur trinken! Habt Mitleid mit dem armen Gramsalbus, der sonst Hungers sterben, und maulend zur Hölle
fahren wird, weil er so unchristlich vom Leben scheiden
müssen.

Die Thür wurde geöffnet, und der „zweyfarbige"
Mann rief: Kommt herein. Wenn man mich bittet,
weiß ich zu gewähren. Ich hab' euen Wickenbrey aufgetragen —

Ohne zu fragen, ob für ihn, saß Gramsalbus flugs
hinter der dampfenden Schüssel. Erp zog den Esel auf
die Diehle. Der Wirth hob eine Wurst aus dem Rauchfange, theilte sie zwischen Erp und dem Mönch, trank
ihnen fleißig zu, und sah es ruhig an, wie er um sein
Morgenbrodt gebracht wurde.

Wie ein Höfling, wenn er eines Fürsten Gnaden-
worte einschluckt, nach einem seiner Bekannten niedern
Standes sich erkundigt; so kalt und obenhin ließ der
Fresser die Worte fallen: Wer seyd ihr?

Der Mann. Eur Speisemeister, denn dazu habt
ihr mich gemacht.

Gramsf. Aber was wart ihr vorher?

Der Mann. Ein Narr.

Gramſ. Pfui! Welch Chriſtenkind wird nicht ſein
Zornfeuer mit einem Becher Wein löſchen können.

Seht hier meine Handveſte. Sie iſt beynahe ſo le⸗
ſerlich geſchrieben, als eure Platte — erwiederte der
Mann und warff eine rothſammtne, mit Schellen ver⸗
zierte, Binde über ſeine Schulter. — Was ſteht auf
dieſem Sammt geſtickt?

Gramſ. (buchſtabirend) Sylveſter, Schalks⸗
narr der Gnadenſtadt Katzgrund.

Sylveſter Und weil doch jede Urkunde ein Siegel
haben muß; ſo ſchau't auch das hier — Er nahm das
Barett vom Haupte, und zeigte dem Mönche das Wa⸗
pen von Katzgrund drauf gemalt. — Muß wohl überall
Sitte ſeyn, daß man die Narren am Kopf merkzeich⸗
net. Infeln, Kronen, Helme, Wirbelkäppchen, Do⸗
ctorhüthlein ſind alle Hauptzierden.

Erp. Wär beſſer, man zeichnete die Narren an den
Füß⸗n, dann könnt' man ihre Fährte kennen.

Sylpſtr. Iſt auch bey Kopfzeichen unverkennbar,
wie zu erſehen an Bullen und Breven, an Geſetzen und
Handveſten, an Schilden und Wehren, an Büchern
und Rechtserkentniſſen, an — Was lacht ihr, Bruder?

Gramſ. Bin Pater.

Sylp. Gleichviel, ihr gehört doch immer zu mei⸗
nes Sippſchaft. Ihr lachtet? —

Gramf. Des albernen Siegelbildes. Eine todte Katze mit einem Schellenbüschel am Schwanze —

Sylv. Seyd ihr weit herumgekommen in der Welt?

Gramf. Sollt's denken.

Sylv. Gewiß in einem Kasten, wie man wilde Thiere von einem Orte zum andern führt; hättet sonst ein Wapen sehen müssen, schier noch alberner erdacht denn dieses: Zween Schlüssel, den Himmel zu öffnen und zu schließen —

Gramf. O des schändlichen Freylers, der seinen Spottspeichel auf des heiligen Vaters Siegelbild wirft!

Sylv. Laßt euch das nicht irren. Ich bin zum Spotten berufen durch meine gestrengen Herren von Katzgrund, wie ihr durch euern Abt zum tagedieben.

Gramf. Ha, ha! Eine todte Katze im Siegel! Wie kam doch die da hinein?

Sylv. Wie ihr in die Kapuze, durch unvernünftige Reue und Buße.

Gramf. (vor sich) Schweig, Gramsalbus, daß dich dies Pech nicht besud'le (laut) Wünsche zu hören, wie das Thierlein ins Wapen gerieth.

Sylv. Kann's euch erzählen, und vernehmt ihr dann zugleich den Ursprung der Gnadenstadt Katzgrund, meiner hochpreißlichen Herrn Ehrentempels.

Es war einmal, zur Zeit, als viel tausend Narren

zu Roß und Fuß, einem Narrn auf einem Esel, ins
gelobte Land folgten —

Gramf. (vor ſich) So mich nicht noch hungerte und
durſtete; ich entliefe ſtracks. Der Bube iſt gewiß einmal Folterknecht geweſen; könnt mich ſonſt nicht ſo
kalt ſchrauben. —

Sylv. — eine reiche Edelwittib, die ein ſonderlich
Behagen an Vogelſang fand, drum einfangen ließ was
nur pfiff oder kreiſchte, und in ihrem Gemache wohl-
verkäfigt aufbewahrte. Vorzüglich war ſie mit Huld
und Liebe einer Elſter zugethan, welche ehmals ihr
Beichtiger beſeſſen, und von dieſem Gottesmanne ſo
viel weiſe Reden verſchlungen hatte, daß ſie, ohn Aufhören, den lieben, langen Tag predigte. Einſt kam
die Edelfrau in ihr Gemach, ſah den Käfig geöffnet
und die Elſter nicht mehr drinn. Vater, ärger denn
die Edelfrau könntet ihr nicht erſchrecken, wenn plötzlich alle Klöſter zu Roß- und Sauſtällen gemacht, und
ihre Bewohner hinter den Pflug oder in die Frohnkarre
verwieſen würden; und kaum blutiger euch an dem Ur-
heber ſolcher Standeserhöhung rächen wollen, als die
Dame die Nachläßigkeit einer Leibeigenen ſtrafte, der
ſie die Vogelhuth vertrauet hatte. Im Wahn, die
Magd habe den Käfig nicht verriegelt, ließ ſie dieſe
zu Tode ſtäupen. Kaum hatte man den Leichnam auf

N 5

den Anger geworffen, als die Edelfrau in ihr Gemach
zurück kehrte, über dem leeren Neſte zu weinen; da
ſah ſie Katzenhaare am Käfig hängen, die Dräthe am
Pförtlein zuſammen gebogen und Miezchen unter einem
Seſſel ſitzen, gar beſchäfftigt, ſich Vogelfedern vom
Barte zu ſtreicheln. Nun bedurffte es keines weitern
Zeugniſſes, daß die Katze das Elſterlein aus dem Käfig
hervorgetätzelt und unterm Seſſel verzehrt habe.

Stracks fuhr jetzt der Reueteufel in die Edelfrau,
und verſtand ſich bald ſowohl mit ihr, daß ſie auch dem
Bußteufel Herberge verſtattete, der mörderiſchen Katze
ein Schellenbündlein an den Schwanz binden, und
durch ihre Dienerſchaft ſo lange hin und her ſcheuchen
ließ, bis ſie, auf der Stelle, wo jetzt meiner hochpreiß=
lichen Herrn Ehrenmaal glänzt, todt im Sumpfe lie=
gen blieb. Inhalts des Bußgelübdes der Edelfrau
wurde dorthin, zum Seelenheil, beydes der Mörderinn,
wie der Gemordeten, ein Kloſter gebau't; Körper= und
Geiſtesbedürfniſſe lockten Anſiedler dahin, aus den
Meyerhöfen umher wurde bald ein Dörflein, aus dem
Dorfe ein Flecken, und aus dem Flecken eine Gnaden=
ſtadt. Als noch die Katzgrunder auf alle Pfahl= und
Schaufelbürger 47) ſchimpften, weil ſie ſelbſt der Frohn=

47) Leute und Unterthanen von Fürſten, Grafen und Herrn,
die das Bürgerrecht in Städten annahmen, dabey aber

geiſel nicht entkommen konnten; retteten ſie den Für
ſten, auf deſſen Grund und Boden ſie ſich zu Tode le
ben mußten, aus den Händen eines Ritters, deſſen
Tochter der Fürſt zwiſchen Thür und Angel des Dirnen
und Frauenſtandes klemmen wollte, um ſie dann deſto
bequemer mit ſeinem Segen überſchütten zu können.
Dafür gab er ihrem Flecken Stadtrechte, befrey'te ihn
von der Gerichtsbarkeit ſeiner Vögte, ſchenkte ihnen
und ihren Nachkommen den Platz erb und eigenthüm
lich, verlieh ihnen die Jagdgerechtigkeit in der Lufft
über, wie in der Erde unter der Stadt, und verſtattete
ihnen, ſich nach eig'nen Geſetzen um Haab' und Gut,
um Ehr und Blut, um Haut und Haar bringen zu
dürffen. Nun wirds euch erklärt ſeyn, wie die todte
Katze in den Wapenſchild, und ein Käſig mit der El
ſter, die eine Katze herauslangt, auf den Helm kam.
Daß der Schild, ſo wie mein Ober und Niedergewand,
ſenkrecht weiß und ſchwarz getheilt iſt, giebt zu erken
nen: der Tod der Elſter habe das Leben der Stadt Katz

auf ihren vorigen Wohnplätzen und dem Gebiethe ihrer
Herren ſitzen blieben, doch vermöge ihres Bürgerrechtes
behaupteten, von der Gerichtsbarkeit derſelben ſowohl
als aller Abgaben befreyt zu ſeyn.

S. Schmid:s Geſchichte der Deutſchen Th. III.
S. 189.

grund erzeugt. Darum trägt auch der Stuhlherr eine
güldene Elster an der Brustkette —

Erp. Und der Nächste nach ihm einen Sittich?

Sylv. Nicht allso, sondern ein silbernes Roßgebiß,
anzudeuten, die Stadt werde regiert durch Weisheit
und Leitung. Darum ist mir auch verbothen, über eine
Elster zu spotten, obgleich ich sonst alles, was unter
der Sonne geht, fliegt, hüpfft, kriecht, und schwimmt,
als Steckenpferd meiner Hohnlaune tummeln darff.
Darum wird in ganz Katzgrund keine Katze gedulbet —

Gramf. Und noch haben euch die Mäuse nicht ge-
fressen?

Sylv. Alljährlich zu Petri Stuhlfeyer, gleich nachher, wenn statt der falschen Gewichte und Maaße, wie's
hier im nasenklugen Alterthume Sitte war, kleine El-
len, Pfunde, Nößel und Spinde, aus Wachs geformt,
auf dem Schandsteine verbrannt werden; wird ein Umgang durch die ganze Stadt gehalten, die Mäuse in
ihre Löcher so vest zu bannen, daß sie nicht einmal her-
vorgucken können.

Gramf. Weise gehandelt. Und muß Katzgrund
viel fromme Einwohner haben, da sie dem Verfahren
des heil'gen Ulrichs in Mäusefehden folgt.

Sylv. Auf Frömmigkeit ist Katzgrund gegründet,
durch Weisheit vor dem Umsturz gesichert. Dreytau-

send Innsaßen zählt es, die Hälffte davon besteht aus
Pfaffen und Bettlern; das wären ohngefähr auf Einen
Erwerber ein halber Beter und drey Verthuer: denkt
euch das Facit für den Himmel. Die Frömmigkeit
gedeihet hier so gut, wie in gewissen Gegenden Kohl
und Rüben, und wie an einigen Orten Kröpfe, Wan-
zen und Weichselzöpfe einheimisch zu seyn pflegen; so
ist's hier die Weisheit.. Aus dem Grabe der Kloster-
erbauerinn dampfte die Frömmigkeit hervor, und die
Nebelluft um Katzgrund nahm sich ihrer so freundschaftlich an, daß kein Dünstchen davon aus den Köpfen und
Herzen der Einwohner entwischen konnte. Nirgends
glaubt man vester, daß ein seidnes Briesstein an die
Schädel der heiligen drey Könige in Köln gestrichen,
gut sey wider alle Reisegefahren, Hauptweh, fallende
Krankheit, Fieber, Zauberey und jähen Tod; nirgends
schlägt man mit größerer Fertigkeit ein Kreuz; nirgends
betet man geschwinder einen Rosenkranz ab, und nirgends schmiegen sich die Weiblein williger unter die
Bußruthen der Mönche und die Männer geduldiger
unter die Pflicht, ihren Beleidigern siebenmal siebenzig
mal des Tages zu vergeben, als hier. Unbemerkt, wie
die Pelzwerkhändler die Pest aus dem Morgenlande,
brachten die ersten Innsaßen Katzgrunds die Weisheit
mit sich; und weil ihre Kinder sich nie auf Reisen in

fremde Länder auslüffteten, nie durch Welterfahrun=
gen sich ausschütteln und ausräuchern ließen : theilte
sie sich ihren Nachkommen mit, und klebt ihnen an,
wie der Schmuz den Bettelmönchen. Jede, noch so
vielseitige, Sache bey der rechten Seite zu fassen, war
und ist ihnen noch jezt so geläufig, wie den Bierkrug
bey'm Henkel zu ergreiffen; jedes Mittel dem Zwecke
anpassend zu machen, so leicht ihnen, wie ein Barett
durch einen Schnurzug zu verengen oder zu erweitern;
jedes Hinderniß vorherzusehen, schafft ihnen nicht mehr
Mühe, denn einem Kinde, Riethgras in weissagende
Knoten zu schlingen, es zu entkräften, nicht mehr An=
strengung, denn einem gefang'nen Gimpel die Flügel
zu beschneiden, und das Erworbene sich zu sichern, bringt
sie um kein längeres Nachdenken, denn einen gesunden
Pilger die Frage: wie er über einen Fluß komme, dessen
Brücke vor seinen Füßen sich erhebt. Gesetze zu geben,
wird billig aller Orten für eine große Kunst gehalten,
nur nicht in Katzgrund. Als ob sie zu einem Hunde
Pfui sagten, oder sich über schlimmes Wetter be=
schwerten; so leicht und schnell verfassen die ehrbaren,
gestrengen und vorsichtigen Mitglieder des Schöppen=
stuhls dieser Stadt Gesetze. Sie schwitzen sie aus allen
Schweißlöchern, reiben sich dann an die Gasseneckeu,
und gleich steht ihre Vatersorge für Stadt und Gebieth

leſerlich da. Ja es iſt zum Sprichworte worden, wenn
Jemand leicht und ſchnell etwas verfertigen kann, von
ihm zu rühmen: Es geht ihm von der Hand, wie den
Katzgrundern Geſetze.

Weil nun den Innſatzen dieſer guten Stadt alles
ſo wohl gelang, wurden ſie ihrer angebohrnen Vorzüge
ſo gewohnt, daß ſie ſich ihrer nicht deutlich bewußt
blieben, und gar glaubten, ſie verdürben alles in der
Maaſe, wie ſie es löblich und erſprieslich ordneten.
Um nun ihr Licht ſelbſt zu ſehen, beſchloſſen ſie, einen
Stadtſpiegel zu kauffen, oder mit andern, dürren Worten, um der einſtädtiſchen Weisheit durch fremde Thorheit einen Abſtich zu geben, einen Narren zu beſolden.
Die angeſtammte Leuchtkraft der Katzgrunder, machte
jeden Eingebohrnen zu dieſem Amte untüchtig; drum
erkieſten ſie dazu einen Ausländer und erlaubten es ſich,
zum erſten und letztenmal, dem Grundgeſetz' ungehorſam
zu ſeyn, alle Stadtwürden Stadtkindern aufzubürden.

Ich durchzog ſeit meinen Jünglingsjahren als Min-
neſinger die Welt, ſammelte in mein Hirn, weſſen
nur meine Sinne habhafft werden konnten, um den
Dichtungen meiner Phantaſey Wahrheitsgehalt durch
die Menge und Reife meiner Erfahrungen zu ſchaffen,
und kam, ohngefähr vor zehn Jahren, gen Katzgrund,
als grade der Tod den Stadtſpiegel zerſchlagen hatte.

An eine Rolandsfäule fatzt' ich mich, und begann,
meine Weisheit hören zu laffen; aber stracks schrieen
mir die Gaffenbuben entgegen: Das wiffen wir beffer.
Dies war so und so. Ihr gebt uns famigen Wein in
einem schmutzigen Geschirr. — Die Schöppenschafft
ließ mich beschicken, und von mir erfragen: Ob ich
denn nichts verstehe, als zu Tänzen aufzugeigen, bei
welchen Katzgrunds Jugend schon die ersten Kinder-
schuhe zerriffen, nichts mehr auszufeilschen habe, als
Abbildungen von den eigentlichen Gestalten und Gebehrden verkappter Betrüger, Dreyjüngler, Verläumder und Schanddirnen, als Konterfaye edler und großer
Männer, welche ihrer Zeitgenoffen Glück, mit Verluft
ihres eigenen, befördert und gesichert hätten, als über-
malte Weyhnachtsruthen, mit den Gold- und Silber-
flittern des Scherzes und der Erdichtung geziert, und
keinem Geschäffte mich gewachsen fühle, als dem, Menschen zu belehren, wenn sie und Andre nur glaubten,
ich ergötze sie? Nach der Wahrheit konnte ich nur
Nein antworten, und nun busmete man mir ein: mich
innerhalb dreymal vier und zwanzig Stunden vom Katzgrundischen Gebiethe zu entfernen, weil man in ihrem
Gnadenstaate zwar Rücken, Arme, Fäuste, Gesäße
und Beine, nicht aber Köpfe und gelenke Hände ge-
brauche; Mummereyen würden übrigens in ihrem Orte
nicht

nicht geduldet, Bilder zu besehen, sey Kinderzeitvertreib, und große Leute bekämen nichts zu Weyhnachten bescheert, fürchteten auch keine Ruthen. Falls ich mich aber entschlösse, als Schalksnarr, Katzgrunds Weisheit durch meine Thorheit, meinen Spott und Tadel, zu erhöhen, und den schwerverdauenden Staatsleichnam durch Gaukelpossen in heilsame Erschütterungen zu bringen: solle ich in Eyd und Pflicht genommen, und mir vom Gemeinsäckel täglich ein Laib Brodt, wöchentlich ein Scheffel Wicken und monatlich ein Rinderschenkel ausgekehret werden. Meinen Geldgehalt müsse die Barmherzigkeit der Katzgrunder bestimmen, welche ich, jährlich dreymal, überlaufen und ihnen so lange Grobheiten sagen dürffe, bis sie sich zur Mildgebigkeit gegen mich geneigt fühlten. So viel konnte meine Zunge nirgends, auch da wo man meinen Kopf zu brauchen wußte, meinem Magen erwerben; ich blieb also hier, und wurde Schalksnarr der Gnadenstadt Katzgrund, Aber zum Spotten und Höhnen ist mir jede Veranlassung genommen; denn selbst der krittlichste Novizmeister würde Katzgrunds Schöppenschafft nicht zu tadeln wissen.

Erp. Wie ist denn Katzgrunds Schöppenschafft geordnet, wie stark, wie beschränkt?

Sylv. Verdient' ich mir nicht den Himmel damit, wenn ich Katzgrunds Weisheit durch euch zu fremden

Holzschn. I. Bd.   O

Völkern brachte; ich würde jetzt erst den Stadtantheil
der Gemeinwiese vor meiner Thür mit Wasser bespren=
gen, daß er schön frisch und grün ins Auge steche, und
die Fußsteige mit dem Rechen kämmen.   Denn unsre
Schöppen wollen, daß die Ordnung und Reinlichkeit
außer der Stadt, die Unreinlichkeit der Straßen in der
Stadt desto auffallender mache, weil die Weisheit deß
nie Acht noch Sorge hat, was vor oder unter ihren
Füßen liegt: jetzt mag mein Diensteifer einmal meiner
Menschenliebe weichen.

Stadt und Gebieth Katzgrund wird regiert gleich
der sichtbaren Kirche Gottes, als noch der Heiland auf
Erden wandelte.   Wie dort das Wort des Herrn; so
herrscht hier das Gesetz.   Jeder Einwohner ist, als
Bürger, der Erste im Staate.   Des Glücks der ganzen
Gemeinheit wird Jeder, so ohne Auswahl, theilhaftig,
wie die Grashalme einer Wiese des Saftes der Erde.
Gleichheit wogt so unpartheiisch über Alle, wie das
ruhige Meer über seinem Boden.   Die Mitglieder des
Schöppenstuhls, Bevollmächtigte des Gemeinwesens,
sind nichts mehr, als Schalmeyenpfeifen, durch
welche der Hauch der Staatslunge erschallt; nichts
mehr, als die Schlägel in der Hand der Ge=
sammtheit, den Gesetzball dahin zu treiben wohin er
geschleudert werden soll; nichts mehr als Dohnen, die

Näscher zu fangen und zu erdroffeln, welche der Vogelbeeren des Staats gelüftet. Weil hier die Frömmigkeit mit der Weisheit Hand in Hand gehet, ist unsre
Schöppenschafft an Zahl gleich den Aposteln Christi,
den Verräther Judas ungerechnet. Ihr steht vor ein
Stuhlherr, gemeiniglich nur genannt der Herr,
und ein Stuhlvertrauter, Moses benamset. Von
ihr hängen ab, wie vom Winde die Wetterfahnen, siebenzig Stuhlfreunde, die siebenzig Jünger Christi,
welche aus den Knechten und Schergen der Schöppen
oder Stuhlgenossen erkieset werden, da diese, uns
widerleglich, mehr von den Weisheitsausdünstungen
ihrer Herrn, durch so nahen Umgang, in sich ziehen
konnten, als Gaßen und Gaßenkinder. Zu Rath und
That, dem Beßten des Gemeinwesens ersprießlich, sind
diese drey und achtzig Männer erwählt, und ist ihnen
von der Bürgerschafft die Macht anvertrauet, die Un-
bändigen zu binden, welche nicht durch Zung' und Gebiß sich leiten laßen wollen, und die Lebensbande lösen
zu dürffen, welche die Unverbesserlichen an ihre Sünden
fesselt; ist ihnen übertragen das Recht, aus den Ver-
mögensfeldern der Gaßen Aehren, genannt Schoß und
Zoll, Wiesen- und Gränzpfahlgelder, Viertheilpfennig
und Ehrenbatzen, Brustlatz- und Teppichzins, Erwerb-
zehnten und Jagdsteuer, zu rupffen, so viel immer

gemeine Nothdurfft erheischt; ist ihnen die Freyheit zu-
gestanden, um der Blinden Augen aufzuthun, den
Blödsichtigen Staub, mit dem Speichel der Staatskunst angefeuchtet; in die Augen zu streichen, aus der
Gassen Teichen die Fische zu nehmen, welche die Sta-
ter hergeben müssen, wodurch die Majestät, deß Bild
und Uebetschrifft die Stadt trägt, der Stadt gewogen
erhalten wird, und durch Gesetze, Verordnungen und
Bullen die Gassen täglich und stündlich zu ermahnen,
anzuspornen, ja zu zwingen, wie die Kinder zu werden,
sintemal sie sonst nicht ins Himmelreich kommen würden.

Um dem Staatsvorbilde in allen Stücken zu gleichen, und selbst die Möglichkeit unmöglich zu machen,
daß sich der Schöppenstuhl in Katzgrund einer Oberherr-
schafft anmaaße; ist aus der Gassen Mitte ein Mann
erkohren, genannt der **Stuhlgewaltige** oder Pontius Pilatus, dessen Amt ist, die Grundverfassung des
Staats, Tag und Nacht, vor Augen zu haben, für
die Aufrechthaltung des Urvereins der Befehlenden
mit den Gehorchenden zu wachen; diesen das Vergnügen zu sichern, schreyen zu können, wenn sie geschlagen
werden, und lachen zu dürffen, wenn man sie kitzelt;
den Staub der Vorzeit, der auf Katzgrunds Ordelbü-
chern, Gesetztafeln, Handvesten und Freyheitsurkun-
den liegt, vor jedem Neuerungswinde zu bewahren,

und unangetaſtet die Rechte der Nachkommenſchafft zu
überliefern, welche ehmals das Volk Einigen wenigen,
die arge Welt wähnt, wie Trunkne einem Trunkenbolde, die Schlüſſel zum Weinkeller, anvertraute.

Erp. Aber was vermag Einer gegen ſo viele?

Sylv. Ein Sichelſchnitt ſtürzt tauſend Halme zu
Boden. Dreiſt und keck darf Pontius Pilatus dem
Herrn und ſeinen Jüngern widerſprechen, ſie ausbun-
zen, wenn ſie etwas geſetzwidriges beſchließen, oder
etwas nutzenbringendes verhindern wollten, ihnen die
Finger verſtümmeln, wenn ſie auch nur einen Heller
von dem Staatsvermögen in ihre Säckel ſcharren ſollten, und ſein unbegründetes: Es kann nicht ſeyn!
iſt ſtark genug, alles das für ungültig und unverbindend
zu erklären, was die drey und achtzig verordnet haben.

Weil aber, erweislich, hundert und ſechs und ſech-
zig Augen beſſer, denn zwey ſehen; und, erweislich,
der Schöppenſtuhl nichts begehren kann noch mag, was
dem gemeinen Nutzen, durch den und von dem er lebt
und webt, ſchaden könne; und es, erweislich, viel
beſſer geweſen wäre, wenn Pontius Pilatus in Jeru-
ſalem den Heiland nicht hätte kreuzigen laſſen: ſo
kommt unſer Pontius Pilatus, durch jenes Vorwitz gewitzigt, nie in die Verlegenheit, daß ſeine Frau ihm
ihre Träume, zur Warnung, bettwarm, überbringen

laſſen, oder, daß er ſeine Hände, mehr denn täglich
einmal, waſchen müßte. Auch iſt, ſo lange Katzgrund
ſteht, keiner der Stuhlgewaltigen in einen See geſprun-
gen, um darinn ſeine Uebereilung abzubüßen. Mit
einem ſolchen gerechten, billigen, weiſen und gott-
fürchtenden Manne verſchwägern, vereydammen und
verſippen ſich auch die Schöppen gar gerne. Und hätte
ein Katzgrundiſcher Pontius Pilatus ſo viele Kinder,
wie einſt die verruchte Gräfinn von Henneberg; ſeine
Töchter würden alle Frauen der Stuhlfreunde, ſeine
Söhne alle Ehemänner der Fräulein der Stuhlgenoſſen werden. Wenn Pontius Pilatus mit dem Herrn
und ſeinen Jüngern vom Stuhlhauſe kommen, ſingt
einſtimmig die Schaar der Sachwalter, Gerichtsdiener, Häſcher, Schließer, Büttel und Schergen: Ecce,
quam bonum, bonum et jucundum, habitare fratres
in unum.

Erp. Und die Gaßen?

Sylv. Verdollmetſchen dies daheim ihren Weibern
und Kindern alſo: Da allein durch Gaßenſchluß, Katzgrund wird regieret; thut ein Jeder, was er muß, weil
ſich's ſo gebühret. Glaubt mir, falls ich auch vom
Schöppenſtuhl unſchuldig verdammt wäre, geſäckt zu
werden, würd' ich doch mit einem Lobgeſange auf die
Regierung der Gnadenſtadt Katzgrund, in den Sack zur

zur Schlange, zum Hahn, und zum Affen kriechen; so
unübertreflich weise ist sie, so wohlgeordnet, so vorsorgend für das Beste des Ganzen. Nur ein Beyspiel
von den Hunderttausenden, die auf meiner Zunge sich
um die Erstgeburth streiten. Unser Stadtgebieth umfaßt, gegen Morgen den Antheil der Gemeinwiese vor
meinem Hause, gegen Abend einen Strich Sumpfland,
der nie urbar gemacht wird, weil sich dort der Herr offt
mit Entenschießen zu erlustigen pflegt, gegen Mittag
einen Bühel, der das Hochgericht trägt und einen
Platz, worauf ein Pesthaus steht, und gegen Mitternacht, über dem Fluß gebau't, eine große Waschbank
nebst einem Hundestall, das Waidwerk eines hochpreislichen Schöppenstuhls zu bewahren; an Holz fehlt es
uns daher so sehr, wie dem Winter an grünem Laub.
Und doch ist so viel Bau- und Brennholz in der Stadt,
daß so gar einige Straßen damit bis über die Häuser-
giebel gefüllt sind, weswegen denn auch diese Häuser
von ihren Bewohnern verlassen wurden.

Erp. Und wie seyd ihr dann zu dem Reichthume
gekommen?

Sylv. Vor sechs Jahren ließ der Herr heimlich
das alte Stuhlhaus in Brand stecken, damit nur ein
neues gebauet werden könne. Weise und gut, denn das
neue sollte besser werden als das alte war. Drauf

D 4

wurde Er, für sich, mit einem benachbarten Grafen
eins, um eine gewiſſe Summe Geldes, ſo lange in
deſſen Forſten Holz fällen zu dürffen, bis der neue Ge-
rechtigkeits-Thron fertig ſeyn würde. Dann trug Er
ſeinen Mitſchöppen vor, ob ſie von ihm das Holz zum
Bauen kauffen wollten. Dazu fanden ſie ſich gleich
willig, und beſchloſſen nun einmüthig: weil ein Haus
mit dem bekränzten Sparrenwerke für vollendet gehalten werde; das Stuhlhaus immer ohne Dach zu laſſen,
um immer dem Herrn und ſeinen Nachkommen,
alſo auch der ganzen Gemeinheit Katzgrunds, die Freyheit zu ſichern, aus den Forſten des Grafen Holz hohlen zu dürffen. Gern opfern die Väter der Stadt dem
gemeinen Nutzen Geſundheit und reine Stimmen auf,
und ſitzen in der unbedeckten Schöppenſtube, ausgeſetzt
dem Regen, Schnee und Winde.

　　Erp. Alſo eur Stuhlhaus hat nur ein Stockwerk?

　　Sylv. Das nicht, ſondern zwey; aber das untere
iſt dem Herrn zum Weinſchank eingerdumet. Solchem erwecklichen Vorbilde eifern denn auch die Gaßen
nach, und verwenden willig die Hälffte ihrer Haabe,
die Wände der Schöppenſtube monatlich, mit neuen
köſtlichen Teppichen zu zieren, da durch die Näſſe die
vorigen alle halben Jahre verdorben ſind; auch geben
ſie zu wärmenden Bruſtläzchen für die Stuhlgenoſſen

und Freunde ein Erkleckliches. Der Graf, den man, auf diese weise und gute Art, zuletzt ganz holzarm ge= macht haben würde, und der ohnedieß schon von seinen Unterthanen an Kindesstatt angenommen war; ver= meinte, wer ein Haus baue, habe auch die Absicht, es zu vollenden, und man könne ihn, unter Umständen, wie sie den gegebenen Fall begleiteten, so gar dazu zwingen, es thun zu müssen, — und wollte ferner kein Holz verabfolgen lassen. Aber unsre Sachwalter, die dem Monde die Befugniß, das Sonnenlicht bey Nacht zurückglänzen zu dürffen, abstreiteln würden, wenn sie sich's vornähmen; erhoben gegen ihn eine Klage beym kayserlichen Hofgerichte 48), und der Austrag, den ihre Klugheit und Vaterstadtsliebe herbeyzwang, sicherte dem Stuhlherrn von Katzgrund die Freyheit, in des Grafen Wäldern ewig Holz fällen zu können, durch die Weisung zu; Es sey Beklagten Schuld, daß der Ver= trag so und nicht anders geschlossen, ergo — — Der Streithandel kostete übrigens d e n S a ß e n von Katz= grund eine stattliche Summe Geldes.

Gramf. Nun bin ich auf einige Stunden gesättigt. Noch einen Krug Wein, Sylvester, und will ich dann einziehn.

48) S. Pütters historische Entwickelung der heutigen Staatsverfassung des deutschen Reichs. Ister Theil. S. 210. 211. und 212.

O ς

Sylv. Wohin ein?

Gramf. In die Stadt.

Sylv. Das Hineinziehen wird euch nicht gelingen, doch, daß ihr nicht einmal hinaufgezogen werdet, dagegen mögt' ich meine Kolbe nicht setzen. Seyd ihr denn nicht inne worden, daß die Thore vermauert sind?

Gramf. Ey freylich, aber bey dem Geschäffte hier, hab ich es schier vergessen. Und was soll das nutzen? Besitzt ihr vielleicht auch einen so großen Ueberfluß an Backsteinen, wie an Balken, daß ihr, um sie nur beyseit zu bringen, die Thore damit vermauert?

Sylv. Nicht das, sondern weil es seit einigen Jahren zum Gesetz gemacht ist, jedes Thor, durch welches ein Fürst gegangen, hinter ihm zu vermauern.

Gramf. Narrheit! Wenn's noch ein Heiliger gewesen. Und mögen sündiger Menschen Spuren wohl durch Menschen ausgetreten werden.

Sylv. Nicht allein die Hochachtung für die Fürsten veranlaßte dieses Gesetz; obgleich eine Gnadenstadt nie zu höflich und gefügig gegen die Kronenträger sich benehmen kann, da der Wille dieser Machtinhaber dem Gelingen der Glücksentwürffe einer Gnadenstadt, weil sie selten einen Stahl dabey zu legen vermag, so hinderlich zu seyn pflegt, wie der Donner dem Eyerausbrüten; Weisheit war auch das Mutterland dieses

Gesetzes. Geschenke an Gold, Ehrenwein, Hafer,
Heu, Feyerkleidern und Lebensmitteln, das Läuten
mit allen Glocken, das Ausmisten der Straßen, das
Beteppichen der Söller, das Anstellen von Turnieren
und Jagden, hatten unsre Stadt bey Fürstenbesuchen,
schon oft in Schulden gestürzt; schon sang man, nach
alter Weise, wenn unsre Kräffte erlahmen, in den Li=
taneyen: Vor Fürstenbesuchen behüth' uns, lieber Herr
Gott! ohne daß die Durchlauchtigen seltner gekommen
wären: als dem hochpreislichen Schöppenstuhl ein
Traum den weisen Rath gab, die Fürsten abseiten der
Ehre anzugreiffen, und sie, durch dies Vermauerungs=
gesetz zurückzuhalten, hinfort der Stadt lästig zu wer=
den. Das halff denn auch wacker; aber gegen den Zu=
fall konnt' es freylich nichts ausrichten. Vor acht
Jahren vermauerte man hinter einem betrunk'nen Her=
zog von — von — — Dingskirchen das erste, vor
fünf Jahren hinter einem feldflüchtigen Pfalzgrafen das
zweyte Thor, und seit einigen Tagen hinter dem Nef=
fen des Kaysers und einem Prinzen von Würtemberg,
so sich verirrt hatten, die beyden übrigen. Das ver=
läumderische Gerücht sagt zwar, Trunkenheit, Feld=
flucht, und Verirrung hätten diesmal nur der Vorwand
seyn müssen, die Katzgrunder necken und verrammeln
zu können; —

Gramſ. Und läßt ſich das auch hören und glauben.

Sylv. Einige Klüglinge, die immer waiter ſehen
wollen, als ihre Naſen reichen, ſchwaten gar davon,
es verſtänden ſich die Schöppen heimlich mit den Fürs
ſten; nennen auch den Herrn, den Stuhlvertrauten
und Gewaltigen die heiligen drey Könige von Kat;
grund; aber, wer weiß nicht, daß Verläumder und Flie;
gen es mit einander gemein haben, das Glänzende, jene
an Menſchen, dieſe an Geräthen, zu beſchmutzen?

Weil nun das Unglück nie tropfenweis, ſondern
immer wie ein Gewitterregen kommt; ſo mußte noch
die Verzweiflung der Gaßen, als man den beyden Für;
ſten Valet läutete, ſo ſtark den Glocken des Schächer;
thurms zuſetzen, daß der Glockenſtuhl brach, und die
heilige Maria ſamt dem heiligen Joſeph hefftig gegen
die Seite des Thurns ſchleuderte, wo außerhalb der
Anker hing. Dem Zuge von außen, und dem Drange
von innen, konnte der alte, baufällige Thurn nicht wi;
derſtehen; er ſtürzte um und zerſchmetterte Häuſer und
Menſchen.

Gramſ. He, guter Freund, ſchwimmen denn eure
Thürme, daß ihr ſie an Ankern haltet?

Sylv. Vor langen, lieben Jahren hatten die Kat;
grunder einer benachbarten Handelsſtadt, an der Mün;
dung des Fluſſes gelegen, über dem unſre große Waſch;

bank gebauet ist, in einer Fehde ein Schiff genommen, und den Pflichtanker davon, als ein Siegeszeichen, unter die Kuppel des Schächerthurms gehängt. Dies Uebergewicht hatte ihn nach und nach zur rechten Seite geneigt, und eine weit offne Wunde in das Gemäuer gerissen. Man wollte bemerken, daß die Glocken seitdem viel lieblicher und heller klängen, und ließ also den Spalt unverstopft: aber jezt wurde er der Unglücksstiffter. Glocken und Anker sprengten ihn bis zum Grunde auseinander, stürzten sich mit all dem, was ihnen widerstand zu Boden, und zertrümmerten das Schwörhaus, die Klosterschule, eine ganze Reihe Gebäude und einige zwanzig Menschen —

Grams. Schweigt, sonst lach' ich mich wieder hungrig. Ha! Ha! Ha! Was man nicht erfährt, wenn man wallfahrtet. Einen Anker an einen Thurn zu hängen, als ob's ein Sonnenzeiger wäre! Ha! Ha! Und lag damals gewiß die kazgrundische Weisheit im Todesschlafe.

Sylv. Daß die Nachkommenschafft lerne, der Vorfahren Großthaten nachahmen, damit der Ruhm der Stadt nicht sinke; brachte man dies Siegeszeichen, so in die Augen fallend, den Gaßen zu Gesicht. War das nicht weise?

Gramf. Hochweise! Und muß ich in die Stadt, gleichviel, ob ich hineingehe, steige oder krieche. Und muß ich die weisen Zuchtmeister kennen lernen, welche so fühlbar zu Großthaten ermuntern. Erp, du bleibst hier mit unserm Grauchen —

Sylv. Esel kann ich hier nur dann beherbergen, wenn sie gelernt haben, in Betten zu schlafen. Mir fehlt ein Stall. Bindet das Langohr an den Gränzpfahl, es wird euch nicht entlaufen.

Gramf. Nein, nicht also. Und verlaß ich es nicht, ich weiß es denn unter Dach und Fach; und ist doch Gefahr dabey, wenn —

Sylv. Herbergt es in unser Pesthaus.

Gramf. Ey ja, damit es sich würde, abstürbe oder die Pest in unser Kloster brächte.

Sylv. Habt nichts zu besorgen. Noch ist kein Siecher je in dem Hause gelegen.

Erp. Und warum nicht?

Sylv. Es ist ein alter Brauch in Katzgrund, daß von dem zur Siechenpflege gesammelten Gelde, drey Bankete jährlich angestellt werden, die Stuhlfreunde, welchen die Armenhuth vertrauet ist, zu stärken, ihren Obliegenheiten vestere Schultern unterschieben zu können —

Gramſ. Höchſt billig, denn die Heerde iſt um des Hirten willen.

Sylv. — doch bleibt dann nie etwas übrig für die Armen und Siechen, welche alſo auch nicht verpfleget werden können. Sicher vor jeder Anſteckung kann daher eur Eſel —

Gramſ. Nein, nein! Ich will und darff mich nicht von unſerm Grauchen trennen; wo ich bin, muß es auch ſeyn. Und mögt ihr wohl dieſe Nacht dem Biederthiere auf der Hausflur eine Streu bereiten, und euch des Lohns wegen erinnern, daß der heilige Franz den Eſel zu ſeiner Sippſchafft gezählt hat, auch mich und dieſen Buben hier hauſen laſſen, ſintemal ich mich heute doch zu ermattet fühle, mir einen Weg in die Stadt zu bahnen.

Sylv. Das Vermögen wähnt ihr zu haben?

Gramſ. Nur Layen wähnen; wir wiſſen, ſind überzeugt —

Sylv. O, dann eilt in die Stadt. Ein Haarſtern, der ſeit einigen Monaten über dieſer Gegend flammt, hat durch ſeine ſchädlichen Ausbünſtungen die Luft ſo verderbt, und auf alle Wieſen gifftigen Mehlthau geregnet; daß die Ochſen, welche ſo manches, liebe Jahr den Staatswagen gezogen, ihre Hörner wider die Treiber gerichtet haben, weil ſie einmal ein neues

Gleis machen mußten. Und doch fehlt es ihnen nicht
an Futter. Was wollen Ochsen mehr?

Gramſ. Ruhe.

Sylv. Die wird ihnen verſtattet, ſo bald ſie buglahm ſind.

Gramſ. Nun gut. Was kümmerts mich? Ich bin
kein Vieharzt.

Sylv. Ihr habt mich zu wörtlich verſtanden. Katzgrunds Gaſſenſchafft iſt unzufrieden mit den Schöppen,
und verweigert ihnen jetzt, da das Schwörhaus nieder-
getrümmert iſt, den Huldigungseyd, der ſonſt alljährlich am St. Egidiustage wiederholt wurde. ,, So lange
wir kein Schwörhaus haben, huldigen wir nicht,‘‘
heißt's in Katzgrund, wohin man hört. Wenn ihr doch
den Streit beylegen, die Eintracht befördern könntet —

Gramſ. So gewiß ich von dem Wickenbrey nichts
übrig gelaſſen, wär' auch ſein noch einmal ſo viel in
der Schüſſel geweſen; alſo gewiß bin ich, Morgen,
um dieſe Zeit, mit allem Pomp' und Prunk' und
Schaugepränge, einem Reliquienbehälter gebührend,
in Katzgrund eingegangen zu ſeyn. Beherbergt
mich und unſer Thierlein nur dieſe Nacht —

Sylv. Dem Eſel des Erretters der guten Stadt
Katzgrund würd' ich mich ſelbſt zum Pfülb unterlegen,

fehlte

fehlte es mit an Stroh; aber ob ihr in der Hütte eines Exkommunizierten übernachten — ?

Gramf. Was? Miserere mei, Domine! Ihr — wart — ?

Sylv. — exkommuniziert, nicht allein weil ich ein Schalksnarr bin, denn ein Amt giebt Verstand, Ehre und Ablaß; sondern vielmehr weil mein Gildemeister ein blinder Heydenabgott, und die Zunft der Minnesinger noch nicht, wie die Zunft der Sachwalter, durch Heiligsprechung Eines aus ihrem Gelichter, von dem Verdachte entbunden ist, daß sie Alle des Teufels sind 49). Darum bin ich ausgeschlossen von der Gemeinschafft und den Gnadenwohlthaten der Kirche; darum unwürdig, das heilige Nachtmahl zu genießen; darum vor die Stadt verwiesen —

Gramf. Exkommuniziert!! Hinaus, Grauchen! Hinaus mit ihm, Erp! Daß du doppelfarbiger Schurke exkommuniziert seyst, auf immer von jedem Orte, wo Zwey oder Drey im Namen der Heiligen versammelt sind! Sein Sündenbrodt mir vorzusetzen, die bittern Salsen seines vermaledey'ten Geschäffts mir einzuwän-

---

49) Pabst Klemens der sechste kanonisirte den Advocaten Ivo, damit man nicht glauben solle, „alle Advocaten wären des Teufels“.

S. die römische Religionskaste. 1ster Th. S. 77.

zen! Daß nie eine geweihte Kirchenfahne über deinem Haupte geschwungen werde! Nie ein Gottesacker um deinen Schandleichnam seine Erdschollen zusammenfüge! Daher war auch der Wickenbrey so versalzen, und der Rauch hineingeschlagen, daher der Wein so geschwefelt, und das Brodt so teigig, wie der Lanzenknechte Kriegsfutter, daß man's Wasser heraus drücken konnte! Ich muß noch heute in Katzgrund seyn. Wie unvorsichtig, einem Aussätzigen an der Seele kein Abzeichen zu geben!

Sylv. Freylich, es ist schändlich; das hätten doch meine Hochweisen Herrn schon von den Stifftern der Mönchsorden lernen können.

Empfahe das heilige Zeichen des Kreuzes, daß der Gifft, den du so ungewarnt dir einverleibet hast, verdampfe, ohn' uns zu schaden — ächte Gramsalbus, kreuzte seinen Bauch, eilte zur Thür hinaus und trieb den Esel nahe an's Thor. Jetzt schreie — so befahl er dem Zwerge, — als solltest du den Seelen im Fegfeuer verkünden, wie viel Messen jährlich, in unsrm Kloster, zu ihrer schneller'n Erlösung, gelesen werden.

Erp erhub ein Zetergeschrey und Gramsalbus begleitete es mit einem solchen Gebrülle, daß sich schnell ganze Haufen Volk auf den Mauern zusammenrotteten.

An seinen Esel gelehnt, begann nun der Mönch,

bald dumpf murmelnd, bald heiſer krächlend, bald hell
kreiſchend, um dadurch die vermeinte, hörbare Stimme
Gottes nachzubilden 50), allſo zu ſeelhädern.

Ihr Männer von Katzgrund, horcht meinen Worten
und nehmt meine Rede zu Herzen.

Unter freyem Himmel kann ich einmal nicht bleiben,
denn ich bin kein Haſelbuſch, der auf ſich regnen, rei-
ſen und mehlthauen laſſen kann, ſohne daß es ſeinen
Früchten ſchadet; und in der Hütte da nicht wohnen,
denn ein Exkommunizierter hauſet drinn, werth, alle
Qualen der Märtyrer zu dulden, ohne dadurch das Geringſte bey Gott zu verdienen, weil er mich verführt
hat, aus ſeiner Schüſſel zu eſſen, und aus ſeinem Becher zu trinken; und in dem Spittel nicht ſchlafen, ſintemal ich ſo geſund bin, als je ein Menſch geweſen zu
ſeyn ſich rühmen mag: drum müßt ihr mir und unſerm
Grauchen die Thore öffnen.

Die Mauerhocker 51) entſetzten ſich vor dem Begehren, und ſteckten die Köpfe zuſammen. Einer fragte

50) In den Kloſterſchauſpielen und Myſterien des Mittelalters wurde immer, von einer Baß-einer Tenor- und
einer Diſkantſtimme zugleich das geſprochen oder abge-
ſungen, was der Dichter dem drey-einigen Gott in den
Mund gelegt hatte.

51) Mauerfreſſer, Mauerwürme u. d. gl. Schimpfnamen,
welche man im Mittelalter den Städtern gab.

den Andern: Woher mag der Pilger kommen, daß ihm
nicht kund worden ist, man könne nie von uns verlangen, etwas thun zu müssen?

Gramf. Rath zu pflegen habt ihr nicht drüber;
denn was ich heische, ist so billig, als die Schafe in
Ställe zu treiben, wenns wintert. Und wer ich bin,
und daß mich die Heiligenschaar vor Hunderttausend
erkieset hat, ihr Ebenbild auf der Welt zur Schau
zu tragen; ist mir so leicht abzusehen, denn einem
Kürbis die Reife. Thue also deine Schale auf, du
große Auster, damit du in deinem Schoose eine Perle
beherbergest. Wir wollen nicht — antworteten die
Katzgrunder — denn wir sind freye Bürger!

Gramf. Frey? Ey ja, wie Ameisen auf einem Teller, der rund um mit Baumwolle belegt ist. Geht
einmal durch eure Thore. Und mögt ihr gar zärtliche
Liebesblicke den weisen Meistern zuwerffen, welche euch
das Streben, einen eignen Willen zu haben, so unter
der Hand abzugewöhnen wissen. Wahrlich, eine feine
Zucht; doch, so muß mans beginnen. Zuerst wird auf
das wilde Roß ein Sack gelegt, dann aus dem Troß
der Knaben Einer auserkohren, an dem Gott wenig
Thon verlohren, der wirfft sich auf das Gäulchen risch,
und tummelt's hin und wieder frisch. Dem Büblein
folgt ein Ritter stark, mit Riesenknochen voller Mark,

geharnischt schwer, mit scharffem Sporn schreckt er das
Roß, durch Sumpf und Dorn, durch Pfeil' und Lan=
zen, in den Tod. Arm's Rößlein, dann genad' dir
Gott. In den Sand den Sack, ihr Männer von Katz=
grund, oder es verblutet sich eure Freyheit unter den
Sporen eurer Stuhlleute.

Wie? wenn der Mann ein Prophet wäre? — Raun=
ten einander die Gnadenbürger zu.

Gramf. Laßt hören, was ihr einzuwenden habt,
und will ich euch solches so augenscheinlich ausschwatzen,
als ob ihr behauptetet, ein Todter könne essen. Und
bleiben Layen Layen, in Pabst Bonifazius des Achten
Bullensprache zu reden, und wenn sie auch mit Heili=
gen unter einer Decke geschlafen; und können Gesetze,
die Kloßerregeln ausgenommen, nie so geformt werden,
daß sie, wie die Haut nur Einem Leichnam, nur Einem
Falle paßten. Mäntel sind's alle, und kann die der
Große, wie der Kleine, der Grade wie der Buckliche,
überwerffen. Nun ja, vor Regen und Unwetter sich
dadurch zu schützen, sind sie gemacht; aber doch lassen
sich auch Dolch und Strick drunter verbergen.

Ein hochgelahrter Mann! — Riefen die Katzgrun=
der — Er weiß, was unter allen Mänteln steckt.

Gramf. Und was noch mehr ist; ich weiß auch,
warum es da steckt.

Dann seyd ihr ein gebohrner Kaßgrunder. — Ent‐
gegneten die Bürger.

Gramf. Das nicht, doch bin ich gezeugt in Kaß‐
grund. Eur Blut fließt also in meinen Adern. Und
will das doch mehr bedeuten, als ob meine Mutter nur
blos ihre Bürde hier abgeladen hätte. Nehmt's zu
Herzen, lieben Landsleute, was mir, so pfeilschnell
und grade, vom Herzen über die Zunge fleußt. Erwehrt
euch der Einmischungen großer Hansen in eure Haus‐
angelegenheiten und Händel, wie der Sünde; ob ihr
beyden auch nur ein Plätzchen unter der Steige einräu‐
met, zum aschenbrödeln: sie vertreiben euch bald aus
euern Prunkgemächern. Die Fürsten abseiten der Ehre
anzugreiffen, von unsrer Stadt fern zu bleiben, wurde
das Gesetz verfaßt, die Thore zu verrammeln; und ist
das fein und löblich, obgleich dabey aus der Acht ge‐
lassen, daß man einen Wolf nicht beym Fittig erwischen
könne: aber ist es auch gut und erprießlich, daß ihr
von dem täglichen Klettern, mauerauf, mauerab, glie‐
dersteif und buglahm werdet, und so viel Zeit ver‐
schwendet, das zu übersteigen, wodurch ihr ehemals
nur zu gehen hattet? Und heißt es nicht auch, den
Wirth heimsuchen, wenn ein ungebetener Gast, durch's
Dach, ins Haus schlupfft? Die Bepurpurten verste‐
hen sichs aufs Klettern, weil sie hoch sitzen, und dazu

feiten gebahnte Wege führen. Und haufen fie einmal
in eurer Stadt, dann müßt ihr ihnen doch den Ehrenwein geben und die Feyerkleider, und vor ihnen turnieren laffen; gleichviel, ob fie hineingerutfch't, hinein-
gewehet, oder vom Himmel, wie junge Fröfchlein,
hineingeregnet find. Und dürffen in Klöftern nur Kronen gefchmiedet, in Gnadenftädten nur übergüldet, aber
weder an dem einen oder andern Orte getragen werden.
Habt ihr dagegen etwas?

Nichts, Nichts! Riefen die Mauerbewohner.

Gramf. Weife ift das Gefetz immer, denn unweife
Gefetze zu verfaffen, dazu feyd ihr grade fo gefchickt,
wie einft der heilige Franziskus zum Sündigen. Aber,
wie und warum ift es weife? Und laßt nun Einen eurer
Stuhlleute vortreten, daß ich an ihn meine Rede richte.

Keiner der Stuhlgenoffen oder Freunde ift unter
uns — erwiederten die Bürger.

Gramf. Und warum nicht? Weil fie ihre Abficht
erreicht haben. Und ftreift der Layenbruder nur fo
lange auf den Straßen umher, bis er feinen Wadfack
gefüllt hat; dann hufcht er unter einen Dach, und
läßt fich's wohlfchmecken. Eure Stuhlherrn haben jetzt,
was fie begehren: drum fitzen fie ftille daheim; ihr habt
nicht, was ihr haben folltet, freyen Aus- und Eingang
durch eure Thore; drum fchlenzt ihr fo auf der Bruft

wehre herum. Seht, hier ist's dargethan, daß das
Gesetz wohl weise, aber nicht gut ist.

Doch haben wir Alle, so viel unsrer sind, durch den
Stuhlgewaltigen, unsre Zustimmung dazu gegeben —
Riefen Einige von oben hinab.

Gramf. Weil ihr weise wart. Wer einer Winds-
braut nachgiebt, kommt immer mit fort. Wohin? Ey
das wird er ja sehen. Wer ihr widerstrebt und ihr das
Antliz zeigt, den erstickt sie durch den Staub, den sie
vor sich hinwirfft. Oeffnet mir nur die Thore, und
will ich dann schon dem Kinde, das eure Schöppen gebohren haben, den rechten Namen geben.

Keines unsrer Gesetze darff wiederrufen werden.
Zürnten die Bürger.

Gramf. Ey, nicht ein Hauch soll wiederrufen, kein
Tüttelchen ausgelöscht werden. Und versteh' ich nicht
unter dem Oeffnen der Thore, daß ihr die Steine aus
den Gewölben nehmen sollt; dies könnt ihr nicht, weil
ihr es nicht wollt: aber ihr könnt, so bald ihr wollt,
ein Stück Mauer niederreißen, Balken und Bretter
über den Graben legen, und drauf aus- und eingehen.
Dadurch ist das Gesetz weder geschmählert noch angeta-
stet, und gelangt ihr dann auf diesem Wege zur Wis-
senschafft, ob eure Freunde und Genossen etwas gegen
eure Freyheit, Gelenksamkeit —

Ja, ja, das wollen wir — schrie nun alles, was sich auf den Zinnen bewegte, und stürzt in die Stadt. Gleich nachher erschallten Sturmglocken und Nothtrommeln. Gramsalbus schau'te, mit aufgeworffnem Munde, zu Sylvester um, maaß ihn mit verachtenden Blicken und sprach dann zum Zwerge: Ein weiches, bequemes Lager soll unsern Gliedern gar sehr frommen. Nicht also, mein Sohn?

Syp. Ehrwürdiger Herr, mein Erstaunen über das, was ich jetzt sah und hörte, weiß kaum Worte zu euerm Lobe zu finden. Und hätt' ich, verzeih't, diese Ueberredungsgabe bey euch so wenig vermuthet, denn in eines Bettlers Säckel das Vermögen, ein Kloster zu stiften.

Gramf. Ey, wer wird wohl auf ebnem Boden springen? Ist mir doch, seitdem du mich begleitest, noch kein Feind aufgestoßen, den ich mit meiner Zunge hätte zu Boden strecken können. Und soll mich nun, bis mir die Mauerwürme einen Weg zur Stadt bahnen, im Schatten des Zwingers und bey dem Lullgesange der Glocken und Trommeln, ein sanfter Dauungsschlaf erquicken. Wehre von uns, mein Sohn, Fliegen und Räuber ab.

Er platzte nieder und schloß schnell die Augen, um dem Schlafe mehr Zeit zu lassen, ihm seinen Stärkungsbalsam einzuflößen.

P 5

Einen unumſchränkten, morgenländiſchen Selbſt-
herrſcher kann der Befehl, das Scepter niederzulegen,
nicht ſo befremden, als die auf dem Stuhlhauſe ver-
ſammelten Väter Katzgrunds das Geheul der Glocken
und die Wirbel der Trommeln. Um die Gedanken-
folge der Weiſen auch nicht durch das leiſeſte Geräuſch
zu unterbrechen, um ſie nicht vom Nachdenken über
Beförderung gemeiner Wohlfahrt abzuziehen; durffte,
ſo lange die Schöppen ihre Sitzung hielten, kein lär-
mendes Geſchäfft in der Gegend des Gerächtigkeittem-
pels getrieben werden, durffte kein Hauſierer ſeine
Waaren dort ausfeilſchen, kein Quackſalber ſeine Wun-
derarzneyen dort anrühmen und kein Leichengefolge
durch die nahliegenden Gaſſen, mit Trauergeſängen,
ziehen. Um deſto auffallender war es jetzt dem Herrn
und ſeinen Jüngern, ſo nahe die Trommeln pralen,
die Glocken ſo unhöflich lärmen zu hören. Wie ſich
die befiederten Bewohner eines Hünerhofes, wenn ein
Gewitterregen aus den Wolken ſtürzt, mit herabhän-
genden Flügeln und halbniedergezogenen Augendecken,
unter ein Obdach um den Gockelhahn ſammeln; alſo
drängten ſich jetzt die Stuhlgenoſſen und Freunde zum
Stuhlherrn. Veſt in ihre Mäntel, wie in den Muth
eines guten Gewiſſens gehüllt, erwarteten Alle, welch'
Unglück dieſem ſchreckenden Vorlaute folgen werde.

Keinem entfuhr ein verständlicher Ton, keiner nahm
sich Zeit aufzublicken; Furcht würde jenes, dieses
Neugier verrathen haben, und beydes kleidet Männer
nicht fein. Schon polterten auf der Steige die Meuterer; schon klirrten Fenster und und Amtsketten die
Stöße nach, welche das Heranschleppen der Mauer-
brecher und Weberbäume verursachten: und immer en-
ger preßte sich die Spitzsäule der Volksführer zusammen, immer Bewegunsloser wurde sie und immer heh-
rer und heiliger die Stille der Erwartung. Schon er-
bebte die Thür unter den Faust- und Knittelschlägen
der Saßen, ein wildes Gebrüll schlug über der offnen
Halle zusammen und auf allen Seiten toste das Geschrey: Oeffnet die Pforte, oder wir rennen sie ein —
jezt ist die Reihe an uns, euch in Eyd und Pflicht zu
nehmen —: da rang sich der Herr, mühsam von
allen Händen los, die sich freundschaftlich um seine
Schultern, Arme, Beine und Schenkel geklammert
hatten. Er suchte ein Paar Augen, das dem seinen
begegnete; fand aber Keins. Er schau'te nach seinen
Gesellen umher; erblickte aber nur ihre Gespenster.
Schon rüttelten die Empörer an den Angeln der Pforte,
und bohrten Lanzenschaffte zwischen Thür und Schwelle;
als der Stuhlherr seine Genossen also mit lauter
Stimme anredete:

Freunde, was hauchte euch Allen doch so jach den Heldenmuth ein, eur Blut für das Wohl des Staats, ohn Widerstreben und Gegenwehr, versprützen zu lassen? Fodert das Allgemeinbeste schon jezt diese Aufopferung? Nicht also. Hier können wir noch mit Vorstellungen ausreichen. Nehmt eure Size wieder ein, um zu hören, was unsre Brüder von uns begehren.

Sogleich taumelten alle zu ihren Bänken, schlugen die Mäntel auseinander, daß die güldnen Amtsketten sichtbar würden, und begleiteten mit ihren Blicken den Elsterträger, da er ging und die Thür öffnete.

Als ob sie die Versammlung der himmlischen Fehmrichter sähen; so angewachsen dem Boden blieben die Gaßen in und vor der Pforte stehen, überrascht durch die Seelengröße, welche auf allen Gesichtern der Volksregierer zuckte. Jezt mußten ihnen Spieße, Lanzen und Knittel zu Stüzen dienen, daß sie nicht zur Erde kärzten. Nicht ein Wort zu reden vermochten sie, nicht die schnell niedergesunk'nen Blicke vom Estrich loszureißen. Nur langsam erstärkte die wiederkehrende Wärme des Bluts ihre Glieder zur Bewegsamkeit; und nun griffen Aller Hände an die Barette, krümmten sich Aller Rücken, als sollten sich von ihnen die abgesezten Reiter des Staatsroffes wieder in den Sattel schwingen. Die Entferntesten rutschten und

knie'ten leise die Steige hinab, die Vordern schoben
sich ihnen, ohne umzukehren, nach, so bald sie des
freyen Rückzuges hinter sich gewahrten; und Alle würden, unverrichteter Sache, so hinunter gekrebset seyn,
hätte sie nicht der Stuhlherr, durch die Frage gehalten: Lieben Brüder, was ist eur Begehr? Welch
Mißgeschick kann, mit einem so unübersehlichen Kriegs-
heere, gegen unsre gute Stadt ziehen, daß ihr gezwungen seyd, auf diese Art, unsre Hülffe zu heischen?

Alle Mäuler der Gefragten standen offen; aber keinem entschallte eine Antwort. Meister Strauß, der
Harnischmacher, einer der verwegensten Sassen, winkte
den Stuhlgewaltigen zu sich, und wurde, nach einigen
mißlungenen Versuchen, seiner Zunge so sehr Herr,
um ihm das Begehren der Bürgerschafft ins Ohr stot-
tern zu können.

Ist's nur das? Entgegnete Pontius Pilatus,
wandte sich zum Stuhl, neigte sich dreymal und hub
an, also zu reden:

Vorsichtige, weise, ehrsame Herrn, verehtungs-
würdige Oheime, Brüder, Söhne und Vettern, meine
und der Sassenschafft von Katzgrund insonders günsti-
gen, lieben Freunde.

Nichts kann und muß einen Hausvater herzinni-
ger erfreuen, als, so dessen Kinder, durch sein er-

stickliches Beyspiel, durch seine löblichen Vorkehrun-
gen und heilsamen Einrichtungen, dazu gewöhnt, nur
solcher Wünsche Gewährung von ihm heischen, die auf
ihr wahres Wohl abzwecken, und welche der Hausvater schon zu erfüllen beschlossen hat, ehe noch die
Bitten seine Ohren erreichten. Diese, keiner andern
vergleichbare Wonne, wird jetzt das Gesammtherz eines
hochpreislichen Schöppenstuhls von Katzgrund mit dem
seeligsten Vergnügen überströmen, und ich bin nicht
wenig stolz darauf, der Rinnsal zu seyn, durch welchen
diese Freude meinen geliebten Mithelffern zum Gemein-
besten zugeleitet werden soll.

.. Ein gestrenger, hochpreislicher Schöppenstuhl der
Gnadenstadt Katzgrund sah schon lange, mit schmer-
zendem Bedauern, die guten Untersaßen in ihre Ring-
mauern eingesperrt; brach schon lange seinem Schlaf
einige Stunden ab, um, ohne den Gesetzen ungehorsam zu werden, diese Wagenburg, von der Staatsklugheit geschlossen, öffnen zu können; entäußerte sich
aller der Erhohlungen, welche der fleißige Arbeiter um
so mehr verdient, da ihn sonst die rastlose Anstrengung
zu früh zur Geschäfftigkeit untüchtig machen müßte:
damit nur desto balder die Freyheit, diese Säugamme
des Menschengeschlechts, ihre Brüste den Bürgern,
wie ehmals, reichen könne. Ohne sich irren zu lassen

durch die unzählbaren Hindernisse, welche sich allzeit
dem Bestreben, gut und löblich Regiment zu führen,
entgegen stemmen; ohn' abgeschreckt zu werden durch
die Schwierigkeiten, solche aus dem Wege zu räumen
oder sich über sie hinweg zu schwingen; ohne der Afterur-
theile vorwitziger Nasenklüglinge zu achten, welche immer der vorsichtigen, langsam in Rath nehmenden und
reiflich überlegenden Bedächtlichkeit, wie kleine Vögel
am Tage der weisen Eule, nachkreischen: wurde in
diesen Morgenstunden ein hochpreislicher Schöppenstuhl
einig, zwar die Thore in dem vom Gesetze vorgeschrie-
benen, Zustande zu lassen; aber doch neben ihnen Gänge
durch die Mauer zu eröffnen, damit die Saßen nicht
fürder der Mühseeligkeit blos gestellt wären, über die
Zwinger zu steigen — und eben dies, und nichts au-
ßers, ist es, was jetzt eine ehrbare Saßenschafft von
Katzgrund, durch meinen Mund, zu bitten sich ge-
müßigt findet. Keine Lobschrifft, Thoren und Denk-
säulen eingegraben, keine Ehrenbogen, den wackern
Vätern des Vaterlandes von unsern Vorvordern errichtet, kann und wird es der Nachwelt so unwider-
leglich darthun, wie einträchtig der Schöppenstuhl mit
den Innsaßen Katzgrunds für das Wohl der Gesamtheit
sorgte, als die Uebereinstimmung der Wünsche der Kinder mit dem Willen der Eltern; und um desto mehr

halt' ich es für meine Pflicht, darauf anzutragen, daß,
zum unauslöschlichen Gedenken an diesen glücklichen
Vorgang, der das Gebäude unsrer Wohlfahrt auf
Diamant gründete, und unsre Verfassung in Asbest
schrieb, über dem Schächerthore ein marmornes Ehrendenkmaal errichtet werden möge.   .

Der Stuhlgewaltige neigte sich wieder dreymal
und trat an seinen Sessel, und nun nahm der Herr
also das Wort.

Würdiger, Lieber. Ehrbare, großgeachtete Innsaßen Katzgrunds.

So bald ein Gebreste an irgend einem Gliede des
Staatskörpers schleunige Hülffe erheischt, würde es
vom Haupte nicht wohlgethan seyn, zu verlangen, es
solle dem Gehirn, dem Regierer des Ganzen, dieses, durch
den gewöhnlichen Sprecher, den Mund, vorgetragen
werden; widrigenfalls das kranke Glied ohne Bähung,
Salben und Verbänder bleiben: ein Zuck, ein Erzittern, eine krampfhaffte Bewegung reicht, in solchen
Nöthen hin, den Verstand zu erinnern, dem siechen
Theile Hülffe zu leisten. In Erwägung dessen können
und wollen wir auch nicht ungehalten seyn auf unsre
guten Untersaßen, daß sie, so lärmend und unordentlich, dem Brauch und Herkommen schnurstracks zu wider, und der, auch den erwachsenen Kindern gegen ihre

Eltern

Eltern immer ziemenden, Ehrerbiethung vergeſſend, ihre Bitte zu unſern Füßen niedergelegt haben; doch befiehlt uns unſre Pflicht, ſie zu ermahnen, inkünftig ſich nicht von der Uebereilung fortreißen zu laſſen, unſre Vaterſorge, durch ſolche, die öffentliche Ruhe und gemeine Sicherheit ſtöhrende, Begünſtigungen zu ihrem Beyſtande aufzufodern.

Was nun anlangt die Bitte ſelbſt; ſo iſt von euch, würdiger, lieber Vetter, weislich bemerkt und zur Kunde eurer Bevollmächtiger gebracht, daß wir damit umgingen, uns ihrer anzunehmen, noch ehe ſie unſre Hülffe erſeh'ten; und wollten wir den Wall- und Mauer- verweſern befehlen, aus den Bürgern drey Männer zu erkieſen, welche dem Schöppenausſchuß zur Seite ſte- hen, wenn neben dem Schächer- und Moraſtthore die Mauern durchbrochen werden.

Daß der Eintracht ein Denkmaal errichtet werde, dazu geben wir um ſo williger unſre Beyſtimmung, da die Erfahrung uns belehrt hat, wie ermunternd ſolche Denkmäler der Nachkommenſchafft ſind, ſich gleicher Bürgertugenden zu befleiſſigen. Nur wünſchen wir, für unſre Perſon, daß unſer Name dem Ehrenbogen nicht möge eingemeiſſelt werden; ſintemal uns ein Denk- maal in den Herzen unſrer guten Mitbürger, die neu- beswertheſte Belohnung iſt.

Holzſch. I. Bd.   Q

Nein! Nicht also! — schrie das Volk, so wieder heigan geschlichen war. Nicht allein eur Name, gestrenger Herr, muß daran prangen; sondern auch eur Konterfay in Lebensgröße drauf abgebildet seyn.

Stuhlherr. Wir unterwerffen uns dem Willen unser Mitbürger nur dann, wenn auch die Gestalt des Mannes dem Marmor eingegraben wird, der euch überredete, jetzt, und so vor uns zu erscheinen.

Alle Bürger. Ja, das ist billig.

Strauß. Der soll auch drauf abgebildet stehn. Neben Eur Gestrengen —

Meister Braun, der Beutler. Hand in Hand mit Eur Gestrengen.

Meister Bafthold, der Schuster. Und Eur Gestrengen rechtes und sein linkes Bein von einem Stiefel umgeben, und Eur Gestrengen und sein Haupt mit einem Barett bedeckt; anzudeuten, Katzgrunds Schöppen und Satzenschafft sey oben, unten und in der Mitte vereint uns eins.

Alle Bürger. Ja, ja, so soll's seyn.

Stuhlherr. Wie ihr wollt. Doch nennt uns den Mann.

Viele Bürger. Wer ist er? Wer weiß es?

Strauß. Der dicke Mönch vor dem Schächerthore.

Einige Bürger. Der ist so weise als dick.

Andere Bürger. Wir wollen ihn mit fliegenden Fahnen und klingendem Spiel heimholen.

Alle Bürger. Ihn können wir nicht früh genug unser nennen.

Einige Bürger. Keine Zögerung durch Wahl eines Gassenbeystandes zum Schöppenausschuß!

Andere Bürger. Nieder mit der Mauer neben dem Thore! — Beym Einreißen bedarf es keines Schragens, wie viel man nehmen soll. — Ob auch einige Steine mehr, als nöthig wär, zerbrochen würden; geht es doch alles aus unserm Säckel.

Alle Bürger. Nieder mit der Mauer!

Stracks eilte der ganze Schwarm, ohne der Vorstellungen, Bitten und Drohungen des Herrn zu achten, vom Stuhlhause zum nächsten Gottesacker, nahm dort die Feuerhacken und Leitern von den Kirchenwänden, nöthigte die Layenbrüder, welche einer Leiche die geweih'ten Fahnen vortrugen, ihn zu begleiten, zwang den Stadtpfeifer und seine Gesellen, mit lautem Spiel vor ihm herzugehen, schleppte die längsten Balken und Bretter aus den unbewohnten Gassen fort, und raste so dem Schächerthore zu. Jeder Neugierige ließ sich willig von diesem Strome fortwälzen; die Furchtsamen mußten ihm nothgedrungen nachgeben. Kaum hatte er sich unter dem Schächerthore etwas

Q 2

ausgebreitet, so waren auch schon die Feuerhacken in die Zinne geschlagen; und wer seiner Hände mächtig werden wollte, half ämsig, die Mauer einreißen; den Uebrigen redete man die Bedenklichkeiten, durch fühlbare Gründe, aus. Das Geprassel der stürzenden Brustwehren, das Jubelgeschrey der Gassen weckte den Bethfahrer; er schäumte vor Stolz und Freude, daß er Mauern zersprengen könne, und hob sich langsam dem Verklärungsschimmer entgegen, der ihn mit jeder niederdonnernden Steinschichte heller umleuchtete.

Was sein Herz so aufblähte, preßte den Tugendmuth der Schöppenschaft immer kleiner zusammen. Sie fürchtete, das Volk mögte vom Einreißen der Mauer zum Zertrümmern andrer Schutzwehren übergehen, die nicht durch Mörtel und Steine wieder ergänzt werden könnten; sie besorgte, es mögten ihr im Getümmel gewisse Rechte abgedrängt werden, welche sie doch nur der Willkühr des Volks nahm, damit sie ihm erhalten blieben; sie mißtrau'te den ersten Freyheitssprüngen eines entzäumten Rosses — weil ihr ahndete, es werde nicht allein gegen Hunde, sondern auch gegen seine Wärtel auslösen, und zitterte bey dem Gedanken, wie viele Unglücksfälle sich eräugnen müßten, wenn unerfahrne Reiter das zaum- und sattelledige Staatsroß tummeln würden. Der dicke Mönch, dem die ganze Menge so einstimmig den Dank zutheilte, däuchte den versammelten Vätern um desto gefährli: cher, da sie ihm wohlberechnende Schlauheit gereifter Menschenkenntniß, Raubsucht in das Bettlergewand der Bruderliebe gekleidet und Herrschgier durch Welt: klugheit geleitet, zutrau'ten, und eine schwer zu er: müdende Unternehmungskrafft, durch das Benutzen jedes Zeitpünctchens, Zufalls, und Umstandes stark, und durch den Wagemuth eines güterlosen Landstreichers fast unüberwindlich gemacht, bey ihm voraussetzten. Hätte ihnen auch nur ahnden können, die Liebe zur Bequemlichkeit habe den Fünftelsafft des Wanstes so hoch aufgegährt und in sein Gedächtniß Gemeinplätze aus Schimpffspielen, aus päbstlichen Bullen an Aebte erlassen, sich den Gebothen der Layenfürsten auch nicht im Geringsten zu fügen und aus Ermahnungen wider die Verführungskünste des Teufels und der Sünde, zurückgebracht; sie würden es nicht der Mühe werth gehalten haben, einen Augenblick über ihn nachzuden: ken. Jetzt mußten sie es, denn sie kannten ihren Feind nicht. Ihm den Eingang in die Stadt zu verweigern, stand nicht mehr in ihrer Gewalt; das Volk hatte ih: nen dies Vorrecht der sceptertragenden Macht genom: men. Ihn schnell wieder fortjagen, hieß Oel ins Feuer schütten; das Volk hatte sich zum Beschützer des Plätt:

lings aufgeworffen. Nachzugeben den Ungeſtümen, auszuweichen den Raſenden, ſchien ihnen, in der erſten Mitleidsbeſtürzung, das einzige Mittel, um nicht vom Gedränge zertreten zu werden, und ihre einzige Tröſterinn die Hoffnung zu ſeyn: des Pöbels Wankellaune werde ihren Götzen, ſo geſchwind als ſie ihn auf einen Altar gehoben, auch wieder hinabſtoßen.

Weil aber nie das ſtraffgeſpannte Seil ſich lange zurückſchnellend erhalten kann; ſo ließ auch bald die Krafft des jähen Schreckens nach, welcher die Schöpfen, ſo ohne Widerſtand, zu Boden geprellt hatte. Sie wurden ihrer Vernunft mächtig und fanden nur die Geſtalt der Gefahr ſcheußlich, welche dem verblendeten Volke drohe, ſie ſelbſt weniger Furchterweckend. Die Hoffnung begann redſeeliger zu werden. Die Lärm- und Gerduſch - ſcheuenden Schutzheiligen der Regierungskunſt kehrten wieder in ihre Bildſäulen zurück, und belebten ſie durch Eingebungen; daß ſich unter dieſe Himmelsſaßen auch Teufel miſchten, konnte den wackern Schöppen nicht zugerechnet werden: ihnen war ja nicht die Herrſchafft über die Geiſter gegeben.

Die Staatsklugheit bemerkte: Es ſey thörigt, geſundenen Gifft wieder zu vergraben, daß nicht dadurch das Leben des Finders gefährdet ſey. Wer Augen habe, zu ſehen, und Beurtheilungskraft, zu

unterſcheiden, müſſe auch Giffte, durch weiſen Ge
brauch, zu ſeinem Vortheil nutzen können.

Die über Zeichen, Wort' und äuſerliche
Zucht wachende Gottesfurcht rieth: Einige
Mönche mit dem Venerabile zum Haufen der Empörer
zu ſenden; knieende Feinde lieſen ſich leichter als auf-
rechtſtehende überwältigen.

Die Schmeicheley trug darauf an, ſich, ohne
Zeitverluſt, des Volkslieblings, durch Beſtechung jeder Art, zu verſichern.

Das Gelegenheitsnutzen ſetzte hinzu: Es
ſey nöthig, ihn dahin zu vermögen, daſ er den Pöbel
kirre, am folgenden Tage, den Schöppen, wie gewöhnlich, zu huldigen.

Die Wortklauberey ſchlug vor, den eiſernen
Söller des zuſammengeſtürzten Schwörhauſes wieder
ausbeſſern, in der kommenden Nacht heimlich an das
Stuhlhaus veſten zu laſſen, und es dadurch zum Schwör-
hauſe umzuſchaffen, weil doch die Schöppen auf dieſem Söller den Huldigungseid der Saßen angenommen
hätten.

Das Herkommen erboth ſich, ſein Bärenfell,
womit es bedeckt ſey, alsdann umzuwenden und die
glatte Seite auswärts zu kehren, um weniger ſchreckend
zu erſcheinen.

Q 4

Die Sinnenverführung verlangte, daß dann, wie bey feyerlichen Bittgängen, aus allen Fenstern öffentlicher Gebäude künstlich gewirkte Teppiche gehängt, vor alle Kirchthüren die geweih'ten Fahnen gestellt, alle Kapellen, Altäre und Heiligenschreine geöffnet, alle Orgeln geschlagen, und auf allen Marktplätzen Trommeln gerührt werden, Pfeifen und Schalmeyen erklingen sollten.

Die Hinterlist verordnete, an dem Tage solle kein Häscher oder Scherge in seiner gewöhnlichen Amts-kleidung sich sehen lassen; nur als Einsiedler oder Mönche vermummt, dürfften sie sich unter das Volk mischen.

Die Duldung des Schlimmen, damit nicht das Schlimmere geschehe, befahl, allen gemeinen Dirnen einzuschärffen, in der Nacht, die diesem Tage folgte, den Kaufpreis ihrer Schandgunst um die Hälfte herabzusetzen.

Die Affterherablassung wollte, daß man den Gaßen nachher öffentlich Dank sage für ihr ruhiges, sittsames Betragen.

Der Vorbehalt in Gedanken deutete nur durch Blicke und einzelne Worte an, auf welche Art man sich für dies Nachgeben entschädigen müsse.

Das erste Ergebniß dieses Rathpflegens war, daß
sechs Schöppen erwählt wurden, unter Anführung des
Katzgrundischen Pontius Pilatus, dem Betfahrer entgegen zu gehen, ihn mit auszeichnender Achtung zu
empfangen, dann ihn aufs Stuhlhaus und von da in
den Weinkeller zu bringen, wo zum stattlichsten Ehren-
maale gerüstet werden solle.

Während der Zeit dies beschlossen wurde, hatten
die Ruhestöhrer schon die Mauer zwischen dem Schächerthore und dem ersten Lugthurm eingerissen. Ein
schmetterndes Freudengebell begrüßte den Franziskaner,
sobald man ihn ersah. Zum Danke sandte dieser, mit
allem Aufwande des Windes, den er nur zusammen
pressen konnte, ein: Friede sey mit euch! zurück, und
harrte sehnsuchtsvoll, die Brücke geschlagen zu sehen,
auf welcher er in die neueroberte Stadt gehen könne.
Als man die ersten Balken dazu über den Graben stürzte, kamen die Abgesandten des Schöppenstuhls zum
Haufen, lobten die unverdroßne Thätigkeit ihrer guten Innsaßen, mit der sie sich einem Geschäffte, gemeiner Wohlfahrt so ersprießlich, unterzögen, und wünschten, die ersten seyn zu dürffen, welche dem weisen
Manne, die Hände, zum Beweise ihres herzlichsten
Danks, drücken könnten. Das wurde ihnen erlaubt,
und Jeder mußte sich nun, zwischen die Balken Leitern

zu schieben, und bis zur Gemeinwiese mit Brettern zu belegen.

Unter Vorantreten der lärmenden Stadtpfeifer schritten nun die Schöppen zu Gramsalbus. Hält's auch? Hält's auch? Schrie er ihnen entgegen, noch immer, durch Hülffe geistlicher Unverschämtheit, zum ersten Menschen erhoben. Aber kaum gewahrte er der güld'nen Amtsketten; da senkte sich ein Schleier vor seine Augen, die Zähne wurden ihm stumpf, ein kalter Schauder durchflog seine Gebeine und bleichte seine Farbe. Er wußte nicht, ob er stehen bleiben, oder davon eilen solle. Wär' er zu Roß gewesen, jezt würde er es, zum erstenmale, gewagt haben, dem Thiere die Sporn zu geben. Noch wankte er unentschlossen, ob er den Sieg verfolgen, oder die Vortheile durch die Flucht verlieren wolle; da zogen schon, auf der Brücke, die Schöppen ihre Barette ab, riefen: Willkommen uns und unsrer Stadt, weiser Pilgersmann! — und Gramsalbus fand sich selbst wieder, seine Augen wurden wacker, der Mund wässerte ihm nach dem, was die rauchenden Schornsteine versprachen, eine glühende Hitze des Bewußtseyns seiner mönchischen Tugenden verjagte den Schauder, röthete sein Vollmondsangesicht, und mit freundlichem Geräusch ermahnte er also die Schöppen: Laßt sitzen, lieben Herren, laßt sitzen! Könntet das

Gleichgewicht bey dem Scharrfüsseln verliehren und in
den Graben poltern, und wäre mir mit solcher Erniedri-
gung wenig gedient —

Noch wörtelte er, da umringten ihn schon die Katzgrunder. Die Schöppen halften ihn, der Pöbel küßte
ihm Kutte und Strick, tanzte um ihn, schrie Huffah!
und wollt' ihn stracks zur Stadt führen; aber Gramsalbus rief: Nicht so eilig, guten Leute! Das Eine
thun, und das Andre nicht laffen. Und müffen wir un-
fer Grauchen nicht vergeffen, und den kleinen Kobold
dort. Ihr Herrn da mit den güldnen Ketten, euch befehl' ich das traute Thierlein an, mit allem was es
trägt und hegt, und sollt ihr mir dafür verantwort-
lich seyn —

Die Herrn mit den güldnen Ketten verbiffen ihre
Wuth, zu Efeltreiber ernannt zu seyn, bückten sich gar
tief zur schuldigen Dankfagung, nahmen Grauchen bey'm
Halfter und zerrten es über die Brücke. Ehe Gramfalbus folgte, sprach er zu seinen Begleitern: Und bin
ich etwas zum Schwindel geneigt, drum, lieben Brüder, wollet ihr euch, Hand in Hand, an beyden In-
nenfeiten der Balken zu einem lebendigen Geländer reichen. Das geschah. Dreist wankte jetzt der Schmeerbauch hinüber, und nickte mit Kopf und Hand jedem
Einzelnen den feraphischen Friedensgruß zu. Das Volk

dankte laut, und Jeder freu'te sich, den weisen, großen Mann, der in der Ferne so schreckend erschien, in
der Nähe so demüthig, stillsinnig und zuthätig zu
finden.

In der Stadt hatte sich schon alles zum Empfange
des Betfahrers geordnet. Der Zug schwenkte sich einigemal um ihn und wogte dann langsam dem Markte zu.

Sylvester tanzte voran. Ihm folgten die bewaffne-
ten Bürger, diesen, paarweis, die Layenbrüder mit
den geweih'ten Fahnen, und die Stadpfeifer. Dann
kam Grauchen, von den Schöppen geführt. Hinter
diese sich anzuschließen, bat Pontius Pilatus den Franziskaner, dem er ehrerbietig nachtrat. Der Zwerg,
den das, was er sah und hörte, so beschäfftigte, daß
er drüber des Gebrauchs seiner Kräffte vergaß, wurde
seinem Reisegespann' auf einer Leiter, von vier Männern, nachgetragen. Der Pöbel und ein Rudel Bettler schloß den Zug.

Von den Gesichtern der Berauschten wie der Nüchternen glänzte die Freude. Der Wahn, ihren Zucht-
meistern ein Bein untergeschlagen zu haben, kitzelte die
Gaßen zum Frohseyn; den Stuhlgesandten behagte das
glückliche Enden einer Fehde, die so gefährlich für die
armen, verblendeten Unterthanen begann, und das
Stierantliz des Volksverführers, und dieser war mit

Freude erfüllt über den glorreich errungenen Sieg,
und verglich sich selbst den Posaunen vor Jericho. Den
Pöbel machte das Gepränge des neuen Schauspiels
vergnügt, und die Bettler ergötzten sich, im Stillen,
an den unbewachten Säckeln der Schauspieler. Nur
die Layenbrüder sahen oft scheel zu ihrem Regelgenos-
sen um, und mißgönnten ihm das Glück, der Held des
Tages zu seyn. Aus allen Fenstern der Erker, Vor-
sprünge und Ausluchten, welche die schmahlen Straßen
in Katzgrund beynahe schachteten und noch mehr ver-
engten, lächelten Weiber und Dirnen dem Vetfahrer
entgegen und jubelten ihm nach. Alle Wapenpfähle,
die zehn oder zwölf Schritte von einander entfernt, in
der Mitte der Gassen stauden, waren mit alten und
jungen Neugierigen bedeckt. Ueber dem Zuge schwebten beständig Mützen, Kappen und Barette auf und
nieder, wie Krähen und Raben über einer Schädelstätte.
Glockengebeyer schallte von allen Kirchthürmen.

Das erste, was dem Mönche eine Fraye abnöthigte,
war eine, im Sonnenlichte, wie Gold glänzende, Reihe
von Wehrsteinen. Er schaute über die Achsel zum
Stuhlgewaltigen um und sprach: Habt ihr so ergiebige
Bergwerke, daß ihr eure Ecksteine aus Gold schmieden
könnt?

Das nicht, Hochwürdiger Herr — entgegnete höfisch Pohtius Pilatus — eur Auge, durch die Sonnenstrahlen geblendet, sieht nur die messing'nen Inschriftsplatten der Steine.

Gramf. Ecksteine mit Inschrifften! Ey, das ist fein! Wir wollen sie lesen.

Halt! Rief der Stuhlgewaltige. Halt! Tönte es wieder aus allen Mäulern. Der Zug stand unbeweglich. Gramsalbus trat an den nächsten Stein und Pontius las:

„Unter der Regimentsführung Detlef May-
„tags, des Stuhlherrn und Fritz Hausemanns,
„des Stuhlvertrauten und Peter Stollers, des
„Stuhlgewaltigen, hat Jost Hirsebrand, Schöp-
„pe, der Zeit Straßenverweser, diese Wehrsteine,
„zu Schutz und Schirm der hinter ihnen stehenden
„Häuser, und zur Sicherheit der Fußgänger und
„zu Ruheplätzen der Ermüdeten zu setzen verord-
„net, und sie, zur Zierde der Gnadenstadt Katz-
„grund, mit messing'nen Platten belegen lassen.
„Betet für ihn und für die Seelen aller frommen
„Christen! Anno Salutis —!"

Gramf. Ey! Und drunter das Stadtwapen — Und ein dampfender Kessel?

Stuhlgew. Jost Hirsebrands Siegelbild.

Gramf. Ja, das ist fein ersonnen, und gar groß und leserlich ausgemeißelt. Und was besagt der Stein?

Stuhlgew. Dasselbe, wie alle folgenden.

Gramf. Vortrefflich... Es ist diese Reihe von Wehr-steinen der größte Rosenkranz, den ich je gesehen; jene Kirche da vor uns das Kreuz dieses Psalteriums.

Stuhlgew. Wie schnell und genau ihr doch gleich die Bestimmung jeder Sache zu treffen wißt, Hochwür-diger Herr.

Gramf. Das muß wahr seyn, ihr guten Katzgrun-der versteht es, über die maßen wohl, die Frömmig-keit unter die Leute zu bringen. Nun jetzt frisch wieder vorwärts, daß wir zum Banket nicht zu spät kommen; mir däucht, ich habe davon gehört —

Stuhlgew. So ist's. Euch den Ehrenwein vorzu-setzen und mit nahrhaften Speisen euch zu sättigen, ist der Wunsch meiner Amtsgenossen.

Gramf. Soll erfüllt werden, und ob sie auch sol-cher Wünsche täglich einige hätten.

Der Zug rückte weiter.

Schon bey'm ersten, neugierigen Anlauf des Pöbels hatte Gramsalbus einen großen, blühenden Mann be-merkt, dessen Hände und Füße mit Ketten beladen wa-ren, der von zween Schergen gegängelt wurde, und

doch seine Kappe so froh in die Lufft warff, und seine
Freude so unbekümmert zeigte, als hätt' er sich die
Fesseln zum Vergnügen angelegt, und aus Laune die
Schergen zu seinen Geleitsmännern erwählt. Jezt ersah ihn der Mönch wieder und sprach zum Stuhlgewaltigen: Gestrenger Freund, sagt mir doch, wie kommts,
daß der Kettenträger dort, mit so beschwertem Leichnam, so leichtes Herzens seyn mag? Hat vielleicht
ein Gelübde gethan, sich durch dies Eisenjoch auf Erden, für den Himmel zu erleichtern, um den lieben
Engelein einst weniger Mühe zu machen, wenn sie
seine Seele in Abrahams Schooß bringen?

Stuhlgew. Nicht das, Hochwürdiger Vater.
Dieser Mensch soll seinen reichen Bruder meuchlings
getödtet —

Gramf. Was? Und vergönnt ihr dem, sich in einer solchen edlen Gesellschafft sehen zu lassen?

Stuhlgew. Noch ist sein Verbrechen nicht erwiesen. Zwar sind Zeugen vorhanden, welche es auch einst
besiebnen werden, er habe gegen seinen Bruder Mord-
drohungen ausgestoßen, Gifft von einem Landstorcher
gekaufft, die Magd aus der Küche geschafft, in den
Suppentopf ein Pulver geworffen —

Gramf. Und warum thun diese nicht, was ihres
Amtes ist?

Stuhlgew.

Stuhlgew. Schwachheit und Irrthum sind von Layen so unzertrennlich, wie Nässe und Kälte vom Schlackerwetter. Die Zeugen von diesen Untugenden, so viel immer möglich, zu befreyen; hat ihnen ein vorsichtiger Schöppenstuhl befohlen, als Betfahrer, unsrer lieben Frauen Bilder zum Schnee in Rom, zum guten Rath in Madrid, aus Glockenspeise zu Edessa 52) zum Schweiß in Ravenna, zum englischen Gruß in Nazareth, von der Milch zu Bingen und auf dem Berge in Pareis zu besuchen: um dort ihrem Gewissem Schneesreinheit, ihrer Bruderliebe guten Rath, ihrer Stimme Glockenton, ihrem Willen Schweißesunpartheylichkeit, ihren Worten Engelswahrheit, ihren zum Eyde aufzuhebenden Händen Milchsweiße und ihrer Aussage Bergesvestigkeit zu erstehen. Sobald diese Zeugen alle wieder zurückgekehrt seyn werden; soll man Gericht hegen über den Beschuldigten, der, um die heilige Jungfrau den Pilgern geneigt zu machen, wöchentlich ein Erkleckliches in den Armensäckel des Staats werffen läßt.

Gramf. Ey, dann ist der Mann gewiß unschuldig.

42) Dieses Bild hat die Frau, welche Christus vom Blutgange heilte, (Luc. VIII.) aus Glockenspeise machen lassen und der Kirche des heil. Alexius zu Edessa geschenkt.

Stuhlweg. Dies hoffen wir auch, und in Erwä=
gung deſſen, iſt ihm vergönnt worden, ſich zu ergehen,
damit ihn nicht die Kerkerluft vor der Zeit hinwegraffe.

Gramſ. Des Lobes und der Nachahmung werth!
Und werd' ich das Betragen der guten Katzgrunder ge=
gen Anrüchtige aller Orten zu rühmen wiſſen.

Wie die arbeitſamen Bienen umherflattern im
Korbe, unter welchem der Wärtel ein Schmauchfeuer
anlegte, ſie zu erſticken; ſo unruhig erwarteten Katz=
grunds Schöppen die Ankunft des Volks und des Bet=
fahrers. Sie wußten, daß ihr Korb Luftlöcher habe;
aber nicht, ob dieſe lange unverſperrt bleiben würden.
Drückendſchwer lagen auf ihnen die Ausdünſtungen ih=
res Muthes. Mit der willenloſen Ergebung eines Bie=
dermanns in ſein Schickſal, der, bey einem Aufruhr,
zugleich mit den Empörern gefangen genommen, wäh=
rend eines Erdbebens des Kerkers Einſturz erwartet;
ahndete ihnen der Umſturz der geſetzgebenden, geſetze=
vollziehenden Gewalt, die ihren Schultern aufgebürdet
war, zitterten ſie vor dem Gedanken: wie mancher Un=
ſchuldige ſein Grab unter den Trümmern finden müſſe.
Das Gewiſſen, der hämiſche Gaukler, welcher dem
Manne am willigſten ſeine Zauberlampe anzündet, der
es, bey allem Bewußtſeyn ſeiner Rechtſchaffenheit,
nicht vergißt, wie weit ſeine Thaten immer hinter ſei=

nem Wollen zurückbleiben, erhellte in dem Dunkel,
das die Mitleidsfurcht der Schöppen bildete, einen
Kreis, und schob das, was ihre Wünsche noch immer
für Bürgerfreyheit hielten, unter mancherley Bildern
ihrer Umwandlung hinein. Besorgend, die treffendsten
Darstellungen könnten vielleicht verkannt werden, er=
klärte er, wortreich, wie ein Bänkelsänger, was sich an
der weißen Wand abschattete, und erhielt die Schöp=
pen durch Fingerzeige und Mahnen zum Acht haben
und Aufschauen wachend.

Ist zu schau'n ein großer Stein — so sang zum Ge=
dudel der Leyer, Meister Gewissen — grob, unbe=
hauen, gar nicht fein; soll der Gesammtheerd seyn.
Jedermann Holz zum Feuer trägt, Jedermann sich
hastet und regt. Das Feuer ihm brennt zu Wärm' und
Licht; auch keinem Nachbar Schaden geschicht. Und
giebt freywillig Jedermann, nimmt Jeder des Andern
Töpfe sich an. Ha, wie sie kommen, laufen und sprin=
gen, und Einer noch mehr denn der Andre will brin=
gen. Weh! der hat sich die Finger verbrannt! Wie
er hinter's Ohr fährt mit der Hand, wie er sie schlen=
kert! Wohl aufgeschau't! der schüttelt die Funken
sich von der Haut. Bautz! Da stürzt Einer in die
Brunst! Dir hilfft nun weder Gebet noch Kunst. Solch
übergroß Unglück nicht mehr zu erleben, thut man

R 2

den Heerd mit Zäunen umgeben. Dubelbum, bubel=
bey! Herbey, ihr Leutlein, herbey.

Schaut, ist zu sehn der umzäunte Heerd. War
ehmals viel, und was jetzt werth? Kommen dort drey=
zehn Männer her; schleppen einen marmorn Würffel
schwer, formen nach dem Würffel den Stein, meißeln
tiefe Zapflöcher hinein, glätten des Heerdes höckriges
Rund, vesten ämsig den Würffel drauf, und nun ist
der Heerd zur Stuffe gemacht, den besteigen die Drey=
zehn — gebt wohl Acht! wenn auf dem Altar das
Feu'r sie so schüren, daß ihn ein gleichförmiges
Flämmchen mög zieren. Dubelbum 2c. 2c.

Laufen noch immer viel Menschen hinzu, keuchend
und schwitzend, ohn Rast und Ruh, freu'n des statt=
lichen Altars sich sehr, seh'n zwar nur der Flammen
Spitze, nichts mehr; wähnen und meinen, sie könne
doch wärmen, woll'n sich nicht um die Zukunft här=
men. Hier kommt Einer mit Holz gerannt, Urkunden
und Briefe trägt der in der Hand. Dieser hat
seine Kindlein bestohlen, ihre hölzernen Pferde ver=
wandelt in Kohlen. Das werffen sie alles ins Feuer
hinein. Woll'n wünschen, es möge sie nimmer getreu'n.
Dubelbum 2c. 2c.

Finstre Nacht ist's. — Da scharren in Säcke die
dreyzehn Männer das ganze Gepäcke von Bullen und

Brieſen, von Kohlen und Holz, zieh'n heim damit
ohn Schaam und Stolz. "Soll ſpitz, Confratres, die
„Flamme auflodern, dann darf ſie zur Nahrung nicht
„halb ſoviel fodern, ſonſt gäb's ein Geflacker, gäb's
„ein Gebraus, und mit des Flämmchens Schönheit
„wär's aus. Am Heerde nicht Töpf noch Tiegel mehr
„ſteh'n, kann drum die Flamme ſtracks himmelan
„gehn". Dudeldum ꝛc. ꝛc.

Eine ſteinerne Röhre aufs Flämmchen man ſetzt,
damit es nicht Wind noch Regen verletzt, und nichts
die ſchläu'en Quackſalber mög ſtöhren, die Narr'n um
Kohlen und Holz zu bethören. Von des Würffels
Ecken dampft Weihrauch zur Lufft, verbreitet ſüßen,
kitzelnden Dufft; doch mangelt der Krautqualm der
Wärme, des Lichts, auch brodelt in Töpfen und Tie-
geln jetzt nichts. Zum Himmel ſteigen die Wolken
empor. Vom Himmel kommts Licht uns — ſchreiet
der Thor der argen, unvergelübdeten Pfaffen — und
drinnen da brennt es. Schauet, es gaffen die Gaßen
mit offnen Augen zum Gaul, und ſind auch zum Ruſe:
drinn brennt es! — nicht faul. Dudeldum ꝛc. ꝛc.

Alle guten Geiſter! Buh! Nächtliches Graus! Da
gießen das Flämmchen die Dreyzehn gar aus, die Aſch'
in ein goldnes Flämmlein man thut, das hoch auf dem
Gaul ſeit jener Nacht ruht. Drinn brennt es, glau-

ſet! Jubelt der Chor — glaubt, aus ben Wolken
leckt's Flämmchen hervor. Dudelbum ꝛc. ꝛc.

Wir glauben! Wir glauben! Zähnklappern die
Gaßen, und können vor Froſt ſich nirgend wo laſſen.
Wir haben und wiſſen — frohlocken im Chor die Dreyzehn aus ihren Gemächern hervor — Wie heißt's ſich
ſo fein mit andrer Leut Kohlen, o, wüßten wir ihrer
nur mehr noch zu holen! Zur Wolluſt, zum Stolze,
zur Uebermuthsruh, wohl hört ein voller Holzſtall
dazu. Dudelbum ꝛc. ꝛc.

Am Saul der Unrath ſich ellenhoch häufft, kein
Körnlein zum Guten veſt Mutterland greifft, die Dreyzehn zertreten's bey'm Weihrauch entzünden, wie kann
es dann Freyheit zum Keimen noch finden? Gehaltlos
und ſchwammig umgreifen den Zaun Pilzchen und
Mooſe — beliebt nicht zu ſchau'n? Wo nur ein
Stämmchen vom Boden ſich hebt, der Geſchechterey-
pich ſich ſtracks darum webt, der ſaugt ſich wohl höher, aber nie fetter. So war's in Katzgrund. Jetzt
ändert ſich's Wetter. Dudelbum ꝛc. ꝛc.

Wohlaufgeſchaut! So wird's einſt ſeyn! Nie-
dergeſtürzt der Saul, unbeweglich der Stein —

Licht aus! Licht aus! — ſchrieen die Schöppen,
und ſuchten die Lampe auszublaſen; aber das Bewußtſeyn ihrer unſträflichen Abſichten benahm ihnen den

Athem. Da ertönte vor der Pforte ihres Kerkers helles
Schellengeklingel. Dem wohlbekannten Ton horchten
sie williger, als dem, ihnen so verhaßten, Dudeldum,
dudeldey des unsichtbaren Bänkelsängers. Schnell
öffneten sie die Thür, überzeugt, so lange Sylvester
noch freyen Zutritt zu ihnen habe, sey noch nicht alle
Hoffnung zur Rettung des Volks verschwunden, und
der Pöbel, welcher einem Schalksnarren nachlache und
seiner Bockssprünge sich freue, noch empfänglich für
Tändeleyen und nicht stark genug, die Kinderklapper
an der er nage, der Wärterinn wider den Kopf zu werffen
und die Ruthe gegen sie selbst zu kehren. Sylvester,
vom Stuhlgewaltigen heimlich angestiftet, den Schöppen Gramsalbus Gestalt zu malen, trat mit ernsthaft
gezerrtem Gesichte in die Halle, und begann, ohne
die ansehnliche Versammlung zu grüßen, also mit kla-
gender Stimme:

Gebt mir den Abschied, Väter Katzgrunds. Zween
Narren können sich eben so wenig neben einander vertra-
gen als zween Pfaffen auf Einer Kanzel, zween Stiere
in Einer Heerde oder zwo Kebsweiber in Einem Hause;
und der dicke Mönch, den ein Unstern hierher führte,
überwindet mich schon durch sein Aeußeres. Ein Fleischklumpen, den Abt und Wardian zum Bären leckten,
den der Klosterhonig fett fütterte, nach welchem er

auch außer der Zelle, mit weit aufgerißnen Nüstern,
umher schnüffelt, dem die Geissel eine Bewegkraft gab,
wie sie ein träger Hund zeigt, der sich lagern will;
mit einer Fasnachtslarve, die aus eitel Floskeln der
sieben Bußpsalme, zwischen welche ein Schalk Reim-
lein aus Trink- und Buhlliedern klebte, zusammengesetzt scheint; im Besitz einer Stimme, die zugleich an
das Grunzen eines Schweins, an das Blöcken eines
Hammels und an das Todesmeckern eines Hasen erinnert; begabt mit einer Unverschämtheit, die Gott und
Menschen außer Fassung bringt, und einem Vorrath
von Narrheit, der euch und eure Kinder, bis ins tau-
sendste Glied, vor dem Ersticken an eigner Weisheit
sichern würde: ein solches Geschöpf schlägt mich zu
Boden, wenn nur sein Dunstkreis den meinen berührt.

Rasch sprangen die Schöppen von den Bänken und
fielen, von Volksliebe hingerissen, dem Narren um
den Hals. Noch war er ihren stürmischen Liebkosun-
gen ausgesetzt, als er den Betfahrer die Steige hin-
aufplumpen hörte, und gleich stimmte er in demselben
Ton den Lobgesang an:

Ein Mann, den Engel und Heilige zum Wunder
der Welt erzogen, den Himmelsmanna nährte, deß er
sich willig entäußerte, um uns, durch seine Erscheinung, zu beglücken; dem die Menschenliebe eine Be-

wegsamkeit gab, wie die Schwalbe zeigt, wenn sie bey
regenschwangrer Lufft nach Aßung umher fliegt; mit
einem Antlize, der Verehrung und Anbetung, wie Ve-
ronika's Schweißtuch wehrt; im Besiß einer Stimme,
deren bloßer Hauch Thränen trocknet, Kranke in den
süßesten Schlaf lullt und Unglückliche auf immer trö-
stet; begabt mit einer Demuth, die seinen Reichthum
als Armuth verschreit und einem Vorrath von Weisheit, der auf tausend Menschen vertheilt, jeden Einzelnen zu einem Salomo machen müßte: solch' ein
Mann ist der ehrwürdige Mönch, der meinen Schritten
folgt.

Gramsalbus hatte, schon seit dem Beginn dieses
Lobgesangs in der Hallenthür stehend, aufmerksam zu-
gehorcht, und seine Begleiter, durch Händewinken zur
Ruhe angehalten; kaum endete Sylvester, da trat er
vor, schlug den Narrn, der zusammenfuhr, als hab'
er den Franziskaner nicht so nahe geglaubt, auf die
Schulter, und sprach:

Ja, da hat der alte Waidspruch einmal wieder
Recht: Kinder und Narren reden die Wahrheit. Und
soll euch nun die verdiente Strafe eures Frevels erlaß-
sen seyn, sintemal ich schon, durch Kreuzschlagen, die
exkommunizierten Speisen um allen Gifft gebracht habe,
daß sie mir also nicht schaden können. Aber ihr Herrn

von Katzgrund braucht darum, weil ich Ich bin, nicht
vor mir niederzufallen, denn ich bin so demüthig, daß
ich, gleich dem Bruder Jakopon, meinem nackten Leichnam könnt' eine Eselshaut überwerffen, meinem Munde
Zaum und Gebiß einzwängen, und auf allen Vieren ge-
hend, mich von ehernt Mann durch Katzgrund reiten
lassen; falls irgend einer armen Seele im Fegfeuer dadurch ein Tröpflein Wasser auf die Zunge mögte gebracht werden. Und hab' ich euch und eure Stadt blos
deswegen vom schrecklichsten Untergang' errettet, weil
es mir ein Traumgesicht offenbarte, daß ihr so einge-
netzt wärt. Und verlang' ich auch keinen Lohn dafür;
nur mögt ihr unsern Heiligen bedenken, den Vormund
meiner hundert und zwanzig Klosterbrüder daheim, der
elternlosen Waisen, die am Morgen nie wissen, auf welchem Acker der Rogken gewachsen, der ihre Magen bis
zum Abend vor dem Zusammenschrumpfen sichern wird.

· Den Stuhlherrn und seine Gesellen schnellte die
Freude, daß ihnen der Volksverführer den Sieg über
sich so erleichtere, von den Bänken; um aus dem Gemeinsäckel, der an eisernen Ketten von einer Stange
herabhing, für den Vormund der Klosterwaisen, einen
Dankpfennig zu nehmen. In der Betäubung achteten
sie nicht darauf, daß die Stange zwar stark genug sey,
den Säckel, doch nicht die Last aller-derer, zu tragen,

welche sich jetzt, wie Fliegen an einen Honigwaben, um
und an den Beutel häkelten. Die Stange brach, der
Säckel platschte nieder. Aller Hände wollten ihn be»
greifen, und Aller Füße hatten nicht Spielraum genug,
auf dem engen Tummelplatze, den der Mammon gränz»
te, Stand zu halten. Der Haufe verlohr das Gleich»
gewicht, torkelte wider die Stadtfahnen, an die Wände
des Gemachs gelehnt, stieß diese und sich selbst zu Bo»
den und schlenkerte auf den Mönch hin, der niederge»
hockt war, in Hand und Mund, in Kapuzenschooß und
Aermel, das umhergeschleuderte Geld zu raffen. Ein
hohler, dumpfer Schrey um Lufft und Erbarmen tos'te
stracks aus dem vollgepfropften Munde des Betfahrers,
und erschreckte die Stuhlgenossen um so mehr, da sie
nie einen Ton gehört hatten, dem ähnlich, der unter
ihnen hervorsaus'te. Wie Frösche aus einer Pfütze,
über welcher Entenflott sich ausbreitet, steckten sie die
Köpfe durch die zerfetzten, verschimmelten Paniere,
und wußten nicht, wohin sie die Dampfkolben der
Weisheit schnell genug wieder bergen sollten, da sie
jetzt von Faust» und Stockschlägen der Gassen etwas
unsanft berührt wurden. Diese, welche neue Welten
in ihrem Freyheitsrausche sahen, hatten nicht bemerkt,
wie ihr Günstling der Mittelpunkt des Haufens gewor»
den war, wähnten, ohne Grund, die Schöppen hätten

sich auf ihn geworffen, ihn zu erdrosseln, und suchten
nun, seinen Menschenkerker zu sprengen. Schon ver=
setzte die Fleischeslast dem Franziskaner den Athem,
er röchelte kaum noch, und vermochte kein andres Glied
zu bewegen als den Mund, der grade unter der Kehle
eines Stuhlgenossen lag. Weit öffnete er den Rachen,
drückte die Zähne in den Hals des Schöppen, und
preßte sie, zu eben der Zeit, da die Gasen den Hau=
sen von außen bestürmten, so wacker zusammen, als es
ihm nur das Gold in den Backensäcken erlaubte. Wie
ein schlafender Igel, dem ein hartherziger Waidmann
glühende Kohlen zwischen die stachellose Bauchhaut
schob, auffährt und Moos und Blätter von sich wirfft;
so riß sich der Gebissene auf, schüttelte seine Gesellen
von sich, und sprang mit gräßlichem Geschrey von
Gramsalbus empor, der nun das Gold ausprudelte,
an dem er beynahe erstickt wäre.

Eine tiefe Stille folgte dem Getümmel des Fallens
und Zusammenraffens. Die Schöppen schwiegen, theils
vor Schaam, theils vor Schrecken, daß die Faust= und
Knittelschläge der Gasen ihr Eporkommen befördert hät=
ten; diese hielt die Bescheidenheit ab, ihre Vorschnellig=
keit, einen hochpreislichen Schöppenstuhl wieder aufrecht
zu stellen, zu loben, und Gramsalbus ließ sich noch nichts
verlauten, weil er vorher mit sich einig werden mußte,

wodurch er seine Geldgier entschuldigen könne. Aber
früher, denn die Schöppen über ihre Bestürzung und
die Bürger über ihre Bescheidenheit, siegte er über
Schaam und Schande und rief: Für unsern Heiligen
sollte das Geld seyn, nicht wahr, liebe Leute? Ja,
ja, wer nur Holz zu einem Glockenstuhl liefert, dem
schießt der Teufel verolmtes unter! Und sah ich ihn
sitzen den bösen Feind auf dem Säckel, in Gestalt einer
dicken Raupe, und beschloß ich bey mir, ihn zu fahen;
drum fiel ich mit allen meinen Oeffnungen über ihn her.
Und hab' ich ihn auch gefangen, und eh' er noch eine
andre Gestalt annehmen konnte, ihn gebannt in die Lü-
neburger Haide: und öffnete er bey seinem Abzuge schier
also den Menschenhaufen, wie gährendes Bier den
Faßspund. — Das Geld kann nur unser Heilige nutzen;
denn der Teufel hat drüber gebrütet, und würd' es,
käm's in die Gewalt eines Layen, Taschen und Tru-
hen in Brand stecken und groß Unheil anrichten.

Es wird euch zu sichern Händen aufbewahrt, Hochwürdiger Vater — antwortete der Stuhlvertraute, den
Zipperleinsnachwehen auf seinem Sitze vestgehalten und
ihm Ruhe und Kaltblütigkeit gelassen hatten, dem Rin-
gelfalle um den Mönch zuzusehen, und die Habsucht
des Kuttenträgers, wie die Vermessenheit der Gatzen,
nach ihrem Werthe, zu würdigen.

Jetzt hatte sich auch der Herr hinlänglich erholt,
um den Betfahrer willkommen heißen zu können, und
des Danks zu erwähnen, der ihm werden solle, sobald
nur Schöppen und Gaßen von Katzgrund darüber einig
seyn würden, wie man solche Verdienste belohnen
müsse. Denn — sagte er — wer sich im Belohnen
übereilt, handelt offt sträflicher, als selbst der Undank-
bahre; und wenn gleich die Thaten eines Mannes die
ähnlichsten Züge zu dessen Konterfay liefern: so pflegen
doch gemeiniglich die geschäfftsfreyen Stunden, wenn
ein großer Mann den Freunden der Geselligkeit sich über-
läßt, die beste Auskunft zu geben, wie man die Edel-
thaten eines Biedermannes so vergelten könne, daß
ihm, der Lohn, seiner Bestandtheile wegen, angenehm
sey. Um uns nun die Gelegenheit, so bald als möglich, zu verschaffen, euch unsre Schuld in einer Münze
abzutragen, die eur Wohlgefallen stempelt, Hochwürdiger Vater; wollet ihr euch jetzt zu einem Bankete
hinbemühen, das eurer und unsrer im Kellergeschoß
dieses Hauses wartet,

Gramf. Ey, was ihr sagt, gestrenger Herr, es
wartet? Unrecht ist's, Sünde, Jemand auf sich warten zu lassen, besonders die ältesten Freunde des Menschen, Essen und Trinken. Kommt! Kommt! Und
ihr guten Bürger Katzgrunds geht jetzt heim zu euern

Weibern und Kindern; und erzählt dort; wie gar gros-
ses Heil ihnen und euch durch mich wiederfahren. Wir
sehen uns heut noch; ich denke, ihr versammelt euch
um die Vesperzeit auf dem Markte. — Hier wird doch
hinter uns zugeschlossen, ihr Herrn Schöppen? Es ist
nur des Geldes wegen, das ist gar nachgreifische Waare.
Und mögt' ich auch wünschen, daß dieses Gemach, wie
andrer Orten sittlich, hübsch mit Balken und Bohlen
gedeckt wäre; denn man hat Beyspiele, daß sogar Raben Gold gestohlen haben. Nun, laßt ihr's euch stehlen; so müßt ih.'s unserm Heiligen wieder ersetzen:
ich weiß schon, wie viel es ist. Wohlauf zum Banket.

Er eilte mit den Schöppen, die neben ihm hergin-
gen wie Häscher bey dem ertappten Hehler einer Diebs-
bande, zum untern Stockwerke. Die Saßen folgten
ihnen nach. Kalter Trotz lag auf den Gesichtern der
Meisten, und Einer raunte dem andern zu: So muß
man's beginnen, um sich die Freyheit zu erhalten. —
Ihren Weibern und Kindern wurde, an dem Tage, das
Joch des Ehestandes und der Unmündigkeit noch einmal
so schwer gemacht als gewöhnlich.

In Katzgrund trieb sich, seit Jahresfrist, ein Mensch
herum, der beynahe sich selbst mißkennen mußte, weil
er von seinem Thun und Lassen, so oft er auch darum
befragt wurde, eine Lüge erzählte. Eigentlich war er

ein entsprungener Mönch, der deswegen der Regel keinen Geschmack abgewinnen konnte, weil im Kloster der
Müßiggang als ein ernsthaftes Geschäfft angesehen,
und nach einer gewissen Vorschrift betrieben wurde, und
er alles verachtete, was den freyen Menschenwillen in
die Fesseln der Ordnung schmiedete. Kaum hatte er das
Scapulier abgeworffen, so fühlte er schmerzend, daß
die Weltleute sich sogar ein Verdienst daraus machten,
der einmal eingeführten Ordnung im Leben und Leben-
lassen, Wollen und Verabscheuen, Zusammenknüpffen
und Trennen, Beginnen und Aufhören, Weinen und
Lachen, Befehlen und Gehorchen, treu und hold zu
bleiben; daß sie den für einen weisen und guten
Mann hielten, der seinen Pfad zur Grufft schnurgrade
bahne, und ihn, ohne Absprünge, so lange nieder-
kampfe, bis er sich selbst drinn begrabe; daß jeder Ab-
sprung benasrümpft, bespöttelt und beseufzt, ja zum
Verbrechen gemacht werde, wenn irgend ein Schwächling dadurch in seinem Ameisen- oder Faulthiersgange
gehindert werde, und daß dies Bahnebnen zum
Gottesacker eigentlich das sey, wozu Menschen
sich erziehen ließen oder selbst erzögen. Seine Unzufriedenheit mit dieser Ordnungsliebe wurde noch dadurch vermehrt, daß man von ihm für das Brodt, so
er aß, Arbeit, für das Haus, so er bewohnte, Miethe,

für

für Almosen, die er erbettelte, Dank verlangte. Um nun nicht durch die Noth gezwungen zu werden, diesen St. Veitstanz mittaumeln zu müssen; gesellte er sich zu einer Horde Gaukler, die von Stadt zu Stadt, von Burg zu Burg zogen, an den Festtagen der Erzheiligen Mysterien aufführten, oder, wenn sie unbeschäftigt waren, Kaufleute und Reisende überfielen, und dem lang vorher berechneten Umlauf ihres Geldes eine unregelmäßigere Richtung gaben. Ihnen war alles, was nur einen Schatten von Ordnung bezeichnete, verhaßt; auf ihren Brettergerüsten spotteten sie aller Wahrheit und Natur, auf den Landstraßen jedes gesellschafftlichen Uebereinkommens. Unter diesen Menschen lernte Bruder Elias zuerst das Leben schätzen.

Aber bald begann selbst das Mancherley dieser Handthierung ihn anzuekeln, weil es doch einen Umriß von Ordnung durch das wiederholte Darstellen einer und derselben Mysterie; durch das ähnliche Ende des Lebensschauspiels der von ihm und seinen Gefährten beraubten Pilger, gewann; drum machte er sich zum Gelegenheitserspäher seiner Brüder, und hielt sich in den Städten auf, welche unfern der verödeten Burg lagen, wo die Gaukler ihren Sammelplatz hatten. Als ein Mönch vom Berge Sinai erschien er überall, so auch zu Katzgrund. Die Unordnung und Unbestimmt

heit in seinen Antworten, wenn man ihn um Zweck
und Absicht seines Nichtsthuns fragte, empfahl ihn
den Bürgern der Gnadenstadt. Er warff ein Paar
dunkle Worte dem Frager hin und überließ es ihm
dann, sich daraus ein zusammenhängendes Ganze zu
bilden; wohl wußte er, daß den mehrsten Menschen die
halbfalsche Wahrheit, die sie, mit Hülffe ihres Nach-
denkens ergrübelt zu haben wähnen, mehr gilt, als die
zutreffendste Wahrheit, die ihnen von Klügern, Ge-
nauunterrichteten gesagt wird. Daraus folgte dann, daß
Jeder, verschieden von dem Andern über ihn urtheilte;
aber zugleich durch Vertheidigen seiner Meinung von
dem Sinaiten, den Sinaiten selbst vertheidigte. Die
Gnadenbürger gelangten durch diese Sucht, Recht zu
haben, zu dem, was das bloße Daseyn zum Leben er-
höh't, zu einer Art Theilnahme an irgend etwas, das
ihren Wannst nicht so unmittelbar anging als Speiß
und Trank, bequeme Betten und warme Wämmßer.
Zwar brachte sie dies um manche Stunde, in welcher
sie, mit wiederkäuender Ruhe, sich des sichern Plätz-
chens freu'ten, worauf sie verdauen konnten; zwar riß
es sie offt aus dem weichen Bette der Gewohnheit und
stellte sie der Nachtkühle bloß: aber es schien ihnen
doch so zu behagen, daß sie dies Theilnehmen vom Sinaiten auf ihre Staatsverfassung lenkten, welche ihnen

bis dahin kaum der oberflächlichsten Aufmerksamkeit
werth war. Sie forschten nach Ursachen und wurden
unzufrieden, daß die Weisheit ihrer Schöppen, gemeiniglich, statt aller Ursachen dienen mußte.

Den Augen der Volkshirten entschlüpfte der Wilde
nicht, welcher sich unter die zahmgescheuchte Heerde
gemischt hatte; sie gaben auf jeden seiner Sprünge
Acht, und kirrten ihn bald dahin, mit ihnen gemein-
schaftliche Sache zum Besten des Ganzen zu machen.
Wozu sie ihn nur gebrauchen wollten, dazu ließ sich
der Sinait willig brauchen; bald zum Hunde, wenns
drauf ankam, die Heerde zu versammeln, bald zum
Bellhammel 53) wenn sie eingepfercht oder geschoren
werden sollte, und bald zum Wolfe, wenn ein räudiges
Schaf gewürgt werden mußte, daß es die Uebrigen
nicht anstecke.

Seit dem Umsturz des Schächerthurms und dem
Vermauern der Stadtthore, welches den Unwillen der

53) Vom niederländischen Worte Belle (Schelle) und
Hammel. Eigentlich ein Hammel, dem man eine
Schelle anhängt, damit er von der Heerde könne ge-
hört werden. Figürlich, ein Mann, der in öffentlichen
und bürgerlichen Versammlungen das große Wort führt,
und dessen schallende Beredsamkeit und Prahlerey bey
Andern so viel Gehör findet, daß sie ihm nachgehen.
Richey.

Bürger zur Sprache brachte, wurde es dem Sinaiten
immer läſtiger, den Schöppen und Gaßen zugleich zu
dienen, weil er das Gleichgewicht nicht erhalten konnte,
in welchem er zwiſchen beyden ſchwebte. Bald ſtieß er
auf dieſer, bald auf jener Seite an. Schöppen und
Gaßen mißtrauten ihm ſchon; fanden es nöthig, ihn
bald zu ächten; nur ließen beyde Partheyen den Wunſch
noch nicht laut werden, weil ſie immer noch hofften,
mit dem Sinaiten einen Platz ausfüllen zu können,
wohin ſich nie ein Katzgrunder wagen werde. Der Augenblick war jetzt gekommen und die Vaterſorge der
Schöppen nutzte ihn zuerſt.

Unter den Haufen, der den Betfahrer zum Stuhlhauſe geleitete, hatte ſich Bruder Elias klüglich ge-
miſcht. Bey den Bürgern ſchmeichelte er ſich dadurch
ein, daß er ihre Zahl vermehrte, und die Gunſt der
Schöppen erhielt er ſich noch dadurch, daß er es zu
ihrer Kunde brachte, an welchem Gliede des Staatskörpers jetzt der Höllenſtein zu gebrauchen ſey, um das
wilde Fleiſch wegzubeitzen. Das nahe Ende ſeines
Aufenthalts in Katzgrund ſah er vor ſich, und Gramſalbus Waidſack, an den er, im Vorüberachen, ge-
klopft hatte, verſprach ihm einen guten Zehrpfennig
zur Wanderſchafft. Als die Gaßen die Halle räumten,
winkte der gichtbrüchige Stuhlvertraute den Sinaiten

zu sich, daß er ihn zum Banket führen solle, und ließ
ihm, unterweges, die Wahl: ob er innerhalb zwölf
Stunden, nach Ausführung eines edeln Streichs und
mit Zehn Goldgülden in der Tasche, von Katzgrund
fliehen, oder nackt und baar, durch Schergen hinaus=
gegeißelt werden wolle. Ohn Bedenken war der Si=
nait zum ersten eubschlossen, und vernahm, im Speise=
saale hinter dem Stuhlvertrauten stehend, heimlich
von diesem den Plan zur Heilung der Gatzen und zur
Entfernung ihres Verführers.

Dem Betfahrer lähmte nicht die schwächste Ahndung
die Kräffte zum Essen und Trinken. Nach seiner Weise,
über Tisch wenig zu sprechen, weil man dann etwas
bessers thun könne, richtete er sich auch jetzt; nur zu=
weilen entfuhr ihm eine Lobpreisung der katzgrundischen
Köche, und einigemale, wenn er den Becher geleert
niedersetzte, drückte er freundlich schmunzelnd seines
Nachbars Hand. Die Bereitwilligkeit mit welcher die
Schöppen zum Gemeinsäckel eilten, dem heil'gen Cy=
riakus einen Dankpfennig abzuzählen, hatte den Mönch
vorher schon für sie eingenommen; noch günstiger ih=
nen machten ihn die Menge der Schüsseln, welche auf=
getragen wurden, und die großen Krüge voll Rüdeshei=
mer, so die Lufft der Halle mit dem würzigsten Reseda=
dufft schwängerten; und seiner herzigsten Freund=

schafft verficherten sich die Schöppen dadurch, daß sie
nur wenig aßen und tranken, und immer heimlich mit
einander — Gramsalbus wähnte, über die beste Art,
ihn zu belohnen, — sich besprachen. Das Geklingel
der güld'nen Amtsketten regte zugleich ein Gefühl in
ihm auf, wie es ihn zu durchschaudern pflegte, wenn
er im Kloster zur Prime läuten hörte, ein Gefühl, der
strengen Nothwendigkeit sich zu fügen, deren Fesseln
man nicht zerbrechen könne; und der Gedanke, ohne
Volksbeystand sey er jezt allein in der Gewalt der
Volksrichter, die ihm alle fremd waren, gegen welche
er sich aufgelehnt, welchen er getrotzt hatte: besiegelte
den Endschluß, nun ihrer Sache sich anzunehmen.

Je satter, desto gesprächiger wurde er; erkundigte
sich, wie oft man in Katzgrund täglich esse; fragte:
Wie viel Ohm dort ein Stückfaß Wein halte? Ob die
Nebelluft der Gegend nicht wacker zehre? Kurz und
abgebrochen, denn noch waren die heilgen drey Könige
von Katzgrund nicht einig über die sicherste Art, ihr
Vorhaben auszuführen, wurden seine Fragen beant-
wortet und er dadurch noch mehr zur Höflichkeit und
Nachgiebigkeit geschreckt. Von tausend Dingen begann
er zu reden; endlich quälte er das Geständniß hervor:
Es ist hier gar unruhiges Gesindel. Dies beja'ten fast
alle Schöppen zugleich. Als Gramsalbus merkte, sol-

che Worte fänden offne Ohren, warff er mit noch eini=
gen Brocken der Art um sich, welche eben so gierig,
wie der erste, verschlungen wurden. Weil er gerne et=
was sagen wollte, das allgemeine Theilnahme errege;
übertrieb er alles, wovon er seelbäderte, und brach
zuletzt in eine Strafpredigt gegen alles aus, was nach
Aufruhr und Empörung schmecke.

Höfisch entgegnete ihm der Stuhlherr: Wie gütig,
Hochwürdiger Vater, daß ihr euch unsrer annehmt.

Gramf. Bey den sechs heiligen Hochzeitskrügen
zu Cana sey es geschworen, es ist dies nicht mehr noch
weniger denn meine Pflicht. Und müssen Lehrer und
Obrigkeiten also gemeinschafftliche Sache mit einander
machen, wie Koch und Kellner in Einem Hause; denn,
wer Menschenwort nicht ehrt, spottet auch bald unsrer
Worte, und wer den Pfennig nicht achtet, kommt nie
zum Besitze eines Guldens, und wenn man dem Dresch=
ochsen nicht einen Maulkorb anlegt; so will er immer
lieber fressen als dreschen. Und mag, wer ein solches,
lindes Regiment, wie's hier herrscht, nicht tragen
kann, eines getauften Soldans Knecht werden, um
zu lernen, daß zwischen Mücken= und Scorpionstiche
ein gar mächtiger Unterschied sey. Wer satt ist, nagt
nur aus Uebermuth an den Knochen und thut unwirsch
aus eitel Bosheit, wenn er sich beklagt, daß man

ihm dergleichen vorsetze; aber einem Solchen ist auch
dann nicht anders zu helffen, denn daß man ihn hungern lasse, bis er das Fleisch von seinen eignen Knochen hinweggegrämelt hat. Und habt ihr Herrn das
Regieren schon so manches, liebe Jahr getrieben,
müßt's also doch besser verstehen, denn die Sachen,
welche nur regiert sind. Und gemahnt es mir grade so,
wenn ein Unterthan seinen Herrn tadelt; als ob jetzt
die heil'gen eilftausend Jungfrauen die Mutter Gottes
belehren wollten, wie und auf was Art sie vor Zeiten
das Jesuskindlein hätte an die Brust legen müssen.
Alles will geübt seyn, und so leicht auch ein gedeckter
Trüffelbrey zu essen ist; so schwer würd'-es doch, so gar
mir werden, ihn zu verfertigen.

Stuhlvertrauter. Vor einigen Stunden scheint
ihr nicht so gedacht zu haben.

Grams. Grade so und nicht anders; das kann ich
durch jede Art des Gottesurtheils beweisen. Und that
ich bloß, was ich that, um der guten Sache, welcher
nie der Sieg entsteht, Gelegenheit zum Kampf, also
auch zum Siege zu verschaffen. Und ist ja auf eurer
Seite Recht und Sieg.

Stuhlherr. Würdet ihr dies auch so deutlich und
offenherzig unsern Sachen sagen?

Gramf. Ey, warum nicht das alles und was euch noch sonst auf dem Herzen läge? Bin ich nicht ein Herold des heiligen Vaters, und hat ein Herold nicht Vollmacht und Befugniß, alles das zu sagen, was ihm aufgetragen, und darff doch Niemand ihm Leid noch Schmach zufügen?

Stuhlherr. Dies Uebereinkommen wird auch bey uns in hohen Ehren gehalten.

Gramf. Nun, was hätt' ich dann zu fürchten? Und will ich's dem Pöbel schon einmal so in's Gewissen schieben, daß ihm die Haut schaudern soll. Laßt nur erst die Ruhe in der Stadt wieder hergestellt seyn —

Stuhlgewaltiger. Dazu, glauben wir, würdet ihr am meisten beytragen können —

Gramf. Glaubt ihr? Nun, eur Glaube soll euch seelig machen.

Stuhlgew. Eine Predigt, heute, zur Vesperzeit, dem versammelten Volke —

Gramf. Ich — ? Jetzt — ? Predigen? In den Dauungsstunden? Das Regieren verkehrt ihr, liebe Herrn; aber man merkt's euch auch an, daß Predigen nicht zum Regieren gehöre.

Stuhlherr. (mit Nachdruck) Nur dadurch könntet ihr beweisen, es sey euch Ernst, für die gute Sache zu handeln.

S 5

Gramſ. Ey gerne, wer wollte ſich einer ſolchen Beweisführung —

Stuhlgew. (noch ernſter und feyerlicher als der Stuhlherr) Könntet darthun, daß ihr nicht gekommen, Unruhen zu ſtiften, ſondern ſie beyzulegen —

Gramſ. Freylich, obgleich das ſchon meinem Schatken anzuſehen, ohne daß ich ein Wort —

Stuhlvertr. — und euch vor Gott und der Welt
reinigen, daß die Worte in unſerm Ordelbuche: Wer
den Stadtfrieden ſtöhrt, ſoll geſäckt werden — nicht
auf euch anwendbar —

Gramſ. Ey, bewahren mich die Heiligen! Welch
Chriſtenkind wird doch ſo heidniſch denken und anwenden können? Alſo heute? Zur Veſperzeit? Soll ich
predigen?

Stuhlh. Fall's es euch beliebt.

Gramſ. Ey, ſo etwas muß einem Diener Gottes
ſchon belieben. Und ſoll't ihr euch entſetzen, wie ich
die Empörer demüthigen werde. Unter dem Hammer
meines Worts bleibt keins ihrer Gebeine unzerquetſcht.
— — Um eures eig'nen Beſten willen, geſtrenge Herrn,
wollet nicht darauf beſtehen, mich heute predigen zu
hören. Eine ſo gewaltige Gemüthsbewegung, eine
ſolche Herzenserſchütterung, gleich nach der Mahlzeit,
könnte für euch gar ſchlimme Folgen —

Stuhlvertr. Wir haben sehr mäßig gegessen.

Gramf. Das ist, unwidersprechlich, wahr. Und will ich's auch anführen in meiner Predigt und daraus folgern: man dürfe es euch nicht nachsagen, ihr fräßet der Wittwen Häuser. — Aber falls ich nicht irre, wird's houssen schon lebendig. Die Gassen sind schon auf dem Markt versammelt; und wer sich mit einem Riesen balgen soll, muß nicht vorher dessen Leibeslänge nach Zollen und Stichen ausmessen. Ich halte dafür, der heilige Geist komme jezt über mich; drum laßt mich zum Söller eilen, ehe die Himmelstaube wieder davon fliegt, und ein ander Nest sucht.

Wir begleiten euch — antworteten die Pfleger der Gerechtigkeit und schlichen, keuchend unter den Kobolden Furcht und Hoffnung, die auf sie gehockt waren, zum Söller, mit dem Betfahrer, der kaum des Leitseils seiner Gedanken mächtig blieb. Laut jubelten die Gassen ihrem Lieblinge entgegen. Das Freyheitszeigen, der Huth, mußte sie drücken, denn sie warfen es in die Lufft. Elias eilte, von Häschern beobachtet, unter's Volk, das, dicht auf einander gedrängt, den Markt bedeckte.

Ein Schöppe schrie durch das Gemurmel der Menge; Stille! Der weise Mann will reden — . Und alles Volk horchte.

Gramſalbus zog die Schultern zum Kopfe, als hätt' er heißgeſottene Eyer unter den Achſeln 54), bläh'te ſich einigemal auf, faltete die Hände und begann ſtammelnd:

Dieſe Speiſe geſegn' uns Gott und alle Heiligen. Amen!

Ihr Männer von Katzgrund. Wie einſt der heilige Antonius, ſo bin auch ich gezwungen, jetzt, zu dieſer ungewöhnlichen Stunde, vor euch zu predigen —

Pontius zupfte den Mönch an, und gleich ſetzte dieſer hinzu:

— und heißt das, gezwungen durch meine Freundſchaft für euch, die alſo klar, rein und lauter iſt, wie nur immer der edelſte Rüdesheimer werden, ſeyn und bleiben kann; und alſo ſtark, wie Noth und Tod ſind, welche Stahl und Eiſen und den Schmidt darzu brechen; und alſo dienſtfertig, wie ein Schutzheiliger und aus- und aufhelffend, wie Flaſchenzüge und Daumkräffte. Und wißt ihr jetzt, weſſen ihr euch zu mir zu verſehen habt, und will ich nun mit euch reden, wie ein frommer Wirth mit ſeinen Gäſten.

Unſer immer und ewig hochzulobende Vater, Sanctus Franziskus, dieſer Kreis ohne Mittelpunct, die-

54) Eine Art Kloſtertortur. Die Zeit ſie zu dulden, wurde nach Credo's beſtimmt.

ser Tag ohne Nacht, dieser Sommer ohne Unwetter,
dieses Licht ohne Schatten, wurde einst von einem Kardinal zur Tafel geladen, invitatus semel, und nahm
er auch diese Ladung an, wie billig jeder von uns würde
gethan haben. Aber eh' er sich hinbegab zur Pfalz Sr.
Eminenz, ging er von Haus zu Haus und bettelte Almosen, ivit pro eleemosyna ostiatim. Und als nun der
Gebenedeyte auf dem Ehrenplatze hinter dem Tische saß,
und ihm die köstlichsten Leckereyen vorgelegt wurden,
wollte er davon nicht essen; sondern nahm seinen Bettelsack von der Schulter, eleemosynas super
mensam posuit coram Domino Cardinali, langte daraus hervor verschimmeltes Brodt, zermilbte Käserin-
den, angefaulte Zwiebeln und was sonst auf die Tafel
solcher armen Schlucker zu gerathen pflegt, welche das
Gratias, aus übergroßem Hunger, vor und nach dem
Essen vergessen, und davon aß er. Deß sich
höchlich verwundernd, sprach nun der Kardinal: Ey,
Lieber, welche Schmach thatest du mir an? Quare
fecisti mihi verecundiam? Konntest du nicht der
schmackhaft zubereiteten Gaben Gottes die Hüll' und
Fülle hier erwarten; doch betteltest du dir ein Mittags-
mahl zusammen? Veniendo ad mensam meam invisti
pro eleemosyna? Dem also der Heilige entgegnet:
Zu gar großen Ehren soll es euch gereichen, magnum

honorem vobis exhibui, daß ich verſchmähe die Lecke­
reyen und eſſe dieſe Ueberbleibſel. Und er aß und gab
auch dem Kardinal und deſſen Geſinde davon 55).

Aus dem unergründlichen Schatze dieſer Geſchichte,
ihr lieben Brüder, will ich, zu euerm Frommen, einige
Schauſtücke nehmen, und unter euch vertheilen, welche
ihr tragen könn't, wie Anhängſel und geweih'te Denk­
zettel. Und ſind ſie von mir zu dem Ende ausgeprägt,
um euch zu beweiſen: daß, gleich wie einſt der heilige
Franziskus Recht hatte, von den Meiſterwerken des
Kardinalkochs nicht zu eſſen, auch eure Schöppen Recht
hatten, die katzgrundiſchen Thore nicht entmauern zu
laſſen; und wie nachher Sct. Franziskus mit gutem
Fuge das Bettelbrodt eſſen mogte, ſie auch, mit gu­
tem Fuge, die Mauern neben den Thoren durften nie­
derreißen laſſen.

Seine Regel, von welcher Pabſt Innozenz der dritte
weiſe ſagte, ſie ſey für Schweine, nicht für Menſchen,
verfaßt, verboth dem Heiligen von den Speiſen des
Kardinals zu eſſen. Was dem Heiligen die Regel, war
euern Schöppen das Geſetz, auch nicht für Menſchen,
ſondern —

Der Stuhlherr, dem nun völlige Gewißheit wurde,
Grabſalbus ſey bey allen Ge den nur allein in einer be­

55) Lib. conformit. I Fruct. 6. Part. 2. p. 47. Edit. 1590.

lagerten Stadt, die ausgehungert werden solle, aus
rechten Platze, um den Ort durch seine Freßgier den
Belagerern früher in die Hände zu spielen; gab dem
Sinaiten das verabredete Zeichen, die Miene anzuzün-
den, auf welche die Gaßen gelockt waren, um sie von
ihrem Verderben zurückzuschrecken. Schnell öffnete sich
Elias, durch Stoßen und Schlagen, einen Weg zur
Rügelandssäule, klimmte an den steinernen Ritter hinauf, schlang Schenkel und Beine um den Hals und
unter dem Kinne des Standbildes wieder zusammen,
stieß in eine Posaune und schrie mit einer Stimme, die
selbst den heiligen Bischof Ignatius, welcher der Löwen
Gebrüll, die ihn verschlingen sollten, kaum bemerkte,
erschreckt haben würde:

O, Volk! Volk! Höre des Herren Wort! So
spricht der Herr, dein Gott, durch den Mund seines
Erwählten Elias. Wenn du nicht abthust von dir den
Sündenschmuz, der dich zur Erde niederbeugt und dein
Herz überrindet mit einer Kruste, die bald jeder Warnung undurchdringlicher seyn wird, als Wintereis dem
Hauche eines Kindes; so will ich mein Antliz wenden
von dir, und Macht und Raum geben allen Teufeln,
Hexen, Alpen, Nixen und Kobolden, daß sie in dich
fahren von den Sohlen bis zu den Scheiteln, und in
dein Fleisch Würmer, Nadeln und Angelhaken zaubern,

und dich drücken und ängstigen, daß dein Blut die
Adern deiner Schläfen zersprenge, und deine Kinder
ins Waffer locken, ihren krötenzüngigen Wechselbälgen
zur Speise, und dich umtreiben in der Irre, wo dir
weder Sonne noch Mond scheint, noch ein Grashalm
zur Nahrung dir wächst, oder ein Thautröpschen dich
labet — —

Gramfalbus war seit dem Posaunenstoß ohnmächtig
niedergesunken. Die Gaßen schoben, wälzten und
wickelten sich, wie Wimpel um die Flaggenstöcke, wenn
ein Orkan losbricht, um die Rügtlandsfäule und hielten die Hände gegen den Himmel, daß sie der Blitz
nicht treffe, der, wie sie fürchteten, diesem Gewitter-
sturme folgen müsse.

Gegen Gottes Stellvertreter auf Erden — so fuhr
in seinem Feuereifer der Sinait fort — gegen seine
Gesalbten seyd ihr aufgestanden, ja, habt euch so gar
erkühnt, Hand zu legen an ihre geheiligten Leichname —

Die Schöppen schüttelten jetzt die erkünstelte
Schreckensbetäubung von sich und der Stuhlherr befahl
laut den Häschern, den Wahnsinnigen, der Katzgrunds
Schöppenschaft gegen die Gaßen verhetzen wolle, zu
fahen, und in einen tiefen Kerker zu werffen. Das
geschah, ehe noch die Bürger die Krafft wieder errun-
gen hätten, sich zu einer Parthey zu schlagen. Sie

ließen

ließen Hände und Augen allmählig sinken, und erhoben
oder wandten, ohne einen Fuß zu rühren, ihre Häup‐
ter gegen den Söller. Die, so sich des Verbrechens
schuldig wußten, den Mönch aus dem lebendigen Ker‐
ker befrey't zu haben, waren fast entseelt. Eine unru‐
hige Stille, wie sie der Taumelrausch zurückläßt in
der Trinkstube, wo die Trunknen vom Schlafe gefes‐
selt und geknebelt liegen, schwebte über dem Markte.

Der Herr unterbrach sie. Lieben Freunde und
Mitsaßen, erholt und beruhigt euch — so sprach er mit
sanftem Schmeicheltone. — Wohl ist oft eines Wahn‐
sinnigen Stimme Gottes Stimme gewesen; wohl hat
er oft durch den Mund eines Verrückten, das Blut eines
Bösewichts gefodert, an dessen Händen unschuldiges
Blut klebte: aber immer galt dies dem versöhnlichen,
gerne verzeihenden Beleidigten nur, was das Zeterge‐
schrey des Frevelknechts 56) bey'm Bahrrecht, der auf
Strang und Schwerdt klagt, dem Richter gilt. Noch
muß Gottes Urtheil über den Beschuldigten entscheiden.

Ob es nun gleich, leider! unläugbar ist, daß einige
unsrer Mitsaßen, deren Namen wir verschweigen, da‐
mit ihre Kinder sie nicht ändern dürffen, des Verbre‐
chens beleidigter Majestät schuldig sind; obgleich sie,
nach unsern Gesetzen, mit eisernen Keulen müßten zer‐

56) Fiskal.

Holzsch. I. Bd.   T

maimt, ihre Häuser der Erde gleich gemacht und die
Stätten mit Salz bestreuet werden; obgleich Vatermör-
der weder Gnade erhalten können noch sollen, und jeder
Hausherr besonders auf die Treue und Anhänglichkeit
seines Gesindes zu bauen berechtigt ist, nicht aber dort,
wo er schläft und unbewaffnet einhergeht, Meuchelmör-
der fürchten muß: so wollen wir doch, aus angebohrner
Milde und um den scheußlichen Anblick zu vermeiden, unsrer Brüder Blut fließen zu sehen, die schändliche Wag-
that in das Leichentuch der Vergebung hüllen, und sie dem
Grabesschooß der Vergessenheit überliefern. Zwar wären
wir, als Richter, verpflichtet, öffentlich die Ursachen unsers allzoigen Verfahrens anzugeben, und die Gründe f ü r
und w i d e r bekannt zu machen; aber wir hoffen diesmal,
wegen der ersten und einzigen Unterlassung unsrer Pflicht,
Verzeihung von unsern Mitbürgern zu erhalten, sintemal wir früher Menschen denn Richter waren.

Ein allgemeiner Freudenjubel tos'te vom Markte zum
Söller empor, und erweckte den Betfahrer, der nur
mühsam den Nothschrey: Fallt über mich, ihr Berge,
und ihr Hügel bedecket mich! zurück zwängte, da er den
Himmel noch vest über seinem Haupte gewölbt, die Erde
noch sicher unter seinen Füßen gegründet, erblickte.

Durch das Lobgeheul schallten einige Stimmen vor;
darum winkte d e r H e r r die Versammlung zur Ruhe
und fragte:

War's nur Täuschung unsers liebevollen Herzens, oder hörten wir würklich das Verlangen einiger Bieder-männer durch das Getümmel, uns heute von neuem zu huldigen?

Ihr hörtet es würklich — rief ein Stuhlfreund ge-gen die Kirche an, welche den Gebäudezirkel um den Markt schloß. Dem Volke däuchte der Wiederhall die-ser Worte vom Himmel zu kommen; es rief sie nach, sank nieder auf die Kniee — und huldigte.

Die Freude ließ nun das Panier der Verwirrung hoch flattern. Alle Kirchthüren sprangen auf und zeig-ten die Schätze der Heiligen. Alle Orgeln erbebten unter den Händen und Füßen der Scholaster. Trom-meln und Pfeifen riefen auf allen öffentlichen Plätzen den Pöbel zum Tanze. Alle Trinkstuben ertönten vom Lobe der menschenfreundlichen Schöppen und aus allen Betkammern stiegen brünstige Wünsche, um die lange, glückliche Regierung des Herrn zum Himmel. Die Zufriedenheit Aller zeigte sich in tausend sonderbaren Gestalten. Nur Sylvester schlich unmuthig zu seiner Klause, riß von seiner Kappe und Kolbe die Schellen, zerstampfte sie und sang dazu, Ecce, quam bonum, bonum et jucundum, habitare fratres in unum.

Gramsalbus, den die beglückten Katzgrunder zwar nicht vergessen hatten, aber doch von ihm, ohn' Unter-

suchung, glaubten, wie man gemeiniglich wähnt, wenn
man fröhlich ist, er tanze, wie sie, nach der Geige der
Freude, wurde mit Grauchen und dem Zwerge in das
Haus eines Stuhlsachwalters geherbergt. Die Urkunden über seine Siege hatte er ins Stadtarchiv, wo er
sie vor jeder Gefahr gesichert wußte, niedergelegt. Ihn
schwindelte noch von dem allen, was seine Sinne, seit
zwölf Stunden, erlitten hatten; drum wühlte er sich,
nach einer guten Mahlzeit, gleich ins Bette, um durch
den Schlaf seine Erfahrungen für die Bedürffnisse der
Folgezeit ordnen zu lassen. Kaum aber begannen die
Träume ihr Wunderspiel mit den, in seiner Seele zu-
rückgebliebenen, Bildern des Vergangenen, warffen
sie aus- und durcheinander, und setzten sie buntscheckig
und unpassend wieder zusammen; als der Wirth plötzlich ins Gemach gerannt kam, und durch Rütteln und
Schütteln die Staffeley der lufftigen, schälkischen Künst-
ler über den Mönch warff. Als ob der Pater, dem das
Tagsamt daheim in St. Cyriakuskloster oblag, bey
Tische, den Brüdern Stücke aus den Actis Sanctorum
vorzumaulen, ihm Geschichten aus dem Leben des heilgen Franziskus, die er längst mit ihrer Ursachen und
Folgen auswendig wußte, vorläse; so unachtsam, mit
wichtigern Dingen beschäftigt und schlaftrunken, unverschämt, hörte Gramsalbus der Erzählung des Sachwalters zu: wie der Schöppe, dem der Mönch am Mor-

gen in die Kehle gebiffen, innerhalb einer Stunde, gewiß alle Stuhlgenoffen und Freunde überredet haben
würde, daß der Thäter, noch in der Nacht, die Jungfrau küffen müffe.

Gramf. So? Mögen fie doch. Und ift daran noch
kein Mönch geftorben, wie ich hoffe, und ob ich gleich
das Gelübde der Keufchheit abgelegt, und auch nie —

Stuhlfachwalter. Guter Bruder, es fcheint, ihr
wißt nicht, was es heiße, die Jungfrau küffen.

Gramf. Sollt's billig nicht. Aber, man fetzt ja
wohl einmal einen Fuß vor's Klofter.

Stuhlfachw. Diefe Jungfrau befindet fich in einem
engen, dunkeln Gemache, —

Gramf. Glaub' und Liebe fehen auch im Dunkeln.

Stuhlfachw. — ift eifern, —

Gramf. Ich will fie fchon erweichen.

Stuhlfachw. — aus ihrem Mieder ftechen haar-
fcharffe Scheermeffer hervor —

Gramf. Was? !

Stuhlfachw. — ihre Arme liegen auf Sicheln und
jeder ihrer Finger ift ein nadelfpitzer Dolch. —

Und ich foll die Jungfrau küffen! Schrie Gramfalbus, und fprang zum Bette hinaus.

Stuhlfachw. Wenn ihr ins Gemach geftoßen werdet, umfchlingt fie euch mit ihren Sichelarmen, bohrt

die Dolchfinger in euren Rücken und drückt die Messer am Mieder in eure Brust.

Und ich sollt' die Jungfrau küssen! Brüllte Gramsalbus und riß die Kutte über sich.

Stuhlsachw. Küssen oder entfliehen.

Gramf. Entfliehen! Entfliehen! Nichts küssen, weder Frauen noch Jungfrauen, weder Wittwen noch Waisen.

Stuhlsachw. Drey redliche Männer warten eur an der Pforte, euch sicher über die Gränze, zu einer nahen, guten Herberge, und dann zu St. Cyriakus-Kloster zu bringen. Eur Esel ist bepackt und gezäumt —

Gramsalbus polterte die Steige hinab zu seinem Grauchen, wickelte den Halfter um die linke Hand, klammerte seine Rechte um den Ell'nbogen Eines der drey redlichen Männer, und schlotterte nun mit ihnen, stumm und traurig, durch die menschenleeren Gassen, welche noch am Morgen des Tages für seinen Siegseinzug zu eng waren. Der Pöbel hatte sich die Märkte zu Tummelplätzen seiner Freude gewählt, und nur einige gemeine Frauen, so unter freyem Sternenhimmel, mit edelmüthigen Schöppen, über die sicherste Art zur Tugend zurückzukehren, rathpflegten, erinnerten den Betfahrer, er sey noch nicht außer der Gewalt dieser Unmenschen, welche ihn verdammen konnten, eine Jungfrau zu küssen.

———————

Fünftes Abentheuer.

Hoffend und zagend, willig und nothgedrungen zugleich, tappte Gramsalbus durch Katzgrund. Ihm däuchte, als ob nach jedem seiner Schritte ein Fallgatter hinter ihm niederschmettre, als ob er mit jedem Fußlüpffen schwere Thorflügel fortschieben müsse, als wenn zu seiner Rechten ein stürmendes Meer wüthe, zu seiner Linken ein glühender Lavastrom sich hinwälze. Der Punkt, auf dem er stand, dünkte ihn eine Freystätte zu seyn; doch kaum, daß er sich dessen zu freuen begann, so wurde der Boden unter ihm schlüpfrig, von der

T 4

rechten Seite weh'te ein scharffer, eisiger Wind, von der
linken ein heißer Rauchdampf ihn an, und eine schnei-
dende Last drückte sein Haupt vorwärts. Je weiter er
fortstrebte; desto schwerer lagen die unsichtbaren Thorflügel ihm entgegen, desto mehr litt er zugleich durch
Frost und Hitze: aber immer mehr entfernte sich die
Gewalt, so hinter ihm herdrückte. Ihn bangte und
verlangte die Gesichtszüge seiner Begleiter zu sehen;
sie anzureden, dazu versagte ihm der Muth. Ohne dieses sonderbaren Vorgefühls eines Unglücks Meister werden zu können, kam er aufs freye Feld. Zwey seiner
Geleiter eilten voraus und ließen ihn mit dem dritten
allein. Der Morgen röthelte rund um am Horizont,
und milderte die drohende Herrschermiene der Nacht;
und nun erhielt es Gramsalbus über sich, seinem Führer ein: Halt! zurufen zu können.

Dieser sah zurück und Gramsalbus erkannte den Sinaiten. Er erschrak, stieß die Worte hervor: Nur immer weiter, guter Freund — und wackelte fort. Sein
Reisegespann mißfiel ihm höchlich.

Man ging beynahe eine Stunde, ohne daß ein Wort
gesprochen wurde. Der Tag stieg mit Jugendschnelle
empor und weckte sein Gefolge aus dem Schlafe. Die
Angstlast, unter welcher Gramsalbus schwitzte, verlohr
nach und nach von ihrer Schwere. Vor einem Walde,

in den sich die Schauder der Nacht zurückgezogen zu
haben schienen, stand der Sinait still, und both dem
Franziskaner den Frühtrunk in einer Kürbißflasche.
Gramsalbus nahm und trank; aber der Sorgenverscheu-
cher konnte nicht, wie gewöhnlich, auf ihn würken.

Gramf. Ihr wißt doch den Weg zu St. Cyriakuskloster?

Sinait. Genauer denn ein Buhle den Weg zum
Schlafkämmerlein seines Liebchens. Durch diesen Wald
geht er.

Gramf. Durch den Wald?

Sinait. Ein Richtweg, der uns in zwölf Stunden
hinführt, da wir auf der offnen Straße zwanzig zubrin-
gen müßten.

Gramf. Ich halte nicht viel von Wäldern, denn
es ist so heimlich dort, und kommt's mir allzeit drinn
vor, als werde man immer von einem Baum zum andern hingedrängt, dem es dann wieder nicht gemüthet,
daß man die Erde von seinen Wurzeln abtritt.

Sinait. Possen! Mich erwärmen die Schauder des
Waldes zur Freude, und tausend Stimmen mahnen
mich aus jedem Säuseln, der Freyheit und Ungebun-
denheit Loblieder zu singen.

Gramf. Ey ja, es ist ein feines Ding, die Freyheit!

T 5

Sinait. Und doch kennt ihr sie nur, wie ein Hof-
hund, der bey Nacht nicht über den Zwinger kommen
kann, und mit Tagsbeginnen an die Kette gelegt wird;
oder gleich Jagdrüden, die immer hinter dem Waid-
manne so grades weges gehen müssen, als folgten sie
ihm über einen Lanzensteg, ob auch rund umher die
Welt ihnen offen liegt. Wie Bär und Wolf, durch
Flur und Wald, durch Saatfelder und Zuschläge,
durch Gärten und Dörfer zu rasen, anzugreiffen und
zu zerfleischen was nicht widerstehen kann, und mit
Beute beladen zur Höhle heimzukehren; das nenn
ich Freyheit.

Gramf. Mögte wohl nicht Jedem verstattet werden.

Sinait. Nur dem, der das Recht, sich dies selbst
zu verstatten, in Zähnen und Klauen fühlt. Wer sich
deß nicht bewußt ist; muß sich zerfleischen lassen, oder
im Loche verkümmern. Bürger und Bauern sind nicht
so glücklich und werden's auch wohl nimmer; aber die
Großen und Herrn sind's. Und könnt ihr gegen diese
etwas einzuwenden haben, wenn ihr an der Kette
liegt? Bellt sie einmal zurück von ihren Streifereyen;
sie hören nur, daß ihr in der Welt seyd, und desto
schlimmer für euch.

Gramf. Ja, ja. Auch für euch.

Sinait. Ich spiele den Waidmann.

Gramſ. So? Und die Herrn von Katzgrund?

Sinair. Die Ratzenfänger. Verſteh'n ſie ſich nicht gut aufs Pfeifen?

Gramſ. Ey ja; Und die Gaßen?

Sinair. Spielen nichts; werden geſpielt.

Gramſ. Als Dudelſäcke oder als Schnellkügelchen?

Sinair. Beydes. Der Arm des Herrn drückt aus ihnen die Töne hervor, ſo ihm behagen, und die Hand des Herrn zeichnet ihnen die Wege zur Grube vor.

Gramſ. Und haben doch Freyheit? —

Sinair. — ſich um ihre Axe zu drehen, oder zu berſten, wenn ſie nicht tönen wollen.

Gramſ. So? — Kommen eure Gefährten nicht zu uns zurück?

Sinair. Nein. Sind vorausgeeilt, dem Wirthe einer ſehr guten Herberge unſre Ankunft zu melden.

Gramſ. Wären wir nur ſchon da! Friſch auf, zur glücklichen Stunde!

Der Weg durch den Wald wurde angetreten; aber kein gebahnter Pfad verſchwielte die Sohlen des Mönchs noch härter: über Laub und Moos ging's, kreuz und queer, bis die Sonne ihre Strahlen ſenkrecht durch das Laubgewölbe ſchüttete. Gramſalbus war höchſt unzufrieden mit ſeinem Führer; doch wagte er es nicht, ihm ein böſes Wort zu ſagen; er bedauerte

immer, daß er ihn nur mit einem Gotteslohne bezahlen könne.

Ein Berg, Steintrümmer und flache Graben mehr-
ten bald noch die Beschwerlichkeiten der Wallfahrt;
aber zugleich rief auch der Sinait: Nun sind wir zur
Stelle — und leitete Grauchen in das Hohlbette eines
versiegten Gießbaches, über welchem halb entwurzelte
Fichten, wie ein Verhack, sich zusammen sperrten.
Gramsalbus hätte sich gern geweigert,' dem Bruder
Elias zu folgen; doch den Rückweg allein wieder zu
finden, däuchte ihm unmöglich. Der Boden steilte sich
immer höher und schroffer empor. Hie und da klebte
ein Mauerbruchstück an einem felsenen Strebepfeiler,
hob sich ein Säulenstamm aus einem Haufen verglaster
Backsteine. Ein, zur Hälfte niedergestürzter, Schwib-
bogen, der in dem Strauchgeniste, das ihn umwu-
cherte, zu hängen schien, überdunkelte den Eingang
einer tiefen Schlufft. Eichne Bohlen, mit Eisenstan-
gen beschlagen, moderten auf dem Boden. Manns-
hohe Quader formten die lothrechten Wände, die
Decke war ein vestes Gewölbe, aus welchem drey
schwere Fallgatter droh'ten. Das Licht fiel durch eine
runde Oeffnung in den Stollen; eine naßkalte Schau-
derlufft nebelte durch ihn. Hinter dem Mönche, der

am Leib' und an der Seele zitterte, raffelten die
Schlaggatter nieder.

Plötzlich traf ein Sonnenstrahl sein Auge, der Gang
breitete sich aus, und ein schön begras'ter, freier
Burghof lag vor ihm da. Hinter Schuttwällen ragten
Gebäude hervor, von den Mauerbrechern ergrimmter
Feinde durchlöchert, von den Flammen einer schrecklichen Brunst geschwärzt. Eine Reihe rothgeroßteter,
mit Sand gefüllter, halb in die Erde gegrabener, Harnische zog sich, als eine Brustwehr', an den Wällen
hin. Zwischen zwo großen Blyden, von welchen
schwere Steinschleuder sich senkten, stand ein ehernes
Pilarenwerk, wie es die Hochaltäre der Kirchen zu
umgeben pflegt; eiserne Ketten waren um und durch
die Pfeiler geschlungen.

Ehe noch Gramsalbus Zeit gewann, sich das Innere der Gebäude dem Aeußern ähnlich zu denken,
schäckerten zwo junge, wohlgepflegte Dirnen, in leich-
ten Sprüngen, über den Wall. Ihre Gewänder um-
flossen sie sanft und weich anliegend, und höhten ihre
Reize, wie das farbige Band, das die Blumen um-
giebt, ohne sie zu zerdrücken, die Schönheit eines
Straußes. Die Sorglosigkeit tändelte aus allen ihren
Bewegungen hervor, der Wunsch, des Lebens zu genießen, wieherte aus den zartgespaltnen Lippen, die

Freyheitsliebe blitzte aus ihren großen, rollenden Augen, die Lustbegier badete sich im glänzenden Thrä-
nenthau, wiegte sich schalkhaft auf den langen, schwan-
kenden Wimpern, und schleuderte, mit fodernden Blicken, jedem Helden den Fehdehandschuh entgegen.

Gramsalbus stutzte und sprach bey sich selbst: Giebt's
im Vorhofe der Hölle auch Engel? — und überließ
seine Fäuste willig den Händchen, die sie nicht zu be-
decken vermogten. So schnell und gern gehorchte er
dem Gekose der Dirnen: Kommt näher, Väterchen —
wie ein Buhle dem Winke seines Liebchens, der ihn
aus einer überlästigen Gesellschaft zur unbeachteten
Stille des Gartens ruft. Er vergaß Grauchens, dachte
nicht mehr der Fallgatter, die hinter ihm niederge-
prasselt waren, sah ferner nicht das angerauchte Gemäuer, fuhr nicht zurück vor den wankenden Wänden;
sondern hastete sich, die Schnellfüßigkeit seiner Gelei-
terinnen zu übertreffen. In das Trümmergebäude führten sie ihn, dessen Inneres alle die vorgefaßten, schlimmen Urtheile widerlegte, welche das Aeußere veran-
lassen mußte. Reine und geraume Gänge fand er, ge-
schmückte Gemächer, reichbesetzte Credenztische. Eilt —
rief eine der Dirnen den Köchen zu, die schwitzend und
glühend aus der Küchenthür hervorlauschten, und sich
des Gastes freu'ten, der gewiß nicht ermangeln werde,

ihre Kunst, von Grundaus, kennen zu lernen. Tragt
auf im Ehrengemache — befahl die andere den Knechten, welche sich dem Fremden nachdrängten.

Es ist doch nichts mit den Ahndungen! — dachte
Gramsalbus, und ließ sich, unbesorgt, durch eine
große Flügelthür schieben. — Klipp! Klapp! hallte
es vor und hinter ihm. Dicke Finsterniß senkte sich
nieder. Er reckte seine Hand aus, und sie verklomm
beynahe an kalten, feuchten Gerippen; auf die sie
traf. Laut schrie er um Freyheit und Licht. Ein dumpfes
Sausen und Brausen heulte es nach. Vor ihm erhellte
sich ein Pünctchen, breitete sich aus in einen rothen
Flammenkreis, der gleich einem Feuerrade Funken von
sich sprüh'te. Schier erblindete der Mönch, und sah
nur etwas, wie ein Kniegalgen geformt, an dem eine
Leiter stand, aufdämmern. Aus dem Flammenwirbel
traten sechs schwarze, tiefverhüllte Gestalten, und ein
junger Mann, mit blaßem, abgehärmten Gesichte hervor; acht Geharnischte, welche einen Sarg, vier
Knechte, so Fackeln trugen, folgten ihnen.

Zu den Füßen des Mönchs, der wie in einem
Triller sich befand, setzte man den Sarg nieder; um
ihn schlossen die Vermummten und Fackelnträger einen
Kreis. Der junge Mann riß den Deckel vom Sarge,

zeigte auf die, drinn ausgestreckte, Leiche und fragte mit gräßlicher Stimme: Kennst du den?

Ey, ihr lieben Herrn — jammerte Gramsalbus zurückschaudernd — Wie sollt' ich das? Und bin ich weder der Herrgott noch ein Arzt; die allein kennen ihre Todten.

Ein vierschrötiger Scherge brach durch den Kreis, schlug seine Faust in Gramsalbus Nacken, preßte ihn auf den Sarg, und brüllte: Kennst du den?

Ja, ja — schrie Gramsalbus und drückte, den Kopf vest an die Schultern ziehend, die Kralle von seinem Halse. — Wenn's sonst nichts weiter seyn soll; wozu braucht —?

Der junge Mann. Wie hieß er einst?

Gramf. (bebend) Asmus von Seltau.

Der junge Mann. Wo lerntest du ihn kennen?

Gramf. Auf der Burg Assenheim.

Der junge Mann. Wo mordetest du ihn?

Gramf. Nirgends.

Ein Vermummter. Weißt du, vor wem du jetzt steh'st?

Gramf. Nein, ihr Herrn, und bin ich auch gar nicht neugierig, es zu erfahren —

Der Vermummte. Du stehst vor den Verwandten des, durch dich, gemordeten Asmus von Seltau.

Gramf.

Gramſ. Ich bitt' Eur Geſtrengen, nicht alles zu glauben, was geſchwatzt wird. Und hab' ich in meinem Leben kein Menſchenkind gemordet, bin dazu viel zu feig —

Der Vermummte. Du lügſt. Zwar biſt du zu feig, durch Schwerdt und Dolch, ein Leben zu rauben; aber durch Verhetzungen wie dieſe: Je eher je lieber muß man einem Fuchſe das Hirn einſchlagen, damit er weniger unſchuldige Küchlein freſſe — einen Biedermann in Schande zu ſtürzen, aus der ihn nur der Selbſtmord errettet: dazu biſt du, ſammt allen deines Gelichters, muthig genug. Gleich dem Wurme, der die Nuß nicht zerſplittern kann, bohrt ihr euch durch die Schale, laßt das Aeußere in ſeiner Form, und reibt heimlich den Kern auf. Wider dich wird ſelbſt der zeugen, deſſen Seele du ſo meuchlings den Teufeln, deſſen Leichnam du der Verweſung überantwortet haſt. Lege deine Hand auf die Stirne dieſes Todten —

Gramſ. Nein! Nein! Ich hab' einen angebohrnen Abſcheu vor iedem todten Fleiſche, das nicht gebraten, geröſtet, gekocht oder, wenigſtens, geräuchert iſt; und —

Der Vermummte. Gehorche!

Gramſ. Geſtrenge Herrn, bedenkt doch, daß ich auch Vater und Mutter gehabt habe, wie ihr —

Ein Vermummter. Man bringe die Folter!

Gramf. Nein, nein! Bemüht euch nicht. Und will ich mich lieber der Länge nach über den Todten hinstrecken, denn über die Marterbank —

Der junge Mann. Geist meines ermordeten Oheims, steig nieder in diesen Leichnam und führe deine Sache.

Gramf. Ihr hochpreislichen Kronen der Ritterschaft, es ist mir unmöglich —

Die Vermummten. Die Folter!

Nein! Ja! Nein! — Seufzte Gramsalbus und reckte seine Hand aus. Kaum schwebte sie über der Leiche, da richtete sich diese schnell empor, und — Gramsalbus flog auf vom Boden; als züngelten die Flammen der Hölle um seine Kutte, sprang wie ein Heupferd, über den Sarg hin, riß einem Knechte die Fackel aus der Hand, hielt sie grade vor sich, und torkelte dann, mit vest zu geschloßnen Augen, rückwärts, laut schreyend: Ich banne dich — ich banne dich — in die einsame Wüste unsers Singchors — im Namen —

Ein Gelächter, das aber noch im Ausbruche erstickt wurde, schallte, so däuchte es dem Mönche, dem man schon die Fackel entrissen hatte, vom Sarge her. Spielt nicht, ihr Herrn, so warnte er jezt die Vermumm-

tru — mit einem Gerichte, daran ihr alle einmal erwürgen müſſet.

Ein Vermummter. Schweig, oder du redeſt dich
um deine Zunge. Du ſprachſt dir ſelbſt das Todesur-
theil; unſre Pflicht iſt, dich deiner Strafe zu überliefern. — Er ſtampfte mit dem Fuße. Einige Schergen
ſprangen herbey und umſchlungen den Mönch ſo veſt,
daß er kein Glied rühren konnte.

Der Vermummte. Auf die Mitte des Bretts, das
nur durch einen, leicht zerbrechlichen, Pflock der Säule,
dort aus dem Verließe hervorragend, angeheftet iſt,
ſetzt den Verbrecher rittlings, ſtellt vor ihn einen Krug
mit Wein, und überlaßt es dann ſeiner Willkühr, wie
bald ihn lüſtet, den Henkerstrunk zu trinken und ſich
dadurch ins Verließ zu ſtürzen.

Kaum vernahmen die Schergen den Befehl, ſo erfüllten ſie ihn auch ſchon; hoben den Betfahrer auf
den hölzernen Sattel, riſſen die Leiter nach ſich und
umpflanzten den ſchwarzen Abgrund mit Fackeln.

Die Blutrichter verließen, ſammt ihrem Gefolge,
die Halle.

Sinnloſigkeit und Beſonnenheit warffen das Loos
über Gramſalbus; es endſchied für die letzte. Das
Gelächter ſo vom Sarge hallte, hatte die Hoffnung
in ihm geweckt, das ganze Trauergepränge ſey nur eine

Posse, ihn zu necken, und diese Hoffnung erhielt ihm das Bewußtseyn auf der Schranke zwischen Leben und Tod. Er getrau'te sich nicht zu schreyen, um nicht dadurch das Gleichgewicht zu verliehren, und saß unbeweglicher auf der Säule, als ein furchtsamer Beschwörer in dem Zauberkreise, den er, wider die Anläuffe der Geister, um sich gezogen hat. Der schwarze Rand des Abgrundes rieth ihm diese Vorsicht. Leise und kaum ihm selbst fühlbar, neigte er den Kopf, jetzt auf die linke, jetzt auf die rechte Schulter, und erschielte die traurige Gewißheit, daß zu beyden Seiten zwischen ihm und dem Lande der Lebendigen eine tiefe Klufft beveſtigt sey. Eben so sänftiglich ließ er das Haupt auf die Brust sinken, und gewahrte, daß unter ihm dicke, schwarzgraue Dünſte von der Zuglüfft hin und her gewogt wurden, die zwar den Höllenschlund füllten, ihn aber um nichts weniger tief und gefahrvoll machten. Der Würzhauch des Rüdesheimers vor ihm kitzelte süß und lieblich die Geruchsnerven des Mönchs; doch schlug in keinem seiner Blutstropfen das Verlangen, die Hände, welche er in den Laubkranz der Säule geklemmt hatte, dem Weinhumpen näher zu bringen.

Bald begann ihn vor seinem eignen Angströcheln zu bangen.

Um die schauderhaffte Stille zu unterbrechen, wagte er es, in Einem Tone, und ohne einer Sylbe Nachdruck zu geben, die Worte wiederholt auszuathmen: Wer ein Christ ist, komme mir zu Hülffe; denn ich bin unschuldig.

Lange zirpte er umsonst; endlich trat ein Dominikanermönch aus einer kleinen Nebenthür und redete den Säulenritter allso an: Ich bin ein Christ, ein Mönch; was begehrt ihr?

Daß ihr mich rettet! — Heulte Gramsalbus und wäre beynahe, durch das Auflüpffen seines ganzen Körpers, ins Verließ gestürzt; doch schnell begriff er sich, und schrillte nun wie vorher: Unser Grauchen, unser Esel, ist wenigstens mit sechshundert Gülden bepackt, und sollen sie euer seyn, wenn ihr an diesen Kreuzesstamm eine Leiter setzen wollet.

Dominikaner. Dann würd' ich euern Platz einnehmen müssen, und es euch doch nichts mehr frommen, als daß ihr euern Tod auf einige Stunden verschoben hättet. Durch Gewalt oder List erhält man nichts von den Herrn dieser Burg, die dazu von euch den Verdacht hegen, ihr wär't kein Christ, sondern ein Anbeter Muhammeds —

Grams. Ach! Ach! Und giebts doch keinen rechtgläubigern, hartnäckigern Christen denn mich. Wodurch —?

Dominikaner. Ruhig, armer Bruder, daß ihr nicht eurer Lage vergeſſet. Wenn ihr mir aufrichtig alle eure Sünden, ſeit dem Augenblicke, da ihr den Gebothen der heil'gen Kirche und der Regel ungehorſam ſeyn konntet, beichten; —

Gramſ. Gerne! Gerne! Und will ich mehr Böſes von mir, mit Wahrheit, ſagen denn der heilige Franziſkus ehmahls auf der Schandbube zu Aſſiſi von ſich lügen ließ 57).

Dominikaner. — wenn ihr, durch ein ungeſchminktes Bekenntniß eurer Fehler und Schwächen, darthun wolltet, wie ſehr ihr von dem unbeſchreiblichen Nutzen dieſer Demüthigung unter die Geißel der Buße überzeugt ſeyd: ſo würd' ich nachher den Seltauern ſolches, als einen Beweis, daß ihr ein ächter, römiſchkatholiſcher Chriſt —

Gramſ. Hochwürdiger Vater, ich bekenne vor Gott und euch, daß ich in Sünden empfangen und gebohren bin, auch von meiner Jugend an und all mein Lebtag nichts getaugt habe, und bloß deswegen von meinen Eltern zum Kloſterwandel beſtimmt wurde, weil ich zu boshaft war, und ſie ſich zu ſchwach fanden, mich unter der Zucht zu halten. Und hatt' ich beſonders einen unüberwindlichen Hang zum Stehlen, und

57) Hiſtor. ſeraph. rel. Lib. I. Cap. IV. Pag. 24.

ſtahl ich alles, was meinen Augen gefiel, und gefiel
ihnen alles, was ſie nur erſahen und meine Hände erreichen konnten. So ſich's kauen ließ, verſchmauſte
ich's, und ſo dies nicht anging, erkauſt' ich mir daburch
die kleinen Dirnen unſrer Nachbarſchaft zur Kebswei-
berey. Und verſtand ich es auch wacker, zu lügen, und
die Schuld deſſen, was ich Böſes verübt, auf Andre
zu ſchieben. Und glaubten mir das auch Alle, ſo mich
nicht genau kannten, und vertheidigten mich damit,
daß mein Geſicht wie die Ehrlichkeit ſelbſt geſtaltet.
Und hab' ich oft damals und nachher über die Einfalt
der Leute gelacht, ſo mir die Bohrer hinlegten, ihre
Weinfäſſer damit anzuzapfen, weil ſie wähnten: ich
wiſſe vor Dummheit nicht einmal, Wein zu trinken.
Und ſägte ich manchem Schemel, auf dem ſie, ruhig
und bequem, ſaßen, ein Bein ab, weil ſie mir die
Geſchicklichkeit nicht zutrau'ten, ein Bankbein durch-
ſchneiden zu können.

Solcher Frevelthaten wegen, die über kurz oder
lang, doch wieder auf mich zurückfielen, mußt' ich in
die Kutte kriechen, und hatte gar ſaure Stunden und
Tage eh' ich's begriff, mich in meine Zuchtmeiſter zu
fügen, ſie zu necken, zu belügen, zu beſtehlen und
ihnen, heimlich, auf gleiche Art das Bad auszurei-
ben, wie ſie's mir öffentlich, ausrieben. Und ſah

man es bald ein, ich sey faul, träge und gar ungeschickt, das Gute zu lernen und lieb zu gewinnen; deswegen hielt man mich auch, nachdem ich Profeß gethan, nicht dazu an, was mir denn sehr wohl bekam: aber mein Gedächtniß fand man so scharff wie eine Hechel, woran sich das kleinste Fäserchen hängt; und mußt' ich drum alle Legenden- lateinische Gebet- und Psalmbüchel, die sich nur im Refectorium herumtrieben, auswendig lernen. Je dummer ich mich gebehrdete bey all meinem Wissen, desto gewogener wurden mir Abt und Wardian, die, wie fast alle Mönche unsers Klosters, dem edlen Waidwerk oblagen, wozu ich aber vor übergroßer Bequemlichkeit- und Lebensliebe nicht kommen konnte. Wenn uns nun ein frembder Prälat, oder ein Fürst heimsuchte, dann schob man mich ihnen in den Weg, raunte ihnen zu: der Bruder hat sich überstudiert — und schüttelte mich dann so wacker, daß alle meine Legendenweisheit, Gottesfurcht und Latinität von mir stob. Und gerieth dadurch unser Kloster in den Ruf, den hochgelahrtesten Mann des ganzen Gau's in seinem Bezirk zu haben, und ich in die Gewohnheit, mich vor Andern dumm zu stellen, um desto klüger für mich handeln zu können. Weil ich aber die Gesamtweisheit der Cyriakusbrüderschaft allein vorbilden mußte, blieb mir nicht immer Zeit, das Chor zu besuchen, die Horas

abzuwarten und die Fasttage zu halten; auch mußt' ich
meines Bauchs pflegen, sintemal mein Kopf so wunderviel zu arbeiten hatte.

Und fütterte ich mit meinem Bauche zugleich meine
Begierden und wuchsen diese dergestalt, daß mir der
Wardian, der sich gar sehr auf Menschen und Vieh
verstand, befahl, den Weibern unsrer Leibeigenen, unter vier Augen, die Mährchen von der Keuschheit uns
sers seraphischen Vaters zu erzählen. Und gehorchte
ich, und ist auch durch mich, und nicht durch den Elephantenzahn, der alte, magre Herr mit einem Erben
beschenkt. Aber dies trieb mich aus meinem warmen
Neste, daß ich mir so bequem zurecht gelegen hatte.
Weil sich der alte, magre Herr einer, für die Vater-
werdung gelobten, Dankbetfahrt nicht unterziehen
wollte; sollt' es Einer aus unserm Kloster, an seiner
statt, thun. Und weil ich und der Bruder Spongiolus
die einzigen Gelahrten im Kloster waren, und dieser
schier siebenzig Jahr alt; so mußt' ich die Wallfahrt
antreten, um auch, außer unserm Gau das Gerücht
von der Weisheit unsers Klosters zu verbreiten und zu
begründen. Und hab' ich auch fleißig meine Legenden
erzählt unterweges und die Erbfolge gesichert, auch mich
nicht entblödet, manchen vollen Goldsäckel, so bald er
einem Layen gehörte, deren Vormünder wir Mönche

ſa ſind, für unſern Heiligen heimlich auf die Seite ju
bringen. Und iſt dieſes und jenes nicht Sünde, falls
es aus reiner, frommer Abſicht, wie bey mir, geſchie-
het; doch will ich mich deſſen hier, vor Gott und euch,
als gar grober, und gewiß ächt-römiſch-katholiſcher,
Sünden anklagen, damit nur ben Seltauern der Verdacht benommen werde, ich ſey kein rechtgläubiger
Chriſt.

Was aber anlangt ben ermordeten Asmus, ſo hab'
ich ihn nicht gemordet; denn es wohnt mir eine ſo un-
bezwingliche Furcht vor dem Tode, ſeiner ganzen Sippſchafft und ſeinem Weſen und Werken bey, daß man
mich ſchon mit einem gemalten Schwerdte, außer Athem
hetzen kann, und wer auf lange Zeit die Weisheit aus
meinem Hirn verjagen will, darff nur vor meinen Augen
einen Dolch entblößen.

Nach ſolchem meinen bemüthigen, aufrichtigen Ge-
ſtändniſſe wollet ihr, Hochwürdiger —

Dominikaner. Stille! Man ruft mir. Ich werde
euch nicht lange auf eure Losſprechung warten laſſen.
Betet bis dahin Funfzehn Paternoſter.

Er ging.

Gramſ. Kommt ja bald zurück, daß ich wieder
meine Füße auf eönem Boden ſehe. Und ſoll das die
Seltauer ſchon bekehren; welcher Ungläubige kann

alſo beichten? Es iſt doch gut, wenn man je zuweilen ſündigt. Das Vaternoſterbeten wollen wir bis zur gelegnern Zeit verſparen; Helffen kann's ja doch eben ſo wenig, als gefärbtes Bornwaſſer, das man einem Siechen für Arzney giebt, und mich durſtet jezt ſchon gar erbärmlich. Die Weißkappe bleibt lange aus. Hätten ſie mir den Krug nur eine Handbreit näher geſchoben; dann könnt' ich den Wein, ohne Gefährde, in mich hineinziehen. So unbequem iſt gewiß nie ein Rittersmann auf den Turnierſchranken geſeſſen, als ich jezt hier. Da kommt mein Heiland. — Ach nein, und iſt es nur eine der Schalksdirnen, die mich in dies vermaledeyte Säulengemach ſchwazten.

Schwazen mußte, guter Mann! — entgegnete die heranſchleichende Dirne — Ich bin eine Leibeigene der Seltauer, und verdammt, das zu thun, was ſie befehlen, wenn ich nicht meinen alten Vater in die Frohnkarre ſpannen laſſen will. Wäre mir nur die Hoffnung geblieben, es würde an mir geahndet werden, ſo ich es euch verriethe, zu welchem Gaſtmahl' ich euch führte; immer hätte dann die Geißel blutige Beweiſe meiner Liebe zu euch, auf meinem Rücken zurücklaſſen mögen. Es iſt geſcheh'n, ich hab' es geſtanden mit Einem Worte, was alle meine Gedanken auf euch hefftet, alle meine Kräffte euch weihet, alle meine künftige Leiden

und Freuden von euerm Wohl und Weh abhängig macht,
und selbst die Pflicht gegen meinen Vater aus meinem
Herzen tilget, damit nur eur Bild allein Raum darinn
habe. Hier, du mein Abgott, will ich harren, bis
deine Engelseele, durch Hunger und Durst, zur Him:
melstafel geleitet wird, und dann mich dir nachstürzen
in den schwarzen Schlund —

Gramf. Ey, da wünsch' ich, ihr mögtet noch ein
Jahrhundert drauf warten! Und ist das gar kein Be:
weis von Liebe, daß man mit seinem Herzallerliebsten
zugleich aufhören will, zu leben; an solchem Endschluße
ist kein gutes Häärchen, und nur ein schrifftgelahrter
Tropf wähnt, Eva habe im Paradiese an Adam zuerst
die Frage gethan, zu was Ende des Menschen Augen
himmelauf gerichtet wären.   Ist gewiß da von einer
andern Erkenntniß die Rede gewesen, und ist dies, und
mit seinem Buhlen zu leben, und ihn auf vesten Grund
und Boden zu bringen, und sich's wohl seyn zu lassen
mit ihm, und dafür zu sorgen, daß ihm nichts abgehe,
der Kern der Liebesnuß: und so ihr euch tüchtig haltet, mir den zu verschaffen; will ich mein Haar wachsen lassen, ellenlang, und euch heirathen und weder
Mönch seyn noch bleiben.

Dirne. Wie glücklich wär' ich, könnt' ich euch retten; aber —

Gramf: Daß der einst gegen den Bescheid, in den Himmel zu kommen, etwas einwenden müsse, der das Wörtlein Aber erdacht hat. Alle Reden, welchen dies vermaledeyte Wort nachschleppt, sind wie ein Faß ohne Reifen; man kann keinen Wein drinn lassen. Stoße flugs eine Leiter an diesen Gaul —

Dirne. Wie sollt' ich die durch die Wachen an der Thür bringen?

Gramf. Nun, so hättet ihr euch auch nicht hereinbringen sollen! Und dank' ich es euch gar nicht, daß ihr euch mir selbst vorsetzt, und uns mit einander zweyeinig machen mögtet, wenn ihr den Raum zwischen uns nicht fortzaubern könnt. Mich hungert! Dürstet! Meine Beine und Arme werden mir so schwer und heiß, als ob sich in jene alles Mark der thebaischen Legion, in diese alles Blut der eilftausend Jungfrauen gesenkt hätte.

Schließt von dem, was ich thue, auf das, was ich thun würde, wenn ich mehr vermöchte — koste die Dirne, nahm einen Spieß von der Wand, und schob damit den Weinhumpen nahe vor den Wanust des Mönchs. Behutsam brachte er nun die rechte Hand an den Becher und diesen zum Munde, leerte und warf ihn dann ins Verließ.

Gramf. Uh! Ist es doch so tief und gierig, daß es den Schall nicht einmal wieder zurückgiebt! Nun Gotteslohn, holdes Dirnlein! Ich merk's, ihr bringt sicher die Heiligen um ihren treu'sten Diener. Und liegt da vor mir, auf der Hühnerlatte, auch ein Wecken; wenn ihr den doch noch in meine Gewalt schieben wolltet, daß ich ihn dem Hungerdrachen in meinem Magen vorschmeißen könnte, ehe der Dominikaner kommt.

Dirne. Ach, trau't dem nicht. Der war bestochen dazu, euch die Beichte abzunecken.

Gramf. Was? Bestochen? Ständ' ich doch nur da unten, daß ich ihn wacker verfluchen könnte.

Dirne. Wenn euch Ein Mittel nicht rettet; dann seht ihr nie wieder das Sonnenlicht.

Gramf. Und dies Mittel?!

Dirne. Mein Vater ist ein Waidmann, und weiß viele Wunderkünste, sich und Andre vest, und den dünnsten Faden, durch einige Wörte, so stark zu machen, daß man sicher einen Zentner Bley dran hängen kann, und dem schwächsten Binsenbüschel dadurch, wenn er ihn zugleich mit dem Munde berührt, eine solche Härte zu geben, daß man ohne Gefahr drüber hingehen mag. Seht, hier stoß' ich diese Hellebarden in die Erde, und lege sie, eine dicht neben die andre, an das Brettlein, auf dem ihr reitet; wenn ihr dies nun mit

euerm Munde berühren und zugleich die Wunderworte
aussprechen wolltet: so würden Brett und Hellebarden
dadurch eisenvest werden. Dann könntet ihr auf dem
Brett hin, und an den Spießen zur Erde hinabrutschen,

Gramf. Das glaub' euch der, dem ihr's einredet,
Brodt und Wasser hab' euch, so wollüstig vest, auf-
gerundet.

Dirne. Ich sah oft, daß mein Vater dadurch Holz
in Stein verwandelte.

Gramf. (gähnend) Und die Worte sind?

Dirne. Abrenuncio Deo et omnibus Sanctis
Abracadabra.

Gramf. Was? Das ist ja eine Verläugnung Gottes! Hebe dich weg von mir, Satan!

Dirne. Seh' ich denn einem Teufel ähnlich? Sind
meine Nägel Hornkrallen? Meine Arme — sie streifte
die Aermel bis zu den Schultern hinauf — Greifs-
klauen? Nisten Schlangen und Molche in meinen Zö-
pfen? — Sie knotete die langen, blonden Flechten
los, und ließ die Haare auf den Rücken nieder wallen.
— Stößt meine Brust dies silberne Kreuz unwillig von
sich? — Sie öffnete das Gewand, so den blinkenden
Busen zärtlich umfing. — Schrumpfen meine Lippen
zusammen, wenn sie dies Kreuz küssen? —

Gramſ. Ach, nein, nein! Neſtelt euch wieder zu, ſonſt verliehren ich und meine Tugend das Gleichgewicht.

Dirne. Wolltet ihr lieber verhungern, denn dieſe Worte ausſprechen, die, wenn ſie auch die ſträflichſte Gottesläſterung enthielten, euch nimmer als eine ſolche zugerechnet werden würde, da ihr ſie nicht in der Abſicht ausſprecht, Gott zu verläugnen?

Gramſ. Das läßt ſich hören! (gähnend) Wenn nur das Brett nicht wäre; die Hellebarden wollten wohl ohne Abracadabra halten.

Dirne. Die Templer ſpieen das Kreuz an und entſagten Gotte, weil es ein Gebrauch war, der grade das Gegentheil zu thun lehren ſollte; und ſind doch ſeelig im Herrn auf dem Scheiterhaufen entſchlafen.

Gramſ. So? Mich beginnt auch zu ſchläfern. Und will ich nicht hoffen, daß mich der Schlaf hier ſogar beſuchen wird; das könnte mir theuer zu ſtehen kommen.

Dirne. Wie mancher nimmt Gifft in Arzneyen, daß es ihn geſund mache; und ſündigt er dadurch?

Gramſ. Mit nichten.

Dirne. Und ihr weigert euch, dieſe ſinnloſen Worte auszuſprechen?

Gramſ. Ey, es iſt wohl ein Sinn drinn.

Dirne.

Dirne. Aber doch nur für einen Bösewicht, der da:
durch auf die Seeligkeit Verzicht thut; nicht für euch,
der ihr dadurch euch dem Himmel und den Himmel euch
erhalten wollt. Ihr schweigt? Wohlan, verhungert
auf euerm Gaul, und tödtet auch mich dadurch. Ver:
dammen wird euch dann der Selbstmord und der Mord
eures Weibes; das bin ich ja schon vor Gott.

Gramf. Und der Dominikaner war bestochen?

Dirne. Erkanntet ihr nicht die Stimme dessen, der
euch von Katzgrund — ?

Gramf. Bey allen Heiligen, ihr habt Recht! Und
eine andre Rettungsart — ?

Dirne. — ist unmöglich.

Gramf. Also wollen oder nicht wollen?

Dirne. Glücklich seyn oder unglücklich.

Gramf. Wagen oder sterben?

Dirn. Verdammt oder seelig werden.

Gramf. Nun dann, in aller Heiligen Namen.
Abre — nuncio Deo et — — — omnibus Sanctis.
Abracadabra!

Er beugte sich zugleich, mit offnem Munde, vor:
wärts über zum Wecken — und das Brett brach; hinab
stürzt' er ins Verließ. Die Spieße prasselten zusam:
men. -Die Dirne lachte laut auf und schrie: Du hat:
test Recht; ich bin der Teufel. Stirb, und fahr zur

Hölle, denn du haß Gott und seine Heilgen verläugnet.

Das Gelächter, ein Dolchstich ihm ins Herz durch alle die unsichtbaren Keulenschläge, die auf ihn zuschmetterten, als das Brett brach, vernahm Gramsalbus noch; aber dann war er auch der Furcht, dem Schmerz' und jedem Leid' entnommen. Die Schreckensbetäubung windelte sich um ihn, und ließ ihn, wie von einem ausgespannten Tuch' auf's andre, sanft fallen, und als sie von ihm schied, hatte schon der Schlaf um ihn die Arme geschlungen.

Unterdessen rüsteten die Anzettler dieses Gauffs, jene Gaukler, mit welchen sich der Sinait, zu Schimpf und Ernst verbrüderte, zu einem andern. Seit einem Monat war auch Asmus von Seltau ihrer edlen Gesellschaft beygetreten. Nie konnt' es ihm Ernst seyn oder werden, die Rolle des Bruders Gramsalbus öffentlich durchzuführen; drum suchte er nur seinem Geburtsgau zu entkommen, und als er sich in einer Gegend befand, wo man so wenig ihn als sein Vorbild kannte, wußte er schnell seine Begleiter von sich zu entfernen. Nun spielte er den Mönch. Keine Dirne, die er überlisten konnte, blieb unbefleckt. Jede Ehefrau, die ihm, durch unvorsichtiges Stillschweigen, das Recht zugestand, in ihrer Gegenwart, von schandbaren Dingen schaamlos reden zu dürffen, berauschte er

nach und nach zur Schaamlofigkeit, der abgefäumteſten
Kupplerinn jedes Laſters. Des Nächſten Haabe eig-
nete er ſich zu, wo er ſie fand, wie er ſie nur zu erhaſchen vermochte, und alles ging auf die Rechnung des
Bruders Gramſalbus. Bald trieb er es ſo arg, daß
man ihn zu fangen ſuchte; da traf er auf Einen des
Gauklergelichters. Beyde verſtanden ſich ſchnell, und
Asmus zog mit ihm zur öden Burg, dem Sammel-
plaße der Horde. Willig weihte man ihn dort ein zum
Lehrling der erhab'nen, königlichen Maſſoney: Allen
alles zu ſcheinen, um Keinem etwas, ſich
ſelbſt alles, zu ſeyn. Er ſchritt bald zum Grade
eines Geſellen, und weil er im Morden ſehr geübt zu
ſeyn ſich rühmte, erwarb er zugleich die Würde eines
Meiſters und Anführers Derer unter ſeinen Brüdern,
welche, in Hohlwegen und Walddickichten, dem ſäckel-
füllenden Verfahren der Fehmrichter zu Klagenfurth
nachahmten 58).

58) Die Fehmrichter zu Klagenfurth henkten Jeden, der
ihnen eines Diebſtahls verdächtig ſchien, und zogen
ſeine Güter ein. Dann ſaßten ſie ſich zu Gerichte und
ſprachen ihm das Urtheil, ob er ſchuldig oder unſchuldig gehängt ſey. Fanden ſie ihn ſchuldig; ſo ließen ſie
ihn hängen; unſchuldig; dann wurde er abgenommen
und aus gemeinem Stadtſäckel begraben.
S. Zeiler in Append. Topograph. prov. Auſtriæ.
voc. Klagenfurth. P. 14.

Um ihrem Hauptmanne die Nachricht zu bringen, sein Urbild sey im Anzuge, eilten zween der Geleiter des Bruders Gramfalbus von Katzgrund voraus; und gleich ließ Asmus zum Schimpffpiele rüften, das den Franziskaner auf die Säule und ins Verließ brachte. Rache an dem Verfahrer zu üben, Grauchen zu plündern, auf eines Dritten Koften zu lachen, veranlaßten es. Nur seines Lebens wollte man schonen; darum wurden im Verließe dicke Tücher beveftigt, die den Sturz unschädlich machten. Aus dem Henkersbecher trank Gramfalbus einen Schlaftrunk, der ihn so lange in ftarrer Unthätigkeit hielt, bis alles zur Myfterie und großen Teufeley: von der Hölle 59) geordnet war.

Ehe noch des Schlaftrunks Banden erschlafften, brachten die Gaukler den Franziskaner in einen tiefen, geraumen Keller, wo schon der ganze Hofftaat Satan's sich versammelte, und fesselten ihn an einen, mit Wein

59) In jeder Myfterie mußten wenigftens vier Teufel vorkommen; erschienen ihrer mehrere, so erhielt die Myfterie die Benennung: Teufeley. Die Teufel, schauglich verkleidet, mit Hörnern, Klauen, Pferd- und Bocks-füßen, Schnabelnafen und Widerhakenschwänzen, spielten die Luftigmacher und Wahrheitfager in diefen Stücken, nahmen nicht Rückficht auf Geschlecht, Rang noch Geburt, und geißelten, oft mit Ariftophanischem Witz, die Thorheiten und Lafter ihrer Zeitgenoffen.

gefüllten, eingemauerten Trog. Drey Vorhänge, der nächste an ihm von durchsichtigem Netzwerk, der mittlere von feinem, der entfernteste von gröber'm Schleyertuch, sonderten ihn von den Höllenbewohnern ab.

Ein lautes Gebrüll, weckte jetzt den Schläfer. Er schauderte zusammen und wollte sich schnell aufraffen; aber die Ketten hielten ihn am Troge vest. Menschensinn dämmerte noch nicht durch sein Gehirn. Er betastete sich und das drückende Geschmeide, neigte sich über den Trog, fand was er aller Orten suchte, und schlappte den Wein aus. Wie Nadelstiche zerprickelten ihm nun die Erinnerungen an das den Kopf, was ihn vor seinem Entschlafen so unbeschreiblich geängstet hatte. Jenseits der Vorhänge glühten Flammen immer schärffer und heller empor; in ihm erlosch nach und nach das Feuer des Bluts. Ein betäubender Schwefeldampf drang in seine Nase, und er entsann sich, gehört zu haben, in der Hölle brennten klafterlange Schwefelblöcke. Vor seinen Ohren heulte ein jammervolles Wehklagen; so, deß war er gewiß, könne man nur in der Hölle heulen. Allmählig und unmerklich, wurden die Schleyertücher aufgezogen, er sah den Teufel und dessen Gesindel hervordunkeln, und durch seine Sinne bethört, befand er sich jetzt in der Hölle. Kaum hatte er so viel Krafft, sich in sein Schicksal zu erge-

X 3

ben. Unter feine Gedanken ftahl ſich verrätheriſch die
Grille: er könne kein Glied bewegen — und der Wahn
lähmte ihn würklich.

Daß er ins Verließ gefallen war, blieb gewiß, und
noch gewiſſer, daß kein Menſch, nach einem ſolchen
Sturze, dem Tode entgehe; er fühlte ſich auch nicht
lebendig: alſo mußte er todt ſeyn. Zwar wußt' er es
nicht zu erklären, daß er alles grade ſo wie ehmals
höre, ſehe, rieche und empfinde, da er doch weder
Ohren, Augen, noch andre Sinnenwerkzeuge gebrauchen könne, wenn die Seele ſeinen Leichnam verlaſſen
habe; aber er glaubte, er ſey todt, vielleicht um durch
den Glauben noch ſeelig zu werden. Der Wein, den
er einſchlurfte, hielt ſeine Unverſchämtheit, ſelbſt noch
in dieſer Klemme zwiſchen Leben und Tod aufrecht,
und ſtärkte ihn zur Hoffnung, die Teufel würden
manche ſeiner guten Eigenſchafften anerkennen, und
ſeine Verdienſte um die Vermehrung ihres Reichs belohnen. Auch fand er den Zuſtand eines Geſtorbenen
dem eines Lebenden ſo ähnlich; daß er es ſich nicht
verhehlte: wenn das Nichtleben dem Leben ſo gleich-
förmig wäre, thue man höchſt unrecht, den Tod zu
fürchten. Der einzige Gedanke, den er, wie ihm
däuchte, nicht aus der Ober- in die Unterwelt hinüber-
genommen hatte, war, daß er jetzt zwo Seelen habe,

eine jagende und eine hoffende, jene sey ganz Gramsal:
bus, diese ein verklärtes Etwas, das man sich nur
nach dem Ableben denken könne, und ein drittes Et:
was, dem bald heiß, bald kalt würde, auf eine gar
undenkbare Weise belebe. Im Wahn, er besitze keine
Kräffte, lag er stumm und ohne Bewegung, doch hielt
der Naturtrieb, sich der Gefahr durch Ausweichen zu
erwehren, den der Tod noch nicht vertilget hatte, seine
Augen geöffnet.

Jezt schwand, mit dem letzten Vorhange, die Däm:
merung um den Gedreyfachten. Flammen leckten, zün:
gelten, flakkerten und loderten auf allen Seiten. Sie
überzeugten die Gramsalbische Seele, er sey in der
Hölle, obgleich das zweyte geistige Etwas noch daran
zweifelte. Das dritte Etwas, dem bald heiß, bald
kalt wurde, fand die Hölle ganz anders bevölkert, als
es sich ehmals, durch Selbstsucht, Mönchsstolz und
Pfaffenrachgier bestochen, den erträumten Strafort
vorgebildet hatte. Wenn es einst, von Abrahams
Schooß aus, über diesen Marterpfuhl fliege, um den
Züchtlingen ihre Qual, durch seine Himmelsschöne, noch
empfindlicher zu machen, und seinen Seeligkeitsreich:
thum, durch die Armuth der Verdammten zu ver:
vergrößern; dann, so hoffte es, werd' es dort nur er:
blicken:

X 4

Könige und Fürsten, die bey ihrem Leibesleben den geschor'nen Regenten nach Kron' und Scepter getrachtet, und die Ströme des Ueberflusses, welche unter den Altären der Heiligen entspringen, in die Sandwüsten ihrer Reiche geleitet hätten; Faidtjunker, die sich mit der Weisung nicht wollten abspeisen lassen: der allmächtige Gott, in dessen Vogtsrechte sie getreten, habe weder Waibleute, noch Hunde ins Kloster gelegt, weder den dritten Theil der Gerichtsfälle gezogen, noch jährlich den Abt persönlich einigemal, mit Mannen und Knechten, heimgesucht, und weder das Oeffnungs, noch Vorkostenrecht begehrt; Ritter, die über dem Herkommen, so unerbittlich gehalten, daß auch keine Henne von ihren Höfen über die Klostermauer hätte fliegen; kein Bienenschwarm sich an den Bart eines Heiligenbildes hängen dürffen, ohne von ihnen zurückgefodert und genommen zu werden; Fürstengünstlinge, welche den Mönchen nicht auf der Straße ausgewichen wären, Bürger, welche sie nicht gegrüßt, Ehemänner, welche nicht an der Kammerthür hätten Paternoster beten gewollt, so lange die Beichtiger von ihren Weibern sich überzeugen lassen: der Herrgott habe ein wahres Wort geredet, da er behauptet, es sey nicht gut, daß der Mann alleine sey. Frauen, welche sich geweigert hätten, mit Plättlingen der Wollust zu

pflegen, um dadurch von Krankheiten der Seele und
des Leibes befreyt zu bleiben; Schanddirnen, welche
den Schorköpfen nicht um ein Gott lohn's, sondern allein für Geld sich hätten Preis geben gewollt;
endlich Minnesinger, welche Schmähschrifften wider
Mönche verfaßt, Sachwalter, welche Testamente gemacht, Layen, welche es gewagt hätten, Lesen und
Schreiben zu lernen, und Klosterleibeigene, welche
entsprungen wären. Aber von allen diesen fand sich
auch nicht Einer in der Hölle.

Auf einem scheußlichen Drachen ritt der Fürst der
Finsterniß, ein grämlicher Bursche, dessen Augen den
Aerger auszublitzen schienen, daß es den Layen nicht
ferner, wie den Maulwürffen, in der Dunkelheit be-
hage; daß sie mehr Raum um sich begehrten, als den
man im Sarge braucht; daß sie die Vernunft für eine
Geleiterinn hielten, auf deren Hülfe Jedermann ge-
gründete Ansprüche habe, und daß ihnen die Freyheit
ein Quell zu seyn däuchte, an dem sich Jeder, ohne
Gold zu zahlen, oder auf dem Bauche, wie ein ge-
bläuter Hund, hinzukriechen oder die Innhaber des
Quells zu vergöttern, des Dursts erwehren könne.
Das Thronenfieber, so damals, durch die ungesunde
Reußlufft erzeugt, im Schwange ging, mußte Seiner
Majestät hart zugesetzt haben; sie war beinahe zu ei-

X 5.

zem Gerippe abgehagert. Raubsucht und Neid hatten
Satans Starraugen weit hervor geschoben; auf seinen
eingefallnen Backen dehnte sich sichtbar die Langeweile,
in den tiefen Stirnfurchen brüteten Zukunftssorgen
Ränke aus, wodurch den kommenden Geschlechtern die
Kräfte gelähmt, die Augen geblendet, der Muth, Menschen seyn zu wollen, niedergeblejet werden könne. Ein
weißer Talar, mit rothen Sammtstreifen verbrämt,
denen goldne, kreuzweis über einander gelegte Schlüssel
eingewirkt waren, bedeckte den dürren Leib des Königs der Unterwelt; auf dem Haupte trug er die drey-
fache Pabstsmütze, um den Hals eine Kette, von Kronen aller Art und Gattung, Reliquienkapseln, Ablaß-
briefen und Schaumünzen zusammengereihet, seine
Hand hielt einen Krummstab. Aus Stolen und Kno-
tenstricken bestanden die Zäume des geflügelten Rosses,
statt der Steigbügel hingen Weihkessel vom Sattel,
statt der Decken, Kirchenfahnen. Auf dem Rücken
des Thiers saßen zwey schöne Weiber, mit Königskro-
nen geziert, und liebkoseten dem Höllengott so zärtlich, als ob sie auch sogar nach der Schaambedecke des
Buhlen lüstete. Unter den Zitzen des Drachen lagen
Mönche und Nonnen von allen Regeln, schlafend, auf-
geschwellt durch den Gift, den sie in sich gesogen hatten. Um ihn erblickte man nur Menschengestalten mit

Infeln, Kardinalshüthen und Baretten. Alles, was hinter den Flammen hervorguckte, war geiſtlich, bis auf einige unbeſchor'ne, verkümmerte, arme Sünder; lein, die ſo nahe zum Feuer ſich hielten und der Wärme ſich freu'ten, daß es ſchien, es habe ſie der Teufel aus Barmherzigkeit in die Hölle genommen. Gram; ſalbus ſah es ihnen gleich an, daß ſie auf Erden Klö; ſter geſtifftet, und, durch Seelgeräthe, ihre Nachkom; men beſtohlen hätten.

Satan gähnte und der Hauch ſeines Athems durch; donnerte die ganze Hölle. Die bekutteten Säuglinge ſprangen auf, behten zurück vor dem finſtern Geſichte Deß, der über dem Drachen thronte, und ſangen ein; müthig:

Roma mundi caput eſt, ſed nil capit mundum,
Quod pendet a capite totum eſt immundum — 60)

Satan ſchüttelte das Haupt und die Sänger ſchwiegen.

Ein Kapuhenträger, mit einem vollen Kober auf dem Rücken, rief im Ausfeilſchertone:

venalia nobis
Templa, ſacerdotes, altaria, ſacra, coronae
Ignes, thura, preces, coelum eſt venale, Deusque 61).

Satan murrte — und der Krämer eilte fort.

60) Qualterus de Mapes.
61) Johann Baptiſta Spagnole, genannt Mantuanus.

Ein Abt trat vor und begann: Ich, Widerab, ehe
mals Abt zu Fuld, war's, der seinen Knechten befahl,
am Pfingstfeste in der Kirche zu Goslar, meinen Sessel gleich neben den Sessel des Erzbischofs von Mainz
zu stellen. Und wollten dies des Bischof Hezels von
Hildesheim Diener nicht verstatten, und winkt' ich nun
meinen Knechten und der Bischof den seinen, und kam
es drauf zu einem solchen ernsten Gefechte, daß der
Erschlagenen Blut den Boden überströmte und hinaus-
floß zur Kirchenthür. —

Satan's Miene erheiterte sich nicht.

Durch den Haufen drängte sich ein Mönch und sprach:
Ich war's, der den ersten Anschlag zur sizilianischen
Mordvesper gab —

Ein Andrer stieß ihn zurück und prahlte: Ich, der
Hauspfaff Hermann Geßlers von Bruneck, des Land-
vogts über Helvetien, schwaßte ihm ein, die Unterthanen baß zu drücken —

Diesen überschrie ein Pabst also: Ich, Gregorius
der siebente, die Posaune der Kreuzzüge —

Ein Einsiedler fiel ihm ins Wort: Ich, Petrus
Eremita, genannt das Panier des ersten Kreuzzuges —

Fürchterlich brüllte Satan: Wie oft soll ich das
Alte hören? Nichts Neues?

Ein Kardinal. Die Aufhebung des Templerordens, wozu ich, als Beichtiger und Schatzmeister Pabst Clemens des fünften, rieth, ist geschehen; die Ritter sind unschuldig verbrannt und ihre Güter eingezogen worden. Satan warff die Nase auf und schnaubte. Das war etwas. Aber es muß doch bald mehr absetzen. „Unsere „Teufel sind jezt in der Welt so beschäfftigt, daß nicht „Einem von ihnen Zeit übrig bleibt, uns Nachricht „von seinem Beginnen zu geben. Wir denken, sie „hecken einen Krieg wider die Helvetier aus" 62).

Das hoffen und wünschen wir! Schrie die ganze Schaar der Verdammten.

Satan. Wär' nur Spiegelglanz, der Hochmuthsteufel hier! Er sollte uns die „Zeit kürzen durch „die Erzählung, welche Gemsensprünge jener Rhein„Graf, der den Wahn äußerte: Es gebe nur zwo Men„schenarten in der Welt, Fürsten und Leibeigene — „gemacht habe, als ihn seine freygebohrnen Unterge„hörigen eines Beßern belehrten —" Wir langeweilen uns. — Nichts zu unterschreiben?

62) Die eingehäkelten Stellen in dem, was die Gaukler reden, sind Bruchstücke aus Mysterien und Teufeleyen, welchen ich nur den Reim und Knittelschwung genommen habe. Die Eilfertigkeit, mit der die Gaukler sie zusammen raffen mußten, mag die argen Parachtonismen entschuldigen, welche ihnen entfahren.

Ein Mönch antwortete: Ablaßbriefe — und reichte dem Höllenkönige ein großes Bündel hin. Satan warff seinen Speichel drauf und sie waren vollgültige Wechselbriefe auf die Himmelsseeligkeit.

Satan. „Wie drückend und ermüdend ist es doch, „immer fort an seinem eig'nen hohen Selbst nagen zu „müssen! — Kein Wunder, wenn man aus bloßer „Langenweile Böses thut — Eure Küsse, Brunhilde — er wandte sich zur Dirne, die rechter Hand hinter ihm saß — „werden uns alt, und selbst die euern, „süße Agnes 63) schmecken uns heute nicht so blutig „als gewöhnlich. — Wir hofften immer noch, den „von Wart hier zu sehen"

„Ach, Eur Liebden — seufzte die Metze zur Lin- „ken — ich fürchte, der ist mit Allen seines Gelich- „ters in den Himmel gekommen!

63) Wittwe Königs Andreas von Ungarn und Tochter Kaiser Albrechts des Ersten. Als bey Einnahme des Schlosses Farwangen, dem von Balme, einem der Mörder Albrechts gehörig, drey und sechszig edle und andre Kriegsmänner, welche bis in den Tod ihre Unschuld behaupteten, hingerichtet waren, spazierte die sechs und zwanzigjährige Agnes in dem Blute, und sagte lachend: Es ist Maythau. Sie war übrigens eine heilige, wunderthätige Prinzeßin und hat ein Kloster gestiftet. S. die Geschichten schweizerischer Eidgenossenschaft von Johannes Müller. 2ter Theil. S. 11.

Satan. Wo sind denn unsre Narren, unsre Hof-
gaukler?

Gleich sprang ein schönes Weibchen mit einem Franziskaner hervor. Der Mönch drückte dem Weibe Hände
und Wangen, und buhlte um sie wie ein junger Löffler.
Aus allen Zügen des Weibleins leuchtete die Freude
und willig zahlte es dem Mönche für jeden Kuß, den
es von ihm erhielt, gleiche Münze zurück. Das war
ein Hätscheln und Streicheln, ein Aeugeln und Anlä-
cheln, ein Schnäbeln und Umfangen; da sah man, was
dem Spiele vorhergegangen und ihm folgen werde,
zugleich vor sich. Plötzlich stürzte ein Mann, mit einem
Bratspieß bewaffnet, auf die Liebler, riß den Mönch
zu Boden, stieß ihm das Eisen in die linke Seite und
durchbohrte ihm damit Hände und Füße. Das Weib
entfloh, der Mann eilte ihm nach. Der Mönch schlich
beschämt in eine Ecke.

Satan blieb mürrisch wie vorher.

Gramfalbus dachte: Also ist es doch wahr, daß des
seraphischen Vaters fünf Wundenmaale Bratspießstiche
sind, die er erhielt, als er mit einem Weibe in fla-
granti von dem Eheherrn ertappt wurde.

Ein steiffüßiger Mann mit einer Affenlarve trat
nun auf den Schauplatz; schöne und häßliche Dirnen
kamen ihm entgegen. Er grüßte sie freundlich; sie

dankten ihm kaum. Er ging bald diese, bald jene mit
bittenden Gebehrden an, ihm es zu verstatten, die
weißen Händchen röthlicher drücken zu dürffen; doch
trozig wurde er abgewiesen. Er both für einen Kuß
auf die Wange der Häßlichsten einen vollen Säckel; es
wurde ihm nicht erlaubt. Er sagte einer Bauerdirne
etwas ins Ohr, und hielt ihr einen diamant'nen Fin-
gerreif hin; sie lachte, kehrte dem Gauch den Rücken
zu und warff sich in die Arme eines schönen Mönchs.
Da zog der Waldteufel ein Messer hervor, und nahm
sich damit das, was ihn zum Männe machte.

Satan runzelte die Augenliede etwas nieder und
verzog den Mund zum Lächeln. Die Mönche und Nonnen lachten laut.

Gramsalbus sagte bey sich selbst: Muß doch schlimme
Zeit gewesen seyn, als Sanct Origenes lebte! Heut zu
Tage denken die Weiber: —

> — kann er nur Pfennig geben
> Et si foret diabolus — er kommt ins ew'ge Leben.

Nun stolzierte ein halbbepanzerter Mann, in einer
weißen Kutte, aus dem Haufen. Gegen eine Gewölb-
blende stellte er sich, um doch wenigstens den Beyfall
des Wiederhalls zu hören und beschuldigte alle Heilige
der Ketzerey. St. Laurentius war ihm, zum Beyspiel,

sehr

sehr verdächtig, weil er sich auf seinem Marterroste von
einer Seite auf die andre gelegt, St. Petrus, weil er
dadurch der Religion gespottet, daß er befohlen habe,
man solle das Haupt seines Kreuzes unterwärts kehren.
Die heilige Jungfrau klagte er an als eine heimliche
Heidinn, weil sie Träumen geglaubt, die heilige Klara
als eine heimliche Jüdinn, weil sie das Pflaster für St.
Franziskus Seitenwunde von der Rechten zur Linken,
nicht aber von der Linken zur Rechten geschmieret habe.
Der seraphische Vater verdiente, auch noch nach dem
Tode, zum Scheiterhaufen verdammt zu werden, weil
er sich nicht mit dem Kopfe gegen Abend in den Schnee
gelegt habe, der die Fleischesbrunst in ihm abkälten
sollte, eben so Sancta Apollonia, weil sie eine unheilige Zahl Zähne im Mund gehabt, als Kaiser Decius
sie ihr hatte ausbrechen lassen. Auch der Heiland ging
nicht leer aus, er selbst war ein Ketzer, weil er gesagt
hatte: Wehe dem Menschen, durch welchen Aergerniß
kommt — und: Das ist mein Geboth, daß ihr euch
unter einander liebet; da doch das erste nicht vermie-
den bleiben könne, wenn man zum Heil der Kirche brennen, köpfen, spießen und rädern lasse, und das letzte
unmöglich sey, wenn man auf Juden, Sarazenen, Al-
bigenser oder Waldenser treffe! Als er seine Litaney

geendet hatte, nahm er das Scapulier ab, dreh'te einen Strick davon, knüpfte eine Schlinge drinn und schrie: Hätte doch die ganze Menschheit nur einen Hals, daß ich sie auf einmal erwürgen könnte! Dann wäre mein Ruhm für Ewigkeiten unerschütterlich gegründet.

Gramsalbus zitterte bey dem Gedanken, wie es ihm ergehen werde, wenn der Ketzermacher ihn wittre, den er um desto mehr fürchtete, weil ihn dessen Stimme an den Sinaiten erinnerte.

Satan winkte den Heiligen zu sich, gab ihm einen heftigen Nasenstüber und zürnte: Nicht allso, Dominikus, wodurch würden wir dann die Langeweile verscheuchen können?

St. Bernhard knie'te vor den Drachen hin und sang ein Lied zur Ehre der Dummheit. Die ganze Höflingsschaar stimmte mit ein, selbst Satan donnerte den Baß dazu; auch Gramsalbus verstärkte den Chor.

Die Erzheiligen kamen nun nacheinander in dies Ehrengemach der Hölle und führten ein Stück aus ihrem Leben auf, oder stellten den Hergang eines ihrer Wunder dar. Mitten in ihrem Bemühen, den Satan in den Verdauungsstunden angenehm zu unterhalten, erschallte eine Trommete, erhub sich aus allen Ecken ein klägliches Geschrey, senkten sich die Vorhänge.

Gramsalbus schmiegte sich vor Angst und Bangigkeit in
den Trog hinein. Kaum wagte er es, aufzublicken,
als ihm schon wieder die Flammen in die Augen leuch-
teten und das Geheul schwand. Ueber den Trog schielte
er hin und fand nun alles in der Hölle verändert. Satan allein saß nur noch auf dem Drachen und schien mit
großer Behaglichkeit dem zuzusehen, was um ihn
vorging.

Brunhilde lag in einer glühenden Kelter, welche
ein scheußliches Ungeheuer niederpreßte. Agnes war
geschäftig, den heiligen Dominikus zu schinden, der
neben dem Roste des heilgen Laurentius auf den Knieen
lag, und die gargebrat'ne Seite seines Mitbruders zer-
fleischte. Der Drache benagte die Schultern der ehe-
maligen Königinn von Ungarn, und Satan spöttelte
ihr zu: Eur Liebden, das giebt Maythau. In den
Wundenmaalen des heilgen Franziskus nisteten ganze
Schwärme Roßkäfer. Origenes steckte in einem Aus-
kehrichthaufen, und müh'te sich vergebens die Hand
der schönen Brunhilde zu küssen. St. Bernhard bekam
von einer kleinen Dirne die Ruthe, weil er das A B C
nicht herzusagen wußte und die unbefleckte Empfängniß der Mutter Gottes geläugnet hatte, da er doch
ganz andere Begriffe von solchen Geheimnissen aus ihren

P 2

jungfräulichen Brüften gefogen haben mußte, ja fich
fo weit vergeffen konnte, ihrem Bilde das Reden zu
verbiethen, da er doch von der Weiblichkeit feiner
Buhlfchaft fo augenscheinlich überführt war. Der
gebenedegte Jvo fraß alle, von ihm, zum Vortheile der
Mönche, verfälfchten Teftamente. Der heil'gen Brigitte wurde die Zunge ausgefchnitten, weil fie, um
zur Seeligfprechung zu gelangen, gelogen hatte, die
Jungfrau Maria habe ihr perfönlich in Kindesnöthen
beygeftanden. Der heil'ge Ludwig, dem ein Kreuzzug
gegen die Saracenen und die Verbannung der Ketzer aus
feinem Reiche zum Strahlenfchein verhalf, bettelte
mit Ketten beladen um Allmofen, zur Strafe, daß er
einft feinen Unterthanen die Ranzion entpfänden
ließ, als er in Paläftina gefangen gehalten wurde. Der
heilige Crispin hatte vier hölzerne, gekrönte Häupter
vor fich, denen er es, ohn' Unterlaß einreden mußte:
es fey nicht recht, aus geftohl'nem Leder, armen Leuten Schuhe zu verfertigen. Die ganze Verfammlung
der Heiligen, deren Bilder auf Erden Gegenftände der
feelenlofeften Andacht waren, kreif'te fich hier in fo
fonderbaren Verfchränkungen, Stellungen und Gefchäf-
ten um den Drachen und feinen Reiter, daß dem dümm-
ften Layen gewiß Hände und Kniee zum Falten und Beu-

gen erlahmt wären, wenn ihm nur geahndet hätte, so
verschieden von seinen Meinungen könne man über die
Großthaten und Wunderwerke der Höflinge des Him-
melskönigs denken und urtheilen. Langsam und nach
und nach, zogen sie sich zurück und eine tiefe Stille
erfolgte.

Gramsalbus, dessen Vorstellungen von Himmel und
Hölle, von Tugend und Laster, von Lohn und Strafe
durch die Gäukeleyen ganz umgeschaffen wurden, dem
sein armes Selbst immer in der kläglichen Gestalt eines
Eccehomo's vorschwebte, verlohr durch diese Stille
allen Glaubensmuth. Die zwote Seele entwich und
ließ eine Leere in ihm zurück, wohinnein sich stracks
Millionen Furchtteufel herbergten. „Geschiehet das
am grünen Holz, was wird am dürren werden?" Mur-
melte er, ohn Aufhören vor sich hin, und zählte mit
den Augen die einzelnen Sylben dieses Schreckensspruchs
so lange ab an den Gliedern seiner Ketten, an den Laub-
blättern der Säulengesimse und den Rauten der Fenster, bis ihm auch die kleinste Spur von Inhalt aus
diesen Worten schwand. Seinen Sinnen flackerten,
sauf'ten, schauderten und stanken alle Gegenstände in ein
hochbrennendes, prasselndes, rothqualmendes Eismeer
zusammen, das ihn immer näher umwogte und zuletzt

drohte, ihn zu erſticken. Voll der ſchmerzenbſten
Gleichgültigkeit fühlte er kaum noch, daß ihm die Feſ-
ſeln abgenommen wurden und man ihn vor dem Drachen
auf die Knieen niederbrückte, ſah es faſt nicht, daß
St. Dominikus ſich ihm zur Seite ſtellte, und hörte
nur halb vernehmlich, daß der Seligmacher durch Strang
und Dolch gegen ihn eine Klage erhub.

. Wie nur ein Ketzermeiſter übertreiben kann, ſo übertrieb der Afterheilige das, was der Franziskaner kurz
vorher ausgebeichtet hatte, ſuchte und fand alſo auch
zehnfache Sündenſchuld in jedem Worte, das der Beich-
tende nur nehmen, nicht wählen konnte, hundertfältige
in der unehrbiethigen Stellung, in welcher er ſein Bekenntniß abgelegt und tauſendfache in den Zügen ſeines
Geſichts, die, nach dieſem Glaubensaft, nicht durch
Reuethränen verwiſcht und verſchwemmt geweſen wären. Das ſchreckliche Abrenuncio ſparte er nur bis zur
letzt, um es, wie einen Stab, dem Urtheil brechen zu
können: daß der Schuldige zur Strafe ſich täglich dreymal ſelbſt verzehren ſolle. Je länger der Kläger ſprach,
deſto dunkler wurde es in Gramſalbus Seele; aber als
jedes einzelne Wort des Verdammungsurtheils ſeine
Ohren zerbohrte, ſeine Glieder mit glühenden Zangen
zwickte, und durch den Vorgeſchmack eines Gaſtmahls,

zu dem nur der ergrimmteste Heißhunger laben kann, ihn
satter machte, als er sich je in seinem Leben gefühlt
hatte: dann jagte die Verzweiflung aus seinem Herzen
die Furcht, seine Sinne erstanden und ordneten sich,
seine Kräfte wurden gestählt, und über den Verdam-
mer fiel er her, stieß ihn zu Boden, schlug und trat
ihn mit Händen und Füßen. Alles, was in der Hölle
brannte, sprang zu und rettete den verkappten Dominikus aus den Klauen eines eingeschüchterten Hausthie-
res, das der Abscheu vor einem Selbstmord solcher Art
in einen Tieger verwandelt hatte.

Kaum war Gramsalbus wieder zu sich gekommen,
so kehrten auch Aengstlichkeit und Ohnmacht in ihn zurück; doch Satan richtete ihn empor und redete ihn
freundlich also an:

Bist du's, guter Freund Gramsalbus, „du treuer
„Verfechter unsrer Ansprüche auf die Herrschaft über
„die Welt, du schlauer Kuppler, dem es so wohl ge-
„lang, den Sündern, durch den Wahn, sie würden
„dich dort einst vorfinden, den Himmel verhaßt zu ma-
„chen und sie zu unserm Paniere zu werben?" Welcher
Tollkopf hat dich doch hinweggerafft in der Blüthe deiner Jahre, in der Mitte deines Laufs zu dem unver-
welklichen Lorbeerkranz eines Tugendmörders, in des-

Y 4

nem Diensteifer, unser Höllengesindel zu mehren? Auf
dich satzten wir unsre ganze Hoffnung, du werdest „das
„ Feld des Aberglaubens mit der grösten Sorgfalt an-
„ bauen, die kleinsten Stämmchen der Vorurtheile zu
„ weit umherschattenden, allen Nahrungssafft der Ge-
„ gend verschlingenden Bäumen aufpflegen, jeden Tand
„ heiligen, der den Menschen vom Nachdenken über
„ seine Bestimmung abhält, ihre Vernunft unter die
„ Kelter des Glaubens bringen, so lange sie pressen, bis
nur Kern' und Schlaube zurückblieben, „ und durch
deinen ehrwürdigen Schmeerbauch ihnen den Weg zum
Himmel verrammeln". Auf dich hatten wir gerechnet, „ du werdest deinen gekrönten und gesalbten Stief-
„ brüdern Vorbild und Muster seyn, daß sie, gleich
„ dir, ihr Leben zwischen Schlafen und Wachen, zwi-
„ schen Essen und Verdauen, zwischen Trinken und den
„ Rausch austoben, zwischen Huren und Stehlen ge-
„ theilt hätten. Sie würden dann in ihren Träumen
„ Gesetze geben, Urtheile sprechen, Krieg oder Frieden
„ beschließen, und, bey'm Erwachen, Den um Wohl-
„ stand, Freyheit und Leben bringen, der sich erkühne
„ zu behaupten: eines Fürsten Traum sey ein eben so
„ luftiges, gehaltloses, aberwitziges Ding als der
„ Traum eines Bettlers; sie würden, gleich dir, alles

„auf ihren Magen beziehen, und ihre Unterthanen
„nur darum mit Gunſt- und Gnadenwind ſchlauchrund
„ſtopffen, um ſich auf ihnen, zur Beförderung der
„Dauung, herumwälzen zu können; ſie würden ſich,
„gleich dir, blind ſehen an ihren erlog'nen Unfehlbar-
„keiten, und dieſe dadurch beweiſen, daß ſie auch
„in ſolcher Blindheit ſtets den Schuldigen zu Boden
„ſchlügen, weil ihr Zorn doch immer nur einen elen-
„den Leibeig'nen treffe; ſie würden, gleich dir, von
„Becher zu Becher taumeln und alle Becher darum ihr
„Eigenthum nennen, weil man ihnen die Macht ein-
„räumte, daraus trinken zu dürffen; ſie würden, gleich
„dir, die Tollheiten ihres Rauſch's als göttliche Einge-
„bungen verſchreien laſſen, und verlangen, daß man
„ihnen deswegen, weil ſie ſich allein ungeſtraft zu Toll-
„heiten berauſchen dürfften, göttliche Ehre erweiſen;
„ſie würden, gleich dir, der Unzucht ſich ergeben, um
„Zucht und Ehrbarkeit von ihren Unterthauen fodern
„zu können, weil dieſe mit ihnen nichts gemein haben
„müßten, und, gleich dir, ſie beſtehlen, um ſie zu
„überzeugen, alles was ſie nähmen, nähmen ſie von
„dem ihren“: das hofften wir durch dich zu bezwecken,
durch dich das gülbne Alter der Hölle herbeygeführt zu
ſehen. Und nun liegt alle unſre Hoffnung darnieder.

Daß der einst im Himmel Meuterey stiftte und gleich
uns gestraft werde, welcher dich, vor der Zeit, in unser Reich sandte! Aber doch soll ihm sein Vorhaben
mißlingen. Und was hast du denn so ungeheur-böses
begangen?

Er hat Gott verläugnet und seine Heiligen! —
schrie der After-Dominikus.

Satan. Pah, du Narr! Wir würden längst aus
diesem unsern Prunkgemache verdrängt seyn, wollte
man alle Gottesverläugner hierher bringen. Thun's
doch mit Werken, die „so den ganzen Erdboden für
„ein Distelfeld und sich für die Esel halten, welchen
„dort allein Futter wachse; thun's doch mit Werken,
„Schöppen und Grafen, wenn sie, wie Goldbrathzieher,
„das Vermögen der Rechtenden, so lange durch alle
„Verfahren zwingen, bis sie es zu Franzen ihrer Hand-
„schuhe, zu Borten ihrer Schauben können verspinnen
„lassen; Schlauköpfe, wenn sie den Bandwürmern im
„Weltkörper, durch erlogene Urkunden, Wege eröffnen,
„sich von einem Tummelplatze ihrer Raubgier zum an-
„dern überringeln zu können; Speichellecker, deren Ge-
„sichter es schon verrathen, wovon sie sich nähren,
„wenn sie für einen Gauch Leben und Ehre opfern, der
„dem Wasser nicht gleich kommt am Werth, das bey'm

„„Härten eines Feuerstahls über die Kufe sprützt; Haſf-
„ner, die ihre Harfen umſtimmen, je nachdem der
„Tageswind aus einer andern Himmelsgegend pfeift,
„und Weiber und Dirnen, welche alles in den Strudel
„ihrer Habſucht und Wolluſtgier ziehen, und es zer-
„trümmert, zerfäſert oder angefault wieder auswerf-
„fen." He, Ketzermacher, haſt du je dieß ſo ver-
klagt bey uns, je für ſie auf eine ſolche Strafe angetragen, als bey unſerm armen Gramſalbulus? Wenn
nicht einmal in der Hölle Unpartheylichkeit herrſchen
ſoll; ſo zerbrechen wir unſer Scepter über dem Knie
und „geben die Schlüſſel zum Thor' einem Stifts-
„vogte, der die Menſchen nach dem längern oder kür-
„zern Alter ihrer Namen würdigt." Hinweg aus unſern Augen! Zurück auf die Erde! „Wir bannen deine
„Seele in den Leichnam eines einfältigen Schurken,
„deſſen Hirn kein anderes Mittel vorräthig hat, ſich
„des Hungertodes zu erwehren, als abgeſchwächten
„Wollüſtlingen abgefäumte Huren zu erkuppeln und
„aus Breviaren Schreibfehler zu merzen; und ſollſt
„du ſo lange von einem Leichnam dieſer Art zum an-
„dern übergehen, bis ein noch elenderer Schwächling
„denn du, ſein Herz und ſeine Macht in deine Hände
„giebt, und du durch dieſe erbettelte Gewalt eben ſo

„viele Menschen unglucklich gemacht haft, als einst,
„da du noch Dominikus warst." Fort mit dir!

Und auch du, trauter Dienstmann Gramsalbus, sollst
ins Leben, zur Erde zurückkehren; aber nicht von unserm Haß, wie jener, sondern von unsrer Liebe begleitet. Dort sollst du fortfahren in deinem rühmlichen
Geschäfte „die Hölle zu bevölkern, gegen alles, was
„Vernunft heißt, an zu heulen und zu bellen, den
„Köhlerglauben auszubreiten, die Tugend zum Kin-
„derspott zu machen, den Vorurtheilen Seelgeräthe
„zu stiften, jeglichen Aberglauben mit einem Heiligen-
„schein zu zieren, und den Lastern durch Ablaß geben
„und Paternoster beten, die Wege zu bahnen." Und
wenn du einst zum zweytenmale zur Unterwelt hinab-
stürzest, sollen dich unsre geöffneten Arme auffangen,
und auf einen Thron heben zu unsrer Rechten.

Damit du aber sicher zu uns kommest; so präge
diese Lehren in dein Herz und befolge sie pünctlich,
wenn du nun wieder den Knappendienst bey der Seelig-
keitsmühle antrittst. 64)

64) König Tyro von Schotten vergleicht den Mosaismus
und Christianismus einer Mühle. Der untere, stille-
stehende Stein ist ihm der Mosaismus, der obere, umlau-

„Sorge, daß es nie an Ketzerblut fehle, die Räder
„ der Mühle umzutreiben. "

„Verbreite überall den Wahn, die Mühle habe die
„ Eigenschafft, aus Hedrich, Trespe, Brandkorn und
„ jeglicher Art Unkraut das reinste, feinste Mehl her-
„ vorzumahlen, sobald nur die Säcke mit deinem Merk-
„ zeichen gestempelt wären. "

„Schütte den Steinen nie Getraide auf, das einem
„ Boden entwuchs, den Menschentugend urbar machte;
„ dadurch erweisest du am sichersten den schlechten Ge-
„ halt solcher Frucht.

„Laß die Wege zur Mühle durch Straßenräuber
„ belagern, damit du den Mahlgästen dein Geleit auf-
„ dringen könnest; sind die Geleitsleute des Buschkle-
„ perhandwerks kundig, dann darfst du die Straßen-
„ räuber nicht besonders besolden.

fende der Christianismus; Zwey und siebenzig Kämme
am Rade sind ihm die zwey und siebenzig Sprachen der
Welt, Christus der Mühlenmeister, Mönche und Pfaffen
sind die Mühlenknappen. (S. Sammlung von Minne-
singern aus dem Schwäbischen Zeitpunct durch Rüdiger
Maneffen 2ter Theil. S. 248 u. 249.) Ein solches Bild
nahmen die Mysterienmacher gar gern auf, und malten
es nach ihrer Art aus.

„Laß das Mehl immer durch Kaputzen beuteln; an
„keinem andern Tuche bleibt so viel hängen als an
„diesem.

„Nimm zum Mahlzins den Zehnten von den Sä,
„cken, den Fünften vom Getraide, den Dritten vom
„Mehl.

„Sprenge oft aus, das Räderwerk sey schadhafft,
„der Stein stumpf, die Schutzbretter ausgequollen
„und angefault. Das erspart dir Mühe, und wenn's
„den Layen an Brodt mangelt, geben sie gern die Ko,
„sten zur Wiederherstellung des Unbrauchbargewor,
„denen.

„Mische zuweilen Ratzengifft unter das Mehl so du
„zurücksendest, damit nicht einst die Mahlgäste draußen
„so mächtig werden, die Mühle stürmen zu können.„

Und nun gehab dich wohl, gehe diesem Gange
nach, und du wirst wieder das Licht des Lebens sehen
und unterweges mit deinem vorigen Leichnam bekleidet
werden.

Gramsalbus, dem die Krafft, sich zu freuen oder
zu betrüben geschwunden war, der, im Geist, schon in
der „Seeligkeitsmühle„ stand, und alle Räder um sich
her klappern hörte; stierte den Afftersatan an, und
wußte nicht, ob er glauben oder zweifeln solle. Doch

die Frage des Gauklers: Oder behagt es dir hier so
wohl, daß du nicht begehrst, ins Leben zurück zu kehren? — bestimmte ihn, und ohn' ein Wort zu sprechen, ohn' umzublicken, stürzte er in den Gang. Je
weiter er rannte; desto dunkler wurde es vor ihm. Er
mußte durch enge Schlüften dringen, über bemooste
Steine klettern, durch Sumpfstellen waten; endlich
sah er den Himmel über sich und entwischte dem Erd-
dunkel. Als er zurückschau'te, konnt' er auch nicht das
kleinste Merkmaal einer Oeffnung hinter sich finden. Er
rüttelte und schüttelte sich, betastete Füße, Schenkel,
Haupt und Bauch, schrie laut, lachte, sprang, legte
sich nieder, stand wieder auf und begann nun, den Ort
zu betrachten, wo er zum zweytenmal zur Welt gekommen. Es war ein Garten, geziert mit Bogengängen,
Blumenbeeten und Standbildern. Zu einer Laube eilte
er, nach und von so mancherley Ermüdungen auszu-
rasten; aber neue Arbeit wartete hier seiner. Ein Tisch
mit Speisen, ein Credenzschrein mit Weinkrügen bedeckt, winkte ihm. Er aß, trank, dehnte sich, gähnte
und entschlief.

Die Gaukler hatten ihm diesen Tisch gedeckt, diese
Humpen gefüllt. Ein starker Schlaftrunk überlieferte
ihn wieder ihrer Gewalt; Sie schnallten ihm ein Hirsch-

geweiß an den Hinterkopf, eine Fuchslarve vor's Gesicht, legten ihn, vest in einige Schütten Stroh gebün-
delt, auf eine Hürde, und brachten ihn, durch Schleif-
wege, als eben die Nacht zu dämmern begann, zu St.
Cyriakuskloster. Dort ladeten sie ihn vor der großen
Pforte ab, und banden Graucher, dem sie die Ohren
gestutzt, die Nasenlöcher aufgeschlitzt und alles genommen hatten, was es trug, an die Klingel. So überließen sie den Betfahrer seinem Schicksal' und eilten zu
ihren Gesellen und Gesellinnen zurück.

Sechs-

Sechstes Abentheuer.

———

Die Stunden, welche Gramfalbus zwischen Seyn und Nichtseyn hinschmachtete, vergeudeten die Gassen von Katzgrund in Wohlleben und Fröhlichkeit. Sie hatten sich überredet, die Freude, welche allen Einwohnern der Stadt Schlaf und Ruhe nahm, sey allein durch ihren Muth, den Schöppen einmal die Schneide des Schwerdts zu zeigen, und durch ihre Standhaftigkeit herbeygelockt, den Stahl nicht eher in die Scheide zu stecken, als bis er durch die feuchte Abendluft anzulauffen begann; drum waren sie beschäftigt, sich für die

Aufopferungen zum Allgemeinbeſten zu belohnen. Weiſe
Männer finden immer den edelſten Lohn ihrer Thaten
in dieſen Thaten ſelbſt; der Endſchluß zu einer groß-
und guten Handlung, wie die Erinnerung, ſie vollbracht
zu haben, ſind die Ausſpender dieſes Danks; aus ihren
Händen empfingen auch die Bürger Katzgrunds den
Preis des Kampfs für die Erhaltung ihrer Freyheit.
Einer erzählte dem Andern, wie er ſich geſpudet habe,
dem Zuge nachzueilen, oder wie muthig er geweſen ſey,
ſogar die Erneuerungsſteine in der Stadtmauer zu zertrümmern, daß er nur des Wiederhalls gleiches Lobes
froh werde. Braun fragte Strauß: Wie ſteht's um
die Quetſchwunde auf deiner Schulter, Schwager? —
um die Antwort zu hören: Dank der Nachfrage, es
hat, will's Gott, nicht Gefahr damit; wird wohl dann
überharrſcht ſeyn, wenn du deinen verrenkten Fuß wieder veſt anſetzen kannſt. Braun reichte ihm die Hand,
Strauß ſchlug ein. Beyde ſchmunzelten einander zu,
ſahen in die Gegend des Stuhlhauſes, ſchüttelten blin-
zelnd die Köpfe, zuckten die Achſeln, nickten dann
einigemale, wie man pflegt, wenn man, nach kalter,
ruhiger Ueberlegung, einer Gefahr Meiſter zu werden
hofft und gingen, Arm in Arm, zum Keller. Dort foderten ſie, lauter und ungeſtümer denn ſonſt, zu trinken, warffen das Geld hin, ließen das, was auf den

Boden fiel, ungesucht liegen, ergänzten es großmüthig,
und thaten, als merkten sie nicht, daß der Wein, mehr
denn gewöhnlich, verwässert sey.

Pilgram, der Gerber, hub an zu erzählen, wie ihn
die Lärmtrommel vom Schabebock gerufen, und er,
ohne das Schurzfell abzulegen, zum Markte gelaufen
sey. Helmkau, der Schreiner, lächelte drüber, daß
er den großen Schlichthobel als eine Hellebarde getragen habe. Basthold bespöttelte die Eilfertigkeit seines
Nachbars, des Töpfer Rochs, die ihn baarfuß, zur
Mauer gejagt, und konnte das Wunder weder begreifen noch vernatürlichen, wie es ihm selbst möglich geworden sey, mit dem Knieriem, um seinen Fuß und
den halbfertigen Schuh des Fräuleins Sr. Gestrengen
des Stuhlherrn gespannt, der Werkstätte zu enthum-
peln, ohne den Hals zu brechen. Nun, wir wissen
doch, wie wir mit uns dran sind — nickkopfte dann
Schwül, der Weber Altermann, hob den Krug und
rief: Lange leben und gesund seyn! Eine schöne Gesundheit! — antworteten die Versammelten, gossen
griesgrämend den Heerlingswein hinunter, und tummel-
ten sich dann von neuem auf dem Blachfelde ihrer Thaten herum, bis Schwül wieder sein: Lange leben und
gesund seyn — anstimmte und die ganze Schaar in den
Belobungsspruch: Auch eine schöne Gesundheit! —

Z 2

ausbrach und ausbrechen mußte, weil es im Katzgrund
verbothen war, eine andre Gesundheit zu trinken.

So zehrten die Saßen die ganze Nacht an sich selbst,
und hoben, ohn' es zu bemerken, durch Eigenlob und
Wein, ihren Muth zu einer solchen Höhe, daß sie,
wie von Bergesgipfeln auf die Schöppen hinab sahen.
In der Ueberspanntheit erinnerte sich Pilgram des
Betfahrers. Mit dieser Erinnerung wurde zugleich die
Losung gegeben, den weisen, dicken Landsmann einmüthig zu preisen, und ihn eben so grade, als kurz vorher die Tapferkeit der Saßen, unter den Brennpunkt
des allgemeinen Gesprächs zu bringen. Einer wollte
noch mehr als der Andre von den „schöngesetzten, geist-
„reichen, zierlichen Reden" des Franziskaners behalten haben. Strauß rühmte die Prophezeiungsgabe des
Mönchs, Roch dessen Muth, da er in die Schöppenstube getreten sey, Braun den Blick, als er ihnen den
Rath gegeben, zu Hause zu gehen, und Alle bedaurten
zugleich, daß der wahnsinnige Sinait den Betfahrer
gehindert habe, eine Predigt zu vollenden, welche mit
einer so herzerhebenden, erbauenden Anrede begonnen,
und die Schaustücke zu vertheilen, so er aus St. Franziskus Bettelsack genommen habe. Treibel der Zim-
mermeister, dessen Bruder Mönch, dessen Sohn Sachwalter war, Einer des herzlosen Gesindels, deren Brut

nie ausstirbt, welche Stärkere als sie dazu reizen, Andern Wunden zu schlagen, und dann in dem blutrünstigen Fleische zu schwelgen, ließ sich verlauten: ob nicht
Gramsalbus, durch jene Aeußerung, den Verdacht recht-
fertigen könne, er sey ein falscher Münzer, und ob man
ihn nicht für einen Schwarzkünstler halten müsse, weil
er, nach eigner Aussage, von einem Kobolde begleitet
werde? Aber, ohne ihm zu antworten, wurde der elende
Wicht von Allen, einträchtig, zur Halle hinausgestos-
sen. Baßthold, der immer nicht begreifen, nicht vernatürlichen konnte, durch welche unsichtbare Knierie-
men dem Menschen manches sonderbare Ding über'n
Fuß gespannt werde, warff die Frage auf: Warum hat
wohl der Stuhlgewaltige den weisen Gramsalbus ange-
zupft, da der die Worte aussprach: Er sey gezwungen
zu predigen? Das könne mancherley Ursachen haben —
vermeinte Schmul, und zerschnitt, durch diese scharf-
sinnige Bemerkung, beynahe den Faden der ganzen Untersuchung. Nur kaum wehrte dem die gewagte Meinung des Harnischmachers. Ob diese Worte vielleicht
im eigentlichsten Sinne zu nehmen wären? Und Roch
unterstützte ihn durch den Ausruff: Er ist wohl gar von
den Schöppen dazu gezwungen!

Nun erhub sich ein Streiteln und Deuteln, ein
Hin- und Herreden, ein Begründen und Bezweifeln,

Z 3

ein Vermuthen und Beweisen, das zuletzt in ein ernst-
liches Gezänk' Aller gegen Alle ausartete.   Keiner
wollte von seiner Meinung lassen, „weil er, so gut
wie der Kaiser, seine eigne Meinung über eine Sache
hegen könne".   Helmkau warff Bafthold vor, er verfehle ja in seinen vier Pfählen des rechten und nächsten
Weges, wie er sich dann wohl durch solche Staats-
räthselwelten finden wolle; und erhielt die Antwort:
ja nicht zu glauben, daß er, Meister Helmkau, dort
den Wein allein bezahle,

Strauß zürnte, da Braun den Krug auf die Seite
schob, sich mit den Ell'nbogen auf den Tisch stemmte,
und „sein Dafürhalten" durch Fingerzeige zu unter-
stützen suchte. Schon stieß Strauß den Krug hefftig auf
die vorige Stelle hin; schon fragte Braun; Gilt das
mir? Schon hörte Schwül nicht mehr den gewöhnlichen
Wiederhall, wenn er die Stadtgesundheit ausbrachte.
Die Bänke hinter den Tischen wurden verlassen, die
Kannen über die gebräuchliche Trinklinie gehoben, die
Kienscheite vom Heerde genommen, die Zechtafeln ab-
gerissen, und alles kündigte den blutigsten Bürgerkrieg
an, als Schwül durch den weisen Rath den Frieden
wiederherstellte: zum Vetfahrer zu gehen, und von ihm
zu erfragen, wie die Worte, man habe ihn gezwungen, zu verstehen wären.

Gleich setzten die Gaßen die Kannen nieder, warfr
fen den Kien auf's Feuer und brachten die Zechtafeln
wieder an ihren Ort. Strauß gab Braun den Arm,
und die ganze Versammlung taumelte zum Hause des
Stuhlsachwalters. Schon erhellte der Morgen die
Straßen. Viele junge Bürger, welche die Marktplätze
verließen, weil sie sehr bald eines Vergnügens müde
wurden, das Häscher und Frohne, unter der Lanze einer
hohen Obrigkeit, ausfeilschten, gesellten sich zum Zuge
der ältern Gaßen, und freu'ten sich, daß sie doch wie⸗
der einmal für etwas mehr gehalten werden müßten,
als für die Läuse auf den Blättern des Freyheitsbau⸗
mes; ein hochlöblicher Schöppenstuhl von Katzgrund
hatte einst alle die Einwohner der Stadt so benannt,
welche die göttliche Unfehlbarkeit der Worte: Von
Rechts wegen, nicht bezweifeln, oder den Geschlech⸗
tern nicht mit bedecktem Haupte unter die Augen tre⸗
ten durften.

Schwül, der gern' alles zum besten kehren wollte,
pochte leise an das Haus des Sachwalters; aber Strauß,
der immer im Getöse lebte, und daher alles auf gut
sultanisch behandelte, warff einen Stein gegen die Thür
und rief zugleich: Aufgeschlossen und den Betfahrer⸗
herausgegeben, oder wir nehmen ihn uns. Der Sach⸗
walter fuhr vom Bette ans Fenster, hörte das stürmi⸗

sche Begehren der Gassen, und antwortete schlaftrunken, unbedachtsam: der Betfahrer ist um Mitternacht
entflohen.

Entflohen?! — Schrie die Menge, und Koch:
Hab' ich nun Recht oder Unrecht?

Strauß. Du hast Recht; aber auch wir wollen uns
schon Recht schaffen.

Basth. Wenn ich's nur begreifen könnte, warum —

Helmfau. Ey, das läßt sich so leicht begreifen, wie
ein fallender Hobelspahn. Der war ihnen zu klug,
zu gescheu't.

Braun. Hatte ihnen zu viel Haar über den
Zähnen.

Pilgram. Richtig, drum schabten sie ihn fort.
— Der ist nicht entflohn.

Strauß. Aber er soll zurück und ob sie ihn aus
einer Blyde geschleudert hätten.

Schwül. Doch nur fein ordentlich, daß es nicht
wie Gestern —

Strauß. Was hast du gegen Gestern? Gestern war
besser als Vorgestern. Rede mir noch ein solches Wort,
und ich hämmere dich —

Erp kam jetzt aus dem Hause; ihn fragten gleich
Alle: Ist dein Gespann fort?

Erp. Leider.

Pilgr. Seht, wie der arme Wechselbalg weint. Werff ihm doch Einer sein Wischtüchlein zu; ich mag das Ungethüm nicht anrühren.

Braun. Ich auch nicht.

Schwül. Es ist ja ein Mensch, ein Zwerg.

Roch. Nicht doch, es ist ein Nickert.

Pilgr. Richtig, ein Alp.

Helmkau. Es hat geredet.

Basth. Dann läßt es sich darthun, daß es ein Mensch ist; aber doch hab' ich's nicht sprechen gehört, also —

Strauß. Ich trag' einen Nagel vom bußfertigen Schächer am Halse; drum fürchte ich es nicht. He — Du — bist du ein Mensch?

Erp. Freylich; warum sollt' ich nicht?

Helmk. Nun, da hört ihr's.

Basth. Ja, er hat's selbst gesagt; darauf kann man nicht fußen.

Pilgr. Richtig, jeder Spitzbube sagt von sich, er sey ein ehrlicher Kerl, und ist's doch erlogen.

Schwül. Alle guten Geister loben Gott den Herrn!

Erp. Ich auch.

Basth. Nun haben wir Grund zu glauben, als sey er auch ein Mensch.

Z 5

Erp. Und ein Unglücklicher, der seinen braven Herrn verlohren hat.

Strauß. Sollst ihn wieder haben.

Basth. Und du begreiffst nicht, wie —

Erp. — der Ehrwürdige entkommen ist? Nein. Das Getümmel weckte mich, da schlich ich in sein Gemach, und fand ihn nicht.

Braun. Wir wollen ihn schon finden.

Erp. Er ist gewiß auf dem Wege zu St. Cyriakus Kloster,

Alle Saßen. Er soll zurück.

Roch. Und Abt werden zu St. Eusebius, an Pater Bernhards Stelle, den das Schwörhaus erschlug.

Strauß. Und wer dagegen etwas einzuwenden hat, soll auch erschlagen werden.

Braun. Ja, oder erdrosselt.

Roch. Oder gesäckt.

Pilgr. Richtig, darauf kommts dann nicht an.

Basth. Ey freylich kommts darauf an, denn es ist und bleibt doch immer ein Unterscheid —

Strauß. Kannst du jetzt Unterscheide machen? Ich will dir den Panzer segen, daß —

Der Sachwalter war zur Hinterthür seines Hauses hinaus und zum Stahlherrn geflüchtet; dem erzählte er das Vorspiel zum Aufruhr und das Verlangen der

Gaßen, den Betfahrer zurück zu rufen. Der Herr fand nicht, warum man den Gaßen eine so unschuldige Bitte abschlagen solle, hüllte sich in seine Amtsschaube und ging unerschrocken zu den Meuterern. Jezt, da alle über Meister Barthold hinstürzen wollten, „weil er in solchen Zeiten an Unterscheide denken könne", kam er zum Haufen. Seine Frage; Was schafft ihr, lieben Brüder? schlichtete den Hader.

Strauß. Wir denken, meinen und halten dafür, — — daß es nicht mehr als billig, — recht, und Gott wohlgefällig — auch zum besten unsrer Stadt überaus nützlich — gar nicht schadenbringend, noch unnüz, oder aber Gott mißfällig — daß —

Stuhlherr. Nun?

Strauß. — Der Betfahrer —

Stuhlh. — aufgesucht, zurückberufen werde·

Strauß. Ja, mit Eur Gestrengen Wohlnehmen.

Stuhlh. Herzlich gern, wir sehen nur nicht ein —

Barth. Merkt ihr's, daß es mehrern Leuten so geht, wie mir? Es freut mich von Eur Gnaden, daß ihr auch nichts einseht.

Stulh. — was den guten Mann verleiten konnte, so heimlich —

Schwäll. Der Abt Bernhard ist todt, und die Heiligen geben ihm eine fröhliche Urständ, wenn jezt

der Betfahrer, so denk' ich nach meinen schwachen
Kräften —

Stuhlh. — Abt würde an Bernhards statt? Ein
Wunsch, den unsre lieben Mitsaßen uns aus der Seele
gestohlen haben. Wir werden Den für einen Beförde-
rer gemeiner Wohlfahrt halten und verehren, der sich
aufmacht, den Pilger zu suchen.

Basth. Eur Gestrengen werden's nicht begreifen,
daß, da wir nur bis zur Waschbank, bis zum Galgen
und in den Morast uns finden können, wir des Pilgers
Spur verfolgen mögen.

Stuhlh. Sein Zwerg und Sylvester sollen dazu
beordert werden.

Schwül. Ich wünsch' Eur Gnaden einen guten
Morgen.

Stuhlh. Lebt wohl, Freund Schwül.

Helmkau. Verhoffen, wir haben Eur Gestrengen
nicht aus dem Schlafe gestöhrt.

Stuhlh. Ach nein, wir hatten uns noch nicht zur
Ruhe begeben.

Basth. Wollen uns wieder an unsre Arbeit verfügen.

Stuhlh. Das thut, guten Leute.

Koch. Gott gesegen' Eur Gestrengen das Mittags-
Essen.

Baßth. Die Schuhe für das edle Fräulein sind gewiß zur Vesperzeit fertig. Ich sag' immer zu meinen
Hausleuten: Ich begreife nun und nimmer nicht, wie
ein Christenkind auf so kleinen, nichtswürdigen Füßen
hin und her gehen kann, als Eur Gestrengen Fräulein
Tochter —

Strauß. Komm, Zwerg, mit mir zum Narrn.

Stuhlh. Er soll den Pater Gramsalbus höchlich
bitten, doch ja bald zu uns zurück zu kehren. Hier,
Zwerg, nimm des Mönchs Urkunden. Und ihr, Ge-
vatter Strauß, überbringt wohl an Sylvester —

Baßth. Sag' ihm, Strauß — Eur Gestrengen
Wort in Ehren — daß der Zwerg auch Gott lobe, wie
wir; sonst mögten ihn die Mönche nicht einlassen.

Stuhlh. — unsre Halskette, zum Beweis seiner
Sendung —

Strauß. Gern. Nicht wahr, Eur Gestrengen, es
ist zu Stadtsbesten?

Stuhlh. Freylich, würden wir es sonst billigen?
Wir werden künftig einen weisen Mann in eure Gelage
schicken, und uns von diesem vortragen lassen, was für
Anschläge zu Stadtsbesten von euch bekannt gemacht
sind, um den Erfindern derselben, auch unaufgefodert
eine Gnade dafür erzeugen zu können. Und soll noch

heute Einer aus den Geschlechtern mit dem Amte eines Stuhlkundschafters belehnt werden.

Alle Saßen. Gott erhalte unsern guten Herrn!

Stuhlh. Und uns so treue Untergehörige.

Die Saßen zogen heim zu ihren Häusern. Strauß und der Zwerg eilten zu Sylvester. Der Stuhlherr hielt als Sieger die Wahlstatt.

Sylvester, aus dem die Unmuthsteufel noch nicht gewichen waren, fand diese Gesandtschaft sehr passend, sie zu verjagen, und trat gleich mit dem Zwerge die Reise zu Cyriakuskloster an.

Auf St. Egidiustag, mit dessen Abend Gramsalbus wieder zum Ort seiner Mönchswerdung zurück kam, hatten sich die Cyriakusmündel lange gefreut. Der Abt, einer der gewaltigsten Waidleute im ganzen Gau, feyerte dann zum zehntenmale seine Thronbesteigung durch eine Jagd, wozu er alles laden ließ, was in der Gegend nur einen Armbrust abdrücken, einen Hasen aufscheuchen konnte. Mit Morgensanbruch verließen die Holz, Busch und Hagen liebenden Mönche, wohlgerüstet zum Schießen, Stechen und Spießen, das Kloster, um dem Bruder Spongiolus Pergament zu verschaffen, worauf er seine neuen, lehrreichen Untersuchungen über Absaloms Maulthier schreiben könne. So stolz, wie einst Peter der Einsiedler vor seiner

Kreuzhorde, zog der Abt vor ihnen her. Bald wiederhallte der ganze Wald von den Messen, die dem erlegten Wilde gehalten wurden. Muth und Geschicklich-
keit wetteiferten mit einander. Der edle Hirsch veren-
dete indem ihn der scharfeckige Bolzen traf. Der wilde
Keuler keuchte seine Wuth nahe vor der Hand aus, die
ihm den Spieß durch die Brust trieb. Der mürrische
Wolf erlag ohne Geheul dem scharfsichtigen Waidmann,
und der gewandte Fuchs blieb auf der Stelle ohne Leben,
wo er den Schützen erblickte. Die Franziskaner hatten
mit der Kutte alle Mönchsheit abgelegt und vertrugen
sich mit den Rittern des Gau's so brüderlich, daß selbst
die Klosterleibeignen hinlänglich von der Menschlichkeit
ihrer Herrn überführt wurden, welche sie sonst immer
nur für Mittelwesen zwischen Heilige und Teufel gehalten hatten.

Als die Sonne unterging sprengten die Ritter zu
ihren Burgen, wateten die Mönche zum Kloster zurück.
Dort erwartete die müden Altarschranzen ein erquicken-
des Mahl. Um es desto fröhlicher zu genießen, setzte
man auch hier die Zwanglosigkeit oben an, und bannte
jeden finstern Grämler, der des seraphischen Vaters
Regel wörtlich befolgt haben wollte, in seine Zelle.
Weil der Abt öfter als seines Gleichen unter Menschen kam, so wußte er, daß in einem Gelage von eitle

gelahrten Männern das Gespräch sehr leicht auf wissen-
schaftliche Gegenstände sich lenke und zum kopfweherre-
genden Nachdenken verleite; deswegen hatte er die
schönsten Töchter seiner Leibeigenen heimlich ins Kloster kommen lassen, um durch den Neid über ihre Reize,
die häßliche Trude Weisheit entfernt zu halten.
An die Wände des Refectors waren die erlegten Thiere
gehäugt, und von diesen nahm der Abt und jeder
Mönch Gelegenheit, nach der Menge, die er zu Boden
gestreckt hatte, zuerst von seiner Beysitzerinn Gunstbe-
zeugungen zu fodern. Dann ging er, der Reihe nach,
um den Tisch; und ließ auf gleiche Art von jeder Dirne
seinen Verdiensten lohnen. Wer so befriedigt war,
trat dann die Habeascorpusacte dem Nächsten ab, und
mit größerer Sorgfalt kann kein Bischof das ewige Gebet von einer Kirche seines Sprengels zur andern
übertragen lassen, als hier von jedem Einzelnen, das
Venerabile seiner Mönchsheiligkeit, jedem Mädchen,
auch ohn' ein Einziges zu überspringen, dargebothen
wurde. Die Dirnen, welche für ihre Hennenschaft
durch die Herablassung der bekutteten Hohen zu ihnen,
Vortheil zu ziehen suchten, ließen sich jede Laune ihrer
Herrn gefallen, zierten sich nur und thaten spröde, um
nicht dem, was sie doch gern' gaben, durch voreilige
Bereitwilligkeit die anziehendste Würze zu nehmen,

und

und waren gewiß, Sanct Cyriakus werbe es mit den Erzeugnissen der Zukunft schon wohl machen. Die Hunde schnoberten dabey unter dem Wilde herum, und sangen nach ihrer Art, ein In excelsis zum Geklapper der Becher, zum Gejauchze der Trinker und zum Ge= quicke der Dirnen.

Unterdessen hatte Grauchen schon einigemal, über den Verlust seiner Ohren, den Kopf geschüttelt, und die Klingel angezogen. Die Layenbrüder wollten Pa= tres und Fratres nicht durch die Nachricht in ihrer Freude stöhren, daß ein Kranker die Hülffe des Seelen= arztes verlange; allso überhörten sie dies. Aber Gräu= chen wurde immer ungestümer, und die Layenbrüder mußten endlich, durch das verabredete Zeichen, den jüngsten Mönch zu sich rufen. Nicht aus Eifersucht, sondern blos weil es ihm drinnen so behagte, verließ der mürrisch den Speisesaal, hörte die Klagen der Layenbrüder, zündete eine Leuchte an und schau'te zu einem Fenster über dem Thore hinaus, um den unver= schämten Klingler zu bannen. Als er aber den Esel erblickte und neben ihm aus Strohbündel ein gehörntes Haupt hervorragen sah, so wähnte er, Einer der Leib= eignen, welche die erlegten Thiere zum Kloster bringen mußten, habe sich verspätet, und aus Furcht deswegen gestäubt zu werden, den Esel, dem seine Last halb zu

schwer geworden, an die Klingel gebunden, und sich
davon gemacht. Er eilte also ins Refectorium, ver-
kündigte den Fund voller Freuden, rannte mit einigen
Mönchen, die grade dem heiligen Egidius kein Opfer
zu bringen hatten, zurück; diese trugen den vermeinten
Vierzehnender in die Halle und legten ihn auf den Tisch.
Vor den Augen der Halbberauschten flimmerte schon
alles, was sie zu sehen wünschten, und also sahen sie
auch in ihrem Bruder ein Thier, und begannen darüber
Rath zu pflegen, wer es getödtet haben könne. Das
Schwanken der Träger, das Niederwerffen auf den
Tisch, die schnelle Veränderung der Lufft weckten Gram-
salbus. Er stützte sein Haupt empor, erkannte seine
Mitbrüder und was sich ihm vor seinem Entschlummern
so allgewaltig eingeprägt hatte, röchelte zugleich:
Wehe! Wehe! Wehe! Seyd ihr auch in der Hölle?

Erstarrung schauderte nach dem ersten Zusammen-
fahren durch alle Menschen in der Halle. Wie von
Einem Blitzstrahle gelähmt, saßen, standen oder lagen
alle so da, wie sie das erste Anprallen des Schreckens
und ein Trieb, auf die Kniee zu sinken, oder die Hände
an den Ort zu bringen, wo der Rosenkranz zu hängen
pflegt, hingeformt hatte. Als sich der Basometh auf
dem Tische erhob, schlossen sich Aller Augenliede, und
die Angst hielt sie geschlossen. Die rothgefleckte Haut

auf den Wangenknochen gab nur allein Zeugniß der
Farbe, welche noch kurz vorher alle Gesichter über-
glühte. Nasen und Nägel waren den Mönchen ge-
blaut, der Dirnen weicher Busenflaum in gekörnte Fisch-
haut verwandelt.

Zum Entfliehen erstärkte sich allmählig der Muth
der Männer, zum Schreyen öffneten sich die Kehlen
der Metzen, als der Sinn des Geruchs es der lebenden
Leiche verrieth, mit welchen Blumen ihr Prunkbette
bestreuet sey. Da sie die Arme nicht gebrauchen konnte, sich empor zu richten, so kantete sie sich von einer
Seite zur andern, und verhinderte dadurch Flucht und
Geschrey; aber die Fleischwalze begann sich zu überkol-
lern, fiel vom Tische und in den Schooß einer Dirne.
Die Larve schob sich unters Kinn, und das wunder-
schöne Antlitz des Betfahrers lag unverschleyert da. Jetzt
kreischte die Verwunderung hell' aus dieser Dirne, der
schon vorher, unbestimmt blieb's, aus welchem Grunde,
etwas von der Menschlichkeit des Hörnerträgers geahndet hatte: Gramsalbus! Bruder Gramsalbus!

Nicht also, ich bin's? Heulte der, und Aller Köpfe öffneten die Augen, ohne sich zu bewegen, und
schielten zu ihm um. Die Kapuzenjünger erkannten
den trauten Mitarbeiter im Weinberge Gottes, frag-

Aa 2

ten nicht woher noch wie, sondern sprangen hinzu, bän»
delten ihn los und stellten ihn aufrecht.

Es war nicht reine Schaam oder Furcht, was jetzt
die Züge des Vetfahrers länger und platter zog, nicht
reine Hoffnungsfreude, welche zugleich aus den trüben
Augen, wie das Licht durch eine Hornleuchte, glänzte;
vielmehr eine so sonderbare Mischung dieser Leidenschaf-
ten zu einer Mitteltinte zwischen Wohl und Weh, daß
sie, ohne die Farbe von einer derselben zu verschlingen,
doch nur allein die Mönche zum Lachen reizte, und alle
zu dem Geschrey kitzelte: Gramsalbus! Die Geißel des
Federvieh's! Der Erbfeind des Fastens! Der Sieger
über die vollsten Schüsseln! Der Wunderthuer! Der
Innbegriff der Weisheit aller Welten!

Als Gramsalbus diese Ehrennamen hörte, bey welchen man ihn sonst im Kloster rief, sprudelte schnell
Wunsch, seines unentkörperten Bewußseyns gewiß zu
werden, die Worte aus: Lebt ihr?

Ob wir leben?! Jubelten die Mönche, leerten die
Becher und küßten die Dirnen.

Gramf. Leb ich?

Ein allgemeines Gelächter antwortete ihm.

Gramf. Bin ich nicht todt gewesen? Nicht begraben? Nicht gerichtet? Nicht verdammt, mich, in der
Hölle, selbst aufzufressen?

Frag den — erwiederte der Abt und reichte ihm einen vollen Doppelkelch.

Gramsalbus sah hinein, umschnoberte den Raub, trank und setzte ab, um: Nein! zu rufen, und: Ja! zu schreyen, um wieder desto tapferer zu trinken.

Nun strudelten Fragen aus allen Mäulern; doch der verlohrne Sohn des heilgen Cyriakus entgegnete nichts, weil ein gekochter Schweinsschinken alle seine Sinne in den Sinn des Geschmacks zusammengeeinigt hatte.

Abt. Welcher Teufel hat dich so gekrönt?

Gramf. (kessend) Morgen — Uebermorgen — Nach Jahren —

Wardian. Wer dich so zusammengestaucht, daß —?

Gramf. In der Ewigkeit — da ist Zeit für dergleichen.

Abt. Laßt den Fresser gewähren —

Die Mönche bezähmten die Neugierde als Männer, und ihre Obermacht über die Dirnen zwang auch diese, sich jetzt nicht, durch unzeitiges Fragen, von wichtigern Dingen abhalten zu lassen.

Gramf. Bruder Aloysius, den Auerhahn da — Ich bin beynahe meiner Zähne nicht mehr Herr blieben — Sind das nicht Trüffeln? Pater Athanasius schiebt sie mir doch näher — Und hab' ich einmal vielerley Wein getrunken unterweges. — Das Waizen

brobt habt ihr ſchon alles verſchlungen bis auf die wenigen Brocken? Werfft ſie her — Fünf hundert Gülden bring' ich mit! — Wer mein Freund iſt, gebe mir
doch die Schüſſel voll Neunaugen. — Urſelchen, wie
glüh'ſt du? — Pater Oekonomus, wie ſind die letzten
Gänſe ausgefallen? Hübſch feiſt? Und die Buchwaitzen-
drobte? — Weit und breit iſt St. Cyriakus durch mich
bekannt, berühmt und beneidet worden. — Küß mich,
Urſelchen! — Grauchen wird gewiß noch bey lebendi-
gem Leibe ein Roß vor St. Elias Feuerwagen, ſo hab'
ich's überall herausgeſtrichen. — Zu trinken! —

Durch ſolche Nachrichten, durch ſolche Bitten um
Nahrung für Körper und Geiſt unterbrach er ſich lange;
bis es endlich dem ältlichen Wardian gelang, eine etwas gehalt'nere Schilderung ſeiner Abentheuer von ihm
zu erzwingen. Aber durch die zuletzt gemachten Erfahrungen in der verödeten Burg, welche dem Darſteller
bald das Werk eines Traums, bald eines Rauſches,
bald eines Fiebers, bald die Folgen eines jähen Falls
geweſen zu ſeyn däuchten, wurden ſie ſo ohne Zuſam-
menhang in einander geklekt, geſudelt und gewiſcht,
daß der Wardian ſich zu dem Schluſſe berechtigt hielt,
Bruder Gramſalbus ſey wahnſinnig, und ihm befahl,
ſich zu Bett zu begeben.

Wofür man ihn hielt, wenns zu Tisch oder zu Bett
ging, blieb dem Mönche immer gleichgültig; er humpelte also wohlgemuth zu seiner Zelle; aber für die
Nacht war's um seine Ruhe geschehen. Er sah sein
verstümmeltes Grauchen, hörte, so unbepackt und ge-
schändet, habe man es an die Klingel gebunden gefunden, heulte seine Klagen mit solcher Verzweiflungs-
wuth in die unbelößelten Ohren des einzigen Geschöpfs,
dem er mit Freundschafft zugethan war, daß ihn der
Wardian in ein vestes Gewölbe sperren ließ, und den
Brüdern im Refectorium die schreckliche Mähr verkünden mußte: der Klosternebuchadnezar sey von seiner
Weisheitshöhe gestürzt und wahnwitzig genug, gleich
einem Ochsen das Gras des Feldes zu fressen.

Die Trunkenbolde kümmerte dies wenig, nur einige
Dirnen verriethen durch ihr lautes Ach, wie sehr auch
die zum Thier hinabgesunkene Majestät das Mitleid
warmherziger Schwachheit verdiene.

Gegen Morgen, als St. Cyriakus Knappen dem
Wein und der Wolluft erlagen, grämelte sich Gramfalbus in den Schlaf.

Sylvester kam am Mittage des andern Tages zum
Kloster, erfuhr gleich, daß Katzgrunds Heiland schon
dort angetrieben sey, ließ sich zum Abt führen, eröff-
nete ihm die Absicht seiner Sendung und überreichte

die Urkunden. Mit den Nachwehen des Rausches hatte
der Hochwürdige so viel zu thun gehabt, daß er sich
bis dahin des zurückgekehrten Pilgers nicht erinnern
konnte, und um desto mehr überraschte ihn das Begehren eines hochlöblichen Schöppenstuhls und einer ehrbaren Gaßenschafft von Katzgrund. Aber doch schien
er nicht geneigt, es abzuschlagen, nur wollt' er vorher
die Mönche berufen, um, wie er sagte, ihre Meinung
drüber zu vernehmen, eigentlich, weil er selbst nur die
Worte: Wilibaldus Abbas schreiben und lesen konnte,
sich die Urkunden vorlesen zu lassen. Sylvester wurde
zum Klostermayer gewiesen, und der schriftkundige
Spongiolus mußte, im Beyseyn des Wardians und der
ältesten Mönche, die Zauberzeichen der Ritter enträth-
seln. Mit jeder Zeile, deren Sinn der hochgelahrte
Bruder entdeckte, mehrte sich die Verwunderung des
Abts und seiner Getreuen, und stracks weckte man den
Betfahrer, um von ihm zu hören, wo das Geld sey,
dessen die Urkunden erwähnten. Gramsalbus antwortete nur durch Thränen und Seufzer, und berief sich
immer darauf, ganz Katzgrund wisse, und könne es be-
zeugen, er habe dort noch alles Geld, wovon die Urkunden sprachen und schwiegen, nämlich fünfhundert Gülden
und das arme Grauchen noch lange Ohren und schön ge-
rundete Nüstern, besessen. Wohin aber das Geld

gekommen, und durch welchen „Gotteslästerer" das
Biederthier so verunstaltet sey; das könne man nur
bey'm heil'gen Franziskus erfragen. Gramsalbus mußte
abtreten, und die Mönche vereinten sich bald zu dem
Endschlusse:

„Zur Ehre Gottes und zum Heil der Menschen,
„wolle man dem Münster des heil'gen Eusebius in
„Katzgrund den Bruder Gramsalbus, nachdem er die
„Priesterweihe empfangen, zum Abt nicht vorenthal=
„ten; sondern ihn vielmehr dazu verabfolgen lassen,
„sobald die Gnadenstadt jene fünfhundert Gülden be=
„zahlen würde, welche der Betfahrer, nach einer Of=
„fenbahrung des heil'gen Franziskus, in ihre Ringmauer
„hineingebracht, aber nicht wieder mit sich hinausge=
„nommen habe".

Sylvester glaubte kecklich, im Namen der Katzgrun=
der, versprechen zu können, das Bedingniß solle erfüllt
werden; und jetzt hinderte den heiligen Cyriakus nichts,
den Bitten der Gnadenbürger zu willfahren und ihnen
„seiner treu'sten Diener Einen" abzutreten. Kaum
war Sylvester zum Klostermayer entlassen, dort, nach
der Reise sich gütlich zu thun; so mußte Gramsalbus
wieder erscheinen. Wilibald sagte ihm, er stehe nahe
vor dem engen Kerker, der nur Raum für den Verbre=
cher und den Tod habe, weil er das Geld, so man ihm

anvertrauet, ohnzweifel in Wollüſten verſchleudert
hätte; weil aber die Katzgrunder jetzt zween Schalks;
narrn beſolden wollten, und er deswegen zum Abt an
St. Euſebius erwählt worden, ſollte ihm Gnade ſtatt
Recht und er ihnen ausgeliefert werden; doch mit der
Bedingung, daß er die Fünfhundert Gülden, in Jah;
resfriſt aus dem Kloſterſäckel des heil'gen Euſebius
erſetze. Gramſalbus fand dies ſeinen Verdienſten ſo
angemeſſen und mit ſeinen Erwartungen ſo überein;
ſtimmend, daß er auch nicht durch ein Augenzucken
oder Kopfaufwerffen die geringſte Verwunderung drü;
ber äußerte; zu der Clauſul verſtand er ſich gerne, und
gelobte endlich, zur beſtimmten Zeit das Geld ſelbſt
zu bringen, ,,ſintemal es ja doch immer in der Freund;
ſchafft bleibe". Den Berufern und Erwählern zu Ehren
erſchallte nun ein allgemeines Gelächter, und um dem
Erleuchter eine feine Wohnſtätte in Gramſalbus Herzen
zu bereiten, ergriff man den heilſamen Kelch des Herrn
und berauſchte ſich bis zum Unbewußtſeyn.

  Kaum hatte ſich die Gluth des Rauſches zu einer er;
ſchlaffenden, Durſt und Mißbehagen erweckenden Fühl;
loſigkeit abgekühlt, ſo wurde der Biſchof des Spren;
gels zum Kloſter geholt, und Gramſalbus, nach kirch;
lichem Brauch und Herkommen, durch Beten, Hand;
auflegen und Salben zum Prieſter geweihet.

Nun eilte Sylvester gen Katzgrund, dort es zu verkünden, daß nach sechszehn oder zwanzig Stunden der König der Ehren einziehen werde, und setzte Schöppen und Gaßen in freudige Bewegung, das Kaufgeld für die neüerstandene Stadtgeißel zusammen zu bringen, und alles zu ihrem Empfange zu ordnen. Das erste war bald berichtigt. Auch die Beyträge zu dieser Staatssteuer wurden, wie alle Abgaben, für jeden Hausvater gleich hoch gesetzt. Der geringe Bürger, dessen Erwerb nur kümmerlich hinreichte, sich und die Seinen des Hunger und Durstes anständig zu erwehren, die gewöhnlichen Gefälle, ohne merklich den Nächsten zu betrügen, zu bezahlen und sich und die Seinen so zu kleiden, daß dem Nothwendigen eine Borte des Überflüßigen aufgeheftet werden konnte; der Handwerker, welcher um vier und zwanzig Stunden zu leben, durchaus achtzehn Stunden davon gesund, wach und fleißig seyn mußte, wenn er nicht im Schuldthurme schmachten oder vor dem Spittel sterben wollte, zahlte nicht mehr dazu als der reiche Schöppe, Geschlechter oder Handelsmann: denn die Gleichheit ist die einzige, unerschütterliche Grundlage eines freyen Staats.

Mehr Nachsinnen bedurfte es, den Plan zu einem feyerlichen, glorreichen, herzerhebenden und doch gnadenstädtisch = eigenartigen Einzuge des neuen Abts zu

entwerffen; das gelang endlich dem Stuhlfeder-
schmücker. Nach dessen Angabe verzierte man das Hochgericht, den einzigen Gränzort im Katzgrundischen Ge-
biet, der zu einem festlichen Empfange sich schickte,
mit Kränzen von Weinlaub und Tannenzweigen, und
setzte in den Graben, der es vor dem Andringen des
Pöbels bey Hinrichtungen sicherte, Enten, welchen man
das Wapen der Gnadenstadt auf die Rücken gebunden
hatte. Die Stadtpfeifer sollten, damit sie den Raum
nicht vereugten, auf dem Balkendreyecke des Stelzen-
dreyfußes reiten, doch mußte vorher d e r H e r r , um
das Holz für diese Sitzung ehrlich zu machen, drauf
herumrutschen, so sehr auch dadurch sein Niedergewand
gefährdet werden mochte. An die Galgenpfähle stellte
man, so senkrecht als möglich, Leitern und band auf
jede Staffel, abwechselnd, ein weiß- und ein schwarz-
gekleidetes Kind, um die Stadtfarben und ihre Bezie-
hung auf den Ursprung des Staats zu versinnlichen.
In der Mitte des Rabensteins errichtete man einen
Altar, dort sollte der neue Abt seine erste Messe lesen.
Vom Gränzpfahle bis zum Hochgericht waren die Stadtfahnen in zwo Reihen gepflanzt; zwischen ihnen standen
die Geschlechter, hinter diesen die Gasen. Den Fuß
des Bühels umringten die Mönche, auf der Brücke
zum Galgen drängten sich die Stuhlfreunde, auf dem

Hügel lagerten sich die Stuhlgenossen. Pontius Pilatus und Moses, der in einer Sänfte saß, hielten Wache
am äußersten Raine, den neuen Abt zu empfangen, und
zum Altare zu führen, auf dem bis zur Messe der Herr
ruh'te.

Willibald versäumte seinerseits auch nichts, den
Ehrenzug glänzend zu machen. Gramsalbus selbst ritt
ein Maulthier, dem das an Schmuck und Putz aufgebürdet war, was dem regelrechten Mönch' abging.
Ihm zur Seite stolzierten, in schimmernden Waffen
und Wapenröcken, die adlichen Lehnsleute des Klosters, vor ihm her gingen Leibeigene, welche die Geschenke trugen, so Sanct Cyriakus seinem geliebten
Bruder Eusebius übersandte, nämlich fünf Krüglein
voll der Erde, welche Grauchen, bey'm Entdecken der
Knochen des heilgen Bastians ausgescharrt hatte, einige
Strohwische, auf welchen einst der sabaische Elephantenzahn gelegen, und einen Tannzapfen mit einer un-
förmlichen Samenhülse, wie ein Kreuz gestaltet. Grauchen, von dem sich Gramsalbus auch nach seiner Erhebung in den Adelstand der Möncherey nicht trennen
wollte, folgte. Um dem Thiere die, ihm gebührende,
Ehrfurcht zu sichern, und den Mangel der Ohren zu
ersetzen oder zu verstecken, hatte man eine Krone von
Rauschgold an den Halfter gevestet; die zerschlitzten

Nüſtern, woraus Jeder auf das Beſtreben des Thiers
ſchloß, alles zu erriechen, ſtauden gar fein und paſſend
zu dieſem Hauptſchmucke. Gramſalbus nahm die Ur⸗
kunden zu ſeiner Betfahrt als eine Ausſteuer mit ſich.

Ganz Katzgrund hatte ſchon ſeit drey Stunden des
Erwählten geharrt, dem Bequemlichkeitsliebe geboth,
ſich nicht zu übereilen. Die Geſchlechter raunten ein⸗
ander zu, es ſey höchſt widerlich, ſo lange im Dunſt⸗
kreiſe des Bürgerpöbels zu athmen. Die Stuhlfreunde
murrten über die Ungemächlichkeit, ſtehen und warten
zu müſſen, ohne ſich daran zu erinnern, daß ihre Ge⸗
ſchicklichkeit im Stehen und Warten ſie zu Ehren ge⸗
bracht habe. Die Stuhlgenoſſen, der dickgepolſterten,
weichen Seſſel gewohnt, fanden das Hochgericht gar
erbärmlich gepflaſtert, und entwarffen den Plan zu einer
Pflaſterſteuer. Der Herr verwünſchte ſeine Nachgie⸗
bigkeit, und ſann darauf, die Bewillkommungsrede
abzukürzen. Die Mönche ſchliefen ein, trotz dem Wei⸗
nen und Winſeln der Kinder, denen das Hängen an
den Leitern mit Recht eben ſo wenig behagte, als ſie
der Zuruf ihrer Väter beruhigte: Was man für's Va⸗
terland leide, ſchmerze nicht — und die Stadtpfeifer
blieſen ihre Unzufriedenheit in den ſchneidendſten Miß⸗
tönen aus. Ein rauhes Schlackerwetter mehrte den

Unmuth dieſer aller; nur die Gaßen hielten veſt an
ihrer Freude und Standhaftigkeit.

Endlich erſchien der Heißerſehnte, und die Verſtellung
würkte ſo ſchnell auf die erwachſ'nen Mißvergnügten,
daß Jeder es dem Andern ſehr verdacht haben würde,
hätt' er ihn an die Aeußerungen ſeines Unwillens erin‐
nert; nur die Kinder waren weder durch Drohworte
noch Liebkoſungen zu beſchwichtigen. Gramſalbus run‐
zelte die Stirnhaut in dicke Falten, als er das ge‐
ſchmückte Hochgericht erblickte, denn ſein Gewiſſen
neckte ihn durch die Furcht, er werde dort eine der
leidenden Rollen ſpielen müſſen, welche um deſto un‐
dankbarer ſind, weil man auch bey der beſten Ausfüh‐
rung nicht zur Kunde des Beyfalls der Zuſchauer ge‐
langt. Er weigerte ſich, fortzureiten oder von ſeinem
Thiere zu ſteigen. Pontius, dem dieſe Mönchsdemuth
ſchier bezauberte, machte ſie den Geſchlechtern bekannt;
einige von ihnen eilten zu Gramſalbus, zogen ihn vom
Mauleſel und zerrten ihn zum Galgen.

Als die Kinder dieſe fürchterliche, brüllende Geſtalt
zum Bühel ſchleppen ſahen, wähnten ſie, es ſey ein
Popanz und heulten ihre Mütter und Ammen zu Hülffe.
Das ſchreckte den Franziskaner noch mehr. Stehlen
wollen — ſo jammerte er — heißt noch nicht geſtohlen
haben, und St. Euſebius — Der Stuhlherr, der ſich

höchlich freu'te, durch des Mönch's Ahndungsangst des
Geschäfts überhoben zu werden, die Bewillkömmungs=
rede zu halten, unterbrach und machte ihn mit dem
Zwecke der Anstalten bekannt. Stracks erholte sich
Gramsalbus und las mit vieler Salbung seine erste
Messe unter dem Galgen. Die Kinder schrieen, die
Gassen seufzten andächtig, die Geschlechter rümpften
die Nasen dazu. Stuhlfreunde und Genossen husteten,
und die Mönche lachten hinter den Scapulieren ihres
neuen Gebiethers. Kaum hatte der geendet; so ließen
sich die Stadtpfeifer hören, so jubelten die Gassen:
Es lebe, grüne und blühe Abt Gramsalbus. Die Ge=
schenke wurden ehrerbietigst angenommen, und St. Cy=
riakus Lehnsleute eingeladen, die Freude der Stadt
Katzgrund zu theilen. Auf einer, mit schwarz und
weiß gestreiften Decken belegten Bahre, trugen zwölf
Bürger den Hochwürdigen zum Stuhlhause. Eine
hochpreisliche Schöppenschafft, die edlen Geschlechter,
die ehrbaren Gassen und die Klostermannen folgten;
und die Kronickenschreiber Katzgrunds hielten es gar
sehr der Mühe werth, der Nachwelt zu überliefern,
wie viele Kälber, Hammel, Schweine, Gänse, Hüh=
ner, Hechte und Karpen an diesem Feyertage verzehrt,
wie viele Fässer Wein, Meth und Bier ausgeleert und
wie viele Krüge zerbrochen wurden.

Trix

Treu und gehorſam der weiſen Regel des Alter=
thums: Keine Veränderung des Standes muß den
Mann ändern — blieb Gramſalbus unverändert der,
ſo er geweſen. Wie vormals theilte er ſeine Zeit zwi=
ſchen Nichts = und Böſesthun, wußte immer noch
jenem die Farbe der raſtloſeſten Arbeitſamkeit anzu=
ſtreichen, dieſes, zur größern Ehre Gottes, heimlich
zu üben. Die Kinder des heil'gen Euſebius befanden
ſich wohl unter ſeinem Scepter. Der Stuhlherr zog
ihn, zum Beſten der Gaſſen, auf ſeine Seite, und
dieſe waren überzeugt, es ſey keinem Feinde des Va=
terlandes möglich dem gemeinen Wohl zu ſchaden, ſo
länge der beſchor'ne Heiland Katzgrunds ſeine Hand
zum Segen und Fluch über Gute und Böſe ausſtrecken
könne. Der Ruf, einer der launigſten Schälke, von
welchen je die leichtgläubigen Adamsenkel geneckt wur=
den, hielt ſich ſo treu zum Paniere des neuen Abts,
wie ein hungriger Geyer zum Aſe ſich hält. Er erfand
ſinnreich, log mit Vorſichtigkeit, vergrößerte mit be=
dächtlicher Mäßigung, und erhob, unmerklich wie es
ſchien, und doch übertreibend; als ob er im Solde
ſtehe, ſeines Schützlings einfältigſten Reden, lächer=
lichſten Maulverzettungen und nichtswerthen Unthaten
zu weiſen Kernſprüchen, Engelsgebehrden und Edelthä=
ten. Er häufte auf ſeinen Günſtling alle Tugenden der

Heiligen, schob seinen albernsten Grillen die menschen-
freundlichsten Zwecke unter, wußte wie oft er faste, wie
viele Stunden der Nacht er im Gebet durchseufze, und
wie lange er sich bedenke, wenn er von den Einkünften
des Klosters auch nur einen Heller zu eig'nem Nießbrauch verwenden müsse.

Kein Wunder also, daß die ganze Gassenschafft
schier um Sinne und Verstand gebracht wurde, als jach
das Gerücht durch die Stadt tobte: Gramsalbus sey
an einem Stickflusse gestorben, da er eben vom Mit-
tagsmahl' aufgestanden, um sich in sein Betkämmerlein
zu begeben — und die Wahrheit dieser Schreckens-
kunde sich bestätigte. Als ob sie plötzlich', mitten in
einem Walzer geblendet wären, so würkte diese Zeitung auf die Gassen. Einer rannte wider den Andern,
Einer tappte nach der Leithand des Andern; aber Diesem fehlte selbst das Vermögen aufrecht zu stehen, und
er torkelte neben Den hin, dem er zum Führer dienen
sollte. Wie nach der ersten, betäubenden Bestürzung
jene Tänzer sich mühen würden, die Wände zu erreichen, wo sie Schutz zu finden hoffen; so zogen sich die
Gassen unwillkührlich zum Stuhlkeller. Mit Wehklagen über den unersetzlichen Verlust erfüllten sie die
Halle der Freude. Erp hatte ihnen oft Gramsalbus
Großthaten in der Herberge zum güld'nen Sporn und

in Staubach erzählt; aber nie erschienen ihnen diese in
dem Wunderlichte, das jezt sie umstrahlte, da auf
ihren Augen der Schleyer der Betrübnißblindheit lag;
wie hatten sie die feinen Züge der Schönheitsgestalt
ihres Lieblings so bemerkt als jezt, da sie diese vor dem
Spiegel der schmeichelnden Rückerinnerung anstaunten.
Der Gedanke: Ich besaß — verführt gemeiniglich so
sehr zum übertreibendsten Lobe, als der Gedanke: Ich
besitze — zur Gleichgültigkeit verleitet, und Stam-
bulus war den Saßen schon so viel gewesen, da er noch
unter ihnen lebte; wie viel mußte er ihnen also nicht
scheinen, da sie seinen Verlust beweinten?

Daß wir nur bey seinem Leibesleben das Konterfay
des Gottesmannes hätten verfertigen und aufstellen
lassen über dem Schächerthore! — Sanfte Schwül.

Roch. Es sollte abgenommen —

Basth. Ich begreife nicht wozu? Ständ' es dort
nicht gar hoch und zu Jedermanns An- und Aufsicht
bequem?

Roch. — und in eine Kirche gebracht werden.

Braun. Es würde eine Blende eben so gut ausfüllen, als ein heiliger Nikolaus oder Fabian —

Helmkau. Die unsre Mauern nicht niedergerissen —

Strauß. Gewisse Leute nicht zu Paaren getrieben —

Pilgr. — haben. Richtig.

Bb 2

Schwül. Und ein frommes Christenkind dürfte
sich auch nicht schämen, seine Kniee vor diesem Bilde
zu beugen.

Basth. Gar nicht. Auch würde sich das Bild eines
Katzgrunders wohl ehrbar und sittig in einer Kirche zu
nehmen wissen.

Pilgr. Richtig. Wer weiß sich in seinem eig'nen
Hause nicht zu benehmen?

Braun. Und die heil'gen Klause und Fabiane ließen
sich, denk' ich, schon handeln, wenn der große Gramsalbus das Amt begehrte.

Strauß. Wollten's ihnen schon einreden.

Basth. Wozu einreden? Ist nicht der Himmel
eine Gnadenstadt? Und hat nicht in einer Gnadenstadt
Hainz so viel Recht als Kunz? Begreift ihr's. Die
Pfaffen nennen die Heiligen Himmelsbürger. Was
macht den Bürger?

Koch. Der Eyd.

Strauß. Nicht doch. Ein Herz, das groß und
gut für Alle schlägt, nicht Mund und Hand, schafft
aus Menschen Bürger.

Helmk. Arbeitsamkeit und Gehorsam gegen die
Gesetze —

Schwül. Gottesfurcht, Zucht und Ehrbarkeit —

Braun. Redlichkeit und Eintracht —

Strauß. Muth und Tapferkeit —

Basth. Und Freyheit —

Pilgr. Und Singen und Beten, macht den Bürger.

Braun. Und daß Einer so viel gilt als der Andre.

Pilgr. Richtig, doch nur allein vor Gott.

Strauß. Auch vor Menschen muß Einer so viel gelten als der Andre, sonst würde der Herrgott gewiß Einigen von uns auch die Sättel, Andern die Sporn anerschaffen haben.

Basth. Und was macht den Heiligen?

Roch. Die Strahlenkrone.

Strauß. Die macht nur Könige, bessere Menschen kann sie nicht bilden.

Basth. Wunder machen den Heiligen.

Schwül. Und der Hochseelige Gramsalbus hat's auch verstanden, Wunder zu thun.

Braun. Drum ist er auch so viel als jeder Klaus aber Fabian.

Strauß. Und soll auch ein Heiliger werden.

Basth. Ey, das ist nicht so leicht gethan, als gesagt.

Strauß. Wir verlangen aber, daß es geschehe!

Basth. Zum ersten, muß er vier Wunderahnen beweisen ihnen.

Strauß. Narr, er soll ja nicht turnieren.

Bb 3

Basth. Aber doch mit zu Tische sitzen im Himmel.
Zum zweyten, alles mögliche Böse von sich sagen laffen.

Strauß. Schlag dein Weib zu dem Geschäfte vor.

Basth. Ich begreife nicht, wie dir deine Harnische
noch gerathen, da du immer neben hin hämmerst. Zum
dritten muß sein Bild —

Helmk. Ich will ein Bild von ihm ausschnitzeln,
und soll dies so heilig drinn sehen, daß selbst der Herr
nicht wagen wird, es grad' und dreist anzuschauen.

Schwül. Dies setzen wir zu St. Eusebius in die
Blende, wo ehmals das Freiheitsbild mit den Stadt-
schlüffeln stand: das hat ja die Zeit längst aufgerieben.

Koch. Und dies Bild muß dann angebetet werden.

Strauß. Muß? Willst du mir gebiethen, was ich
anbeten soll? Ich laffe mir von meines Gleichen nichts
befehlen, und bete das Bild nicht an —

Basth. — weil's Helmkau geschnitzelt hat.

Koch. Nun geschnitzelt, geschmiedet oder geformt
muß es ja doch werden und Helmkau es auch anbeten.

Helmk. Fragt sich; dann müßt' ich auch vor allen
Schemeln und Tischen niederknieen, die ich verfertigt
habe.

Schwül. Ey, das Bild ist ja der Mittler zwischen
Gott und uns, sobald du das Schneidemesser davon
abziehst.

Strauß. Nur der Pabst kann es mir befehlen.

Basth. Das kostet Geld, schweres Geld.

Braun. Nun, wir haben Geld.

Pilgr. Richtig, auch Heilige.

Braun. Auch einen Katzgrunder?

Alle. Nein, und den können wir wohl bezahlen.

Schwül. So ein staatseingebohrner Heiliger ist ein Freund, den man in fernem Lande trifft.

Basth. Und weiß man den anzureden, und kann ihm alles begreiflicher und sich gemeiner mit ihm machen, denn mit einem wildfremden Menschen.

Strauß. Darff ihm zumuthen, daß er Einem die Wahrzeichen und Trinkstuben des Orts zeige.

Koch. Verlangen, mit ihm unter Einer Decke zu schlafen, und begehren, daß er vor dem Zubettgehen das Licht auslösche.

Pilgr. Richtig; und wenn er in der Nacht aufsteht, sicher seyn, daß er es nicht thue, um seines Schlafgesellen Geldsäckel zu stehlen.

Schwül. Und ein ruhiger Schlaf ist eine wünschenswerthe Gabe Gottes.

Braun. Nun, wir schlafen hier zu Lande schon ziemlich ruhig.

Strauß. Bedürffen keines Heiligen, der uns ein

fingt; aber die Wahrzeichen von diefem und jenen, wo=
hinter wir hier noch nicht kommen können —

Braun. — foll uns Gramfalbus bekannt machen —

Alle. — und zu dem Ende ein Heiliger werden.

Bafth. Das wäre befchloffen.

Schwül. Der Herr gebe feinen Segen dazu.

Strauß. Gott der Herr. — Die Schöppen find
jetzt verfammelt. He, Junker Stuhlkundfchafter, ihr
habt gehört was wir begehren, geht und klopft an die
Schöppenftube —

Schwül. — leife, leife! Bewahre Gott, daß dort
Jemand durch uns in feiner Ruhe geftört werde.

Strauß. Klopft an, gleichviel wie, und fagt dem
Stuhlgewaltigen, wir wollten —

Bafth. — wünfchten, bäten.

Strauß. Daß es dir doch immer im Sinne liegt,
wie du mit deinem Weibe zu handeln haft! Wollten —
denn was gut ift, darff und muß man wollen — daß der
Abt von St. Eufebius feelig und heilig gefprochen werde.

Stuhlkundfchafter. Das wollt ihr allein?

Strauß. In einer Gnadenftadt darff Niemand
allein etwas wollen.

Stuhlkundfch. Und doch haben euch eure Mitbrü=
der nicht zu ihrem Sprecher erkohren.

Die Gäfte fchwiegen.

Strauß. Daß die Feigen ihr Herz bischenweise auswörtelten, wenn sie einst ihren Kindern Stoßseufzer gegen Bedrückungen lehren! Junker, sagt dort, wo ihr meine Botschaft ausrichtet, diese Memmen hätten nur grade noch so viel Muth, nicht Nein der Frage zu antworten, ob ich von ihnen zum Sprecher erkohren wäre.

Der Stuhlkundschafter schneckelte fort.

Strauß. Kein Wunder, daß wir unter dem Schöpsenstuhle gekrümmt liegen, da wir so geschmeidig sind, uns zusammendrücken zu lassen! Pfui! Der treue Haushund, der sich treten läßt, ist nicht werth, Zähne zu haben. Und nun auch kein Wort mehr über den ärgerlichen Satz.

Er warff sich bewegt in eine Ecke; beschämt sahen lange die Gaßen seitwärts ihn an. Endlich stand Braun auf, reichte seinem Schwager die Hand, und setzte sich neben ihn. Helmlau nahm den Krug und trank dem Harnischmacher zu: Guter Wünsche Erfüllung! Einige Bürger verließen die Halle. Strauß kreuzte ihnen nach. Schwül betete. Basthold zerzupfte seinen Halskoller, weil er das alles nicht begreifen konnte.

Pontius kam und winkte Strauß zu sich.

Braun rief: Wir stehen Alle für Einen, können auch also wohl Alle für Einen hören.

Bb 5

Pontius. Euerm Gesuch ist gewillfahrt, doch soll Meister Strauß —

Alle Saßen. Was sollen wir?

Pontius. Ein hochlöblicher Schöppenstuhl wünscht, daß Meister Strauß sich dem Geschäfte unterziehen möge, den Zwerg und Sylvester gen Rom zu begleiten, um von dort her die Kanonisationsbulle für den verstorbenen Abt zu holen.

Braun. Willst du das, Schwager?

Strauß. — Ja!

Basth. Und wir werden es zu erkennen wissen, was ein hochlöblicher Schöppenstuhl für uns thut.

Pontius zog sich, nicht ohne Besorgniß, daß man ihm ein Geleit aufdringen mögte, zur Schöppenstube zurück, und versuchte dort, das männlichveste, überlegte Ja des Harnischmachers in dem Ton, mit dem es gesagt war, zu wiederholen; aber es blieb nur bey einer unvollkommnen Nachahmung. Besser gelang es ihm, den Endschluß der Volksregierer zu loben, sich auf diese Weise eines unruhigen Kopfs zu entledigen, der allein die Gährung in der Stadt aufgeregt und unterhalten habe. Wenn dieser Räthleinsführer entfernt und dafür gesorgt seyn würde, daß er nie wieder in seine Vaterstadt zurückkomme, hoffe er, werde es leicht seyn, die übrigen „Jaherrn" so zu leuken, daß sie dem

väterlichem Willen der Schöppen immer einmüthig
beystimmten.

Auch der Stuhlherr lebte dieser Hoffnung; um ihrer
Erfüllung desto sicherer zu seyn, foderte er von den Ver-
wesern des Gemeinsäckels, vorsorgend, das Geld zur
Gramsalbus Heiligsprechung herbey zu schaffen, trug
er den Verwaltern der Zeugkammer und des Marstalles
auf, für Sylvester, Strauß und den Zwerg, Kleider
und Maulthiere zu wählen, und aus dem herrnlosen
Gesindel in der Stadt, die Tauglichsten zu Knechten
und Knappen der Machtbothen zu erkiesen; doch müsse
dies alles vor Tagesende geschehen seyn, damit schon
vor Mitternacht die Gesandtschafft, also auch der Un-
ruhstifter, Katzgrund verlassen könne. Sylvester wurde
in dieser Sitzung mit dem Ehrenstande eines Heilig-
genraths der Gnadenstadt belehnt, „weil man von
einem blanken, baaren Narrn nicht erwarten dürffe,
daß er, ohne den Strahlenschein eines Amts, einem
Amte gewachsen sey". Der Herr übernahm es, ihn zu
unterrichten, wie und wodurch er, bey Gramsalbus
Seeligsprechung, dem heilgen Geist zur Hand gehen
müsse. Dem Harnischmacher vertrau'te man die Urkunden zu des Franziskaners Leben, Thaten und Wunderwerken und beschloß, es ihm, zur Belohnung seiner
Verdienste um den Staat, nach seiner Zurückkunft,

stillschweigend, zu erlauben, daß er gleich den Geschlechtern, Schnäbel an seinen Schuhen, wie Eulenflüge
gestaltet, tragen dürffe.

Der Eifer für die gemeine Wohlfahrt befeuerte die
Verweser des Säckels, Marstall's und der Zeugkammer
zur Eilfertigkeit. Schon vor Mitternacht war die neue
Heiligensteuer gehörig eingetheilt, und die Machtbothen verließen mit Gold, Kleidern und aller Reise-
nothdurfft reichlich versehen die Stadt. Dem Heiligen-
rath gab man den geheimen Befehl, im Hoflager des
Kaisers vorzusprechen und dort für den Schöppenstuhl
von Katzgrund um das Privilegium de non appellando
anzuhalten. Pontius hatte Strauß über die Art, wie
Urkunden auf Reisen verwahrt werden müßten, so mancherley einzuschärfen gehabt, daß dieser seinen Freunden
nicht einmal Valet sagen konnte.

Am andern Morgen trieb der Schöppenstuhl die
Heiligensteuer ein. Viele Gaßen wurden dadurch acht,
ja vierzehn Tage lang, auf Wasser und Brodt gesetzt,
mehrere mußten das entbehrlichste Handwerksgeräth
verkaufen, und den mehrsten blieb bey den häuslichen
Fehden, die, ohne Absagbriefe, mit Thätlichkeiten
begannen, nur der Trost: Was man für's Vaterland
leide, schmerze nicht.

Weder das Geräusch, so bey'm Abzuge der Gesandt-

schaft, ganz Katzgrund wachend erhielt, noch das
Gelärm der Gerichtsdiener, als sie durch die Gassen
läuteten und die Beyträge zur Heiligensteuer einfoder-
ten, hatte Gramsalbus geweckt, denn er war nur entschlafen, nicht gestorben. Da er des weisen Satzes
Gründlichkeit: Kein großer Mann bleibt groß in den
Armen des Schlafs — anerkannte, hatte er es lange
zu vermeiden gesucht, daß ihn die Eusebianer in diesem
Thierzustande erblickten. Aber die gebenedey'te Jungfrau, welche ihres Lieblings Heiligsprechung beschlossen, wußte sein Antliz, nach der letzten Bauchfüllung
so zu erklären, und jeden seiner kleinsten Reize so wun-
derschön zu schminken, daß es dem tollentbrünsteten
Schlaf unmöglich wurde, die Zeit zu erwarten, da er
seinen Trauten im Bettkämmerlein herzen dürfe. Er
umarmte ihn schon am Tische, und die Mönche, welche
nie einen Menschen sahen, der so mit ganzer Seele und
aus allen Kräften schlief, wähnten, der Abt sey todt,
und füllten mit ihrem Wahn das Kloster und die Stadt.
Ihre Freude, als der Sehrehrwürdige sich wieder vom
Lotterbette erhob, und sein wohlbekanntes: Zu trinken! — anstimmte, glich ihrer Schreckensbetäubung, da
er so ohne Zuck und Ruck, entschlummerte. Sie ver-
gaßen Clausur und Regel, und rannten in die Welt,
um alle Die sich wieder zu versöhnen, welche sie durch

die erste Vorschnelligkeit gegen sich erbittert hätten.
Die Gaßen taumelten zum Stuhlkeller, tranken dort,
auf Borg, die Gesundheit ihres wiedererstandnen Be-
schützers, und kümmerten sich nicht um das Geld, welches sie sammt den Säckeln zur Heiligsprechung herge-
geben hatten, denn sie blieben überzeugt, er müsse doch,
früh oder spät, kanonisiert werden, und was man bezahlt habe, sey man nicht mehr schuldig. Die Schöppen glaubten eben dies, weil die Stimme des Volks
Gottes Stimme ist, und ließen die Machtbothen ruhig reisen, denn Strauß war mit ihnen; auch hielten
sie es für besiebnet, daß kein Strahlenschein dem
Haupte des Abts passend seyn könne.

Als das Gerücht von seinem Tode zu Gramsalbus
Kunde kam, neigte er den Kopf auf die Brust, faltete
die Hände und sprach: Gelobt sey der seraphische Vater, daß er mich meiner ungeschwemmten Heerde erhielt. Und mögt ihr durch eure Einfalt gewitzigt werden, hinfort nicht alles zu glauben, was euch eure
Sinne vorträtschen. Dürfft nicht wähnen, meine Seele
wolle so stille den Leichnam verlaßen, wie die Flamme
den Tocht, dem es an Oel gebricht. Zeichen werden
geschehen bey meinem Abscheiden am Himmel und auf
der Erden, Menschen nicht essen und Säuglinge nicht
säugen mögen Tage und Wochen vorher, und wird kein

Mann, vor Ahndungsangst sich ehelich halten zu seinem Weibe, und der Mond wird in eine Nebelkappe sich hüllen, wenn gleich kein Wölkchen am Himmel däm= mert, und die Sonne, wie am Ostermorgen einen Wal= zer, alsdann einen Schleicher tanzen, und werden Küch= lein ihren Müttern, vor Betrübnißwuth, die Augen auspicken, und Wölfe, vor Beyleidsschmerz, so zahm werden, daß man sie mit den Schafen aufs Feld trei= ben kann. Dies laßt euch gesagt seyn, beherzigt es wohl und tödtet mich nicht eher mit euern Zungen, es habe sich denn solches alles eräugnet; sintemal man vom Tode und Teufel nie Bilder an die Wand malen muß, wenn man nicht will, daß die groben Gesellen bey Einem vor der Zeit einsprechen.

Diese Rede lief vom Mund zu Mund, und die Gassen freu'ten sich, daß der Heißhunger, welcher sie jezt quäle, ihnen zum Zeugniß diene, der Ulmbaum, um den sie die welken Ranken ihrer Hoffnungen ringelten, werde sobald noch nicht der Axt des Holzmeyers erliegen.

Gramsalbus wendete auch alle seine Kräffte redlich an, sich ihnen zu erhalten. Täglich machte er Versuche, welcher Unschlitt dem Lebensflämmchen die beste Nah= rung gebe, in welcher Lufft es am hellsten brenne, welche Windschirme am sichersten den Hauch des Todes zurück hielten. Keine Mühe ließ er sich verdrießen, es zu

ergrübeln, welche Lage der Verdauung am vortheilhaf=
testen sey, auf welchen Pfülben man am besten von
Gebetsermattungen und Fleischeskasteyungen ausruhen,
wie man jeder schädlichen Gemüthsbewegung am schnell=
sten ausweichen, vor Aerger und Theilnahme an An=
drer Unglück sich hüthen könne: und bald krönte seinen
Geschäftsfleiß eine so eichenveste Gesundheit, daß ein
halbes Jahr hinschwand, ohne daß einem Katzgrunder
nur die Möglichkeit ahndete, er werde je eine geweihte
Kerze auf dem Grabe des Gottesmannes opfern.

Dem Stuhlherrn gefiel diese menschenfreundliche
Selbstpflege des Mönchs höchlich. Die Erfahrung
hatte ihn belehrt, daß Jeder, der seinen Bauch zum
Gott macht, den Kopf zu dessen Hohenpriester ernennt.

So lebte Gramsalbus mit sich selbst, so lebten mit
ihm die Katzgrunder zufrieden. Die Galeere des Gna=
denstaats trieb auf dem eb'nen Meere des Herkommens
ruhig fort. Die Gassen hatten sich wieder an den
ehmaligen Ruderschlag gewöhnt, fanden, gewohnte
Arbeit mache keine Schwielen, und dem Herrn behagte
es sehr, daß willigen Arbeitern leicht zu pfeifen sey.

Sylvester kam von Rom zurück, ohne Strauß, den
ein Unfall betroffen hatte, aber mit Gramsalbus Kano=
nisationsbulle und einem jungen Maler, der am Abbilde
des jüngsten Heiligen seine Künstlersporn verdienen
wollte.

wollte. So sehr sich drob die Gaßen freu'ten, so miß-
launig machte dies den Herrn. Nie hatte der vermuthet, daß man in Rom die Metzenweisheit so gut
kenne, so pünktlich befolge. Er besorgte, iezt müsse er
dem Heiligen, dessen Konterfay er ohne Furcht am
Spiegel der Staatsgaleere aufgestellt sah, das Befehls-
haberpfeifchen überantworten, weil dem Mönche iezt,
nach der Meinung des Pöbels, Erden- und Himmels-
wind zu Geboth stehe, und dazu konnte sich ein Steuer-
mann nicht entschließen, der es wußte, daß auch der
günstigste Wind kein klippenreiches Fahrwasser weniger
gefährlich mache. Pontius und Moses, von gleicher
Furcht ergriffen, eilten zu ihm, und nach langem Hin-
und Herreden über die beste Art sich im Besitze ihrer
Rechte zu erhalten, wurden sie, auf Sylvesters Rath
einig, den neugebohrnen Heiligen mit der Zeitung von
seiner Erhebung zu Boden zu rennen.„

Sie stürzten also, von Mönchen, Schöppen und
Gaßen begleitet, in die Halle, wo Gramsalbus und
Willibald der geistigen Beschauung zum Besten der sündigen Menschheit, so ganz und angelegentlich oblagen,
daß alles, was außer ihnen war, sich ihren Sinnen nur
so einprägte wie ein Bild den Wellchen eines Bachs,
fielen auf die Kniee und schrieen: Heil'ger Gramsalbus,
bitte für uns, iezt —

Gramsalbus senkte sich schnell wieder zur Erde hinab und zürnte: Ey, fein ruhig! Fahrt ihr doch zu mir herein, als ob der jüngste Tag euch auf die Fersen träte. An welcher verbothnen Frucht habt ihr euch die Zähne ausgebissen?

Bitte für uns jezt und in unsrer Todesstunde! — Wiederholten die Knieenden.

Gramf. Sollt ihr gehenkt werden? Potz Leichnam, und wird der Galgen zu eitel Reliquien werden, der das alte und neue Testament zugleich trägt.

Schöppen, Mönche und Saßen. Wir armen Sünder bitten dich —

Sylvest. Durch das Wunder deiner unmenschlichen Enthaltsamkeit in Staudach —

Schöppen, Mönche und Saßen. Hilf uns, heil'ger Gramsalbus!

Sylvest. Durch deinen Sieg über den Partisan des Teufels —

Schöppen, Mönche und Saßen. Hilf uns, heil'ger Gramsalbus!

Sylvest. Durch die Krafft, exkommunizierte Speisen ohne Gefährde zu verdauen —

Schöppen, Saßen und Mönche. Hilf uns, heil'ger Gramsalbus!

Sylvest. Durch deine Gewalt, den Teufel im Kapuzenärmel zu fahen —

Schöppen, Saßen und Mönche. Hilf uns, heil'ger Gramsalbus!

Gramf. Wovon und wozu? Heilig und immer heilig! Nun, was man nicht ist, kann man noch werden.

Stuhlherr. Wollt es euch doch gefallen, die Bestätigung des weisen Spruchs von diesem Pergament zu erfahren.

Er reichte ihm das Breve.

Willibald. Des Pabstes Siegel und Unterschrift!

Gramf. (das Pergament übersehend) Ey! „Gramsalbum ‑ Sanctum es ‑ se!" So urtheilt Sr. Heiligkeit von mir? Wißt, guten Leute, solche Lobschriften darf der Gelobte nie selbst lesen.

Sylv. Aber doch vorlesen hören, und mir sey vergönnt. —

Gramf. Immerhin, denn das Ohr ist eine offene Kapelle am Kreuzwege, wo Jedermann beten kann.

Sylv. (liefet) „Ad honorem sanctae et individuae" —

Gramf. Versteht ihr Latein, ihr Herrn? Ihr zuckt die Achseln. Und ist es nicht fein, in fremden Zungen vor Leuten reden, welche solcher Sprachen unmächtig sind. Verdeutscht also den Brief, Sylvester, und ihr alle lernt von mir, sich selbst überwinden.

Cc 2

Sylv. (lieset) „Zur Ehre der heiligen und unge-
„theilten Dreyfaltigkeit, zur Freud' und Wonne des
„himmlischen und singenden Jerusalems, unf'rer Mut-
„ter, zur Verherrlichung des katholischen Glaubens
„und zur Vergrößerung der christlichen Kirche, wollen,
„befehlen und verordnen wir, Krafft der heiligen
„Dreyeinigkeit, des Vaters, Sohnes und heiligen Gei-
„stes, wie auch der heiligen Apostel Petri und Pauli,
„und in Gemäßheit der uns anvertrau'ten Gewalt;
„auf Anrathen der ehrwürdigen Brüder, Kardinäle
„und aller Patriarchen, Erz- und Bischöfe, den Bey-
„sitzern des römischen Gerichtshofes; nach einmüthiger
„Zustimmung dieser Aller, nach reiflicher Ueberlegung,
„und nach Anwendung des redlichsten Fleißes auf die
„dazu erforderlichen Untersuchungen, wie Brauch
„und Herkommen es heischen: daß der seelige Vater
„Gramsalbus, Franziskaner Ordens und Abt zum Klo-
„ster des heil'gen Eusebius der Gnadenstadt Katzgrund,
„von dessen Reinheit des Glaubens, Unsträflichkeit des
„Wandels und Macht, Wunder zu thun, wir hin-
„länglich überzeugt sind, dem Verzeichnisse der heili-
„gen Bekenner eingeschrieben werde, wie wir ihn denn
„hiemit selbst in sothanes Verzeichniß eintragen, und
„er von allen Gläubigen als ein Heiliger angebetet,
„auch von der gesammten Kirche alljährlich; an einem

„beſtimmten Tage, deſſen Feſt gefeyert, ihm zu Lob
„und Ruhm das Amt für einen heiligen Bekenner ehr-
„erbietigſt und feyerlichſt gehalten und zu deſſen Ehren
„Kirchen gebau't und Altäre errichtet werden ſollen —"

Gramſ. Man reiche uns einen Krug Waſſer. —
Das hat uns etwas überwältigt. — — Je höher man
ſteigt, deſto tiefer kann man ſehen, und ſehen wir uns
jetzt ſelbſt, da wir zunächſt bey unſerm Bruder Franziskus ſtehen, in aller unſerer vorherigen Niedrigkeit, und
beten zu uns ſelbſt, daß uns nicht ſchwindeln möge auf
dieſer Höhe. Und erkennen wir zugleich demüthiglich,
daß wir nichts von uns ſelbſt, ſondern alles von oben
herab haben, wohin wir uns nun, mit allem was wir
ſind, beſitzen und vermögen, bringen, und die heilige
Jungfrau, unſre innig geliebte Baſe bitten, ſie wolle
den Ehrenkelch vor uns vorüber gehen laſſen gnädiglich,
ſintemal wir uns einem ſolchem Rauſche nicht gewach-
ſen fühlen.

Der Warbian reichte dem Geheiligten den Waſſer-
krug. Er trank und ſprach:

Unſer Weigern findet im Himmel taube Ohren, denn
zu Wein iſt das Waſſer worden an unſern Lippen. Und
ſind wir alſo jetzt ein Heiliger. Und wiſſen wir auch,
wie und wodurch wir es geworden ſind; aber zu erfahren, ob in euern Herzen Lügen erzeugt und ausgeheckt

Cc 3

werden, sollt ihr uns jetzt erzählen, wie es bey unsrer Heiligsprechung zugegangen.

Stuhlh. Sylvester, den wir zu dem Ende gen Rom sandten, wird das Zeugniß der Lauterkeit unsrer Herzen, an unsrer statt ablegen.

Grams. Macht's euch bequemer derweile, lieben Leute, streckt euch, bauchunter, der Länge nach auf den Boden hin, das greift nicht so sehr an denn das Knieen. Und wollen wir es euch auch verstatten, vor unserm Bilde in solcher Stellung, uns um Abwendung des Bösen und Zuwendung des Guten bitten zu dürffen. Und gebt uns einen Krug Wein, damit wir lernen, wozu sich der Rebensafft auf unsrer Zunge verwandele.

Schöppen, Mönche und Gaßen gehorchten. Sylvester stützte sein Haupt auf die Ell'nbogen und begann also:

Ich war kaum in Rom mit meinem Gefolge angekommen, als ich schon aller Pflastertreter Augen auf meine hochbelad'ne Mäuler zog. Vor dem Kloster, das mich beherbergen wollte, sammelte sich eine ungeheure Menge Volks. Ich sah, wie sich Aller Ohren spitzten, als die Fässer voll Goldstücke zur Steige hinaufgekollert wurden, und Aller Augen sich hervordrängten, um doch wenigstens den Himmelsmammon, der ihren geöffneten Händen entschwand, mit Blicken zu begreiffen. Kaum

hatte ich meine Reisekleider abgeworffen, so kamen,
wie das Wild umliegender Wälder zu einer Salzlecke,
Pfaffen und Layen, Alt' und Junge, Männer und Weiber und versuchten ihre Zungen an mir. Von Menschen, denen meine Gebete nie einen frohen Augenblick
gemacht haben konnten, erhielt' ich Grüße; Signoren
ließen mir ihre Dienste anbiethen, und die Schilderun-
gen, welche die Bevollmächtigten von ihren Bevoll-
mächtigerinnen hervorstotterten, sagten mir es deutlich,
daß diese Frauen zu dem Heere gehörten, welches in
seinem Paniere den Wahlspruch der heiligen Magdalene
vor ihrer Wiedergeburth führt. Ehemänner versprachen, ihre Weiber, Mönche, ihre Beichttöchter ins
Kloster, zu meiner Zeitkürzung, zu bringen. Kardinäle raunten mir ins Ohr: Ein rother Huth solle mir
gar fein stehen. Ich zeigte ihnen die Aufschrifft der
Fässer: Sr. Heiligkeit, dem Pabste bestimmt — und
das im Staub und Koth geworff'ne und erzogene Gesindel rannte fort, früh an den Abzugsgraben Sr. Heiligkeit Stand zu fassen, um einst dort das Gold, körn-
chenweise, aus dem Schlamm hervorwaschen zu können.
Einige adlichgebohrne, adlichgebildete Männer, desto
unverschämter und raubgieriger, je mehr sie selbst von
Unverschämtern litten und je weniger das Hoffutter
sich wiederkäuen läßt, blieben zurück, und liehen mir

Ee 4

also ihre Ohren, wie ich ihren Augen das Gold in den Fässern lieh; doch verdankt' ich ihnen die Nachricht, an wen ich mich wenden müsse, um durch Katzgrunds Eulen= und Elstergülden die Schaar der Fürbitter im Himmel zu vergrößern.

Der Kardinal=Schatzmeister, dem ich mein Begeh=ren vortrug, fuhr mich an, als hätt' ich von ihm ver=langt, er solle sich zur Heiligsprechung melden, er=schrak, daß ich die Verwegenheit haben könne, nicht zu wissen, daß es nur Königen und Fürsten frey stehe, in Sünden empfangne Menschen zur Kanonisazion vor=zuschlagen, weil diese, zum Strahlenscheine der Unver=antwortlichkeit Gebohrnen, nicht zur Rede gesetzt wer=den dürften, wenn sie einen dienstfertigen Bösewicht des Nimbus würdig hielten. Meiner hochpreislichen Herrn von Katzgrund Unverantwortlichkeit konnt' ich nicht rühmen, weil sie dem gemeinen Wesen so verant=wortlich sind, wie ein Hirth dem Eigenthümer der Heerde, ein Henker dem Richter und ein Wardian der Regel. Ich ließ mir also durch Erp ein Fäßlein Elster=gülden bringen, schüttete sie zu den Füßen des Kardi=nals hin und behauptete kecklich: Alle Welt erkenne und verehre die Unverantwortlichkeit dieser Fürsten, und kein lebenskluger Mensch, der sich bemühe, die erste und einzige Bestimmung vernunftfähiger Geschöpfe zu

erfüllen, Ich selbst, wie sehr auch die verarmten Wei=
sen dagegen stritten, auf Andrer Kosten zu bereichern,
wage es, den wortlosen Befehlen dieser Allmächtigen
ungehorsam zu werden. Der Kardinal, ein Mann von
Beurtheilungskraft und Fassungsgabe, sah das Gewicht
dieser Wahrheit stracks ein, machte sich sie zu eigen,
und du, o Heiliger, wirst dich seiner damaligen Worte
noch gar wohl zu entsinnen wissen, als ich ihm die
Frage vorlegte: ob Schöppen und Gaßen von Katzgrund
dir ihren Dank nach deinem Tode zollen dürften.

Gramſ. Nämlich: Es geschehe.

Sylv. Um dir das Himmelskonclave zu eröffnen,
mußte jetzt der Ruf für dich auf den Kampfplatz treten.
Aber der Ruf thut wie der Wind, hebt das Leichte,
Gehaltlose zum Himmel und läßt das Schwere, Ge=
wichtige am Boden liegen; kein Römer, Pfaff oder
Laye, wußte etwas von dir. Ich entsiegelte also das
zweyte Fäßlein, und die Elstern redeten so laut von
dir, daß es ganz Rom wiederhallte und der heilige Va=
ter dem geheimen Kardinalausschuß befahl, sich nach
dir zu erkundigen. Bey wem konnten die Eminenzen
mehr von dir erfahren, als bey den Elstern, die deines
Lobes so voll waren? Willig hörten sie ihnen zu, fan=
den deine Handlungen alle dem Boden der Uneigen=
nützigkeit entwachsen, die Zwecke deiner Thaten als

nahe um Throne des Himmelskönniges, die Mittel, sie
zu erreichen alle so ächt römischkatholisch, daß dem
heil'gen Vater, da er nun die Frage aufwarff, ob man
beim Wunder untersuchen sollte, die Antwort wurde —

Gramf. Es geschehe.

Sylv. Eine solche Prüfung däuchte mir nun höchst
überflüssig, drum erdreistete ich mich, zu behaupten:
Du, o Heiliger, seyst ein Homo bonus gewesen 65)
und einem Jeden, von dem das gesagt werden könne,
fehle nichts zur Heiligsprechung. Aber der Kardinal
entgegnete mir: Der Zeiten hätte man längst vergeß-
sen, da die Ehrlichkeit allein einen Menschen berechtigt
habe, auf Vorzüge Anspruch zu machen, da Recht-
schaffenheit mehr gegolten als Ahnentafeln und Tur-
nierbriefe, und Biederkeit höher geachtet wäre, denn ein
goldstückener Wapenrock. Wie auf Erden, also ändere
es sich auch im Himmel. Zu Kanonisazionen könnten
jetzt nur Wunder empfehlen, Sprünge über die Schranken der Natur, Abschütteln der Fußblöcke menschli-
cher Empfindungen, Großthaten, welche von Mißtha-
ten so schwer zu unterscheiden wären, als ein Punct

---

65) Ums Jahr 1196 wurde vom Pabst Innozenz dem
   dritten ein gewisser Homo bonus kanonisirt, „weil er
   eine gute Seele gewesen war."
        S. die römische Religionsklasse 1ter Th. S. 67.

in einer Linie von dem andern, Aufopferungen die an
Wahnsinn gränzten und Entäusserungen, welche Menschen zu Thieren hinabwürdigten. Zu erfahren, ob
auch du, o Heiliger, auf diesem Scheidewege zwischen
Himmel und Erden gestanden, darum müsse in dein
Vaterland geschrieben, darum müßtest du dort, mit
allen dem, was von dir ausgegangen, gethan und un-
terlassen, geprüft werden, und wenn diese Untersuchungen, durch die vornehmsten Pfaffen deines Landes beglaubigt, zurückkämen; dann erst sey dem
Sachwalter des Teufels die Erlaubniß zu ertheilen,
dich und deinen guten Läumund, wie einst den heilgen
Job, mit seiner Stachelzunge zu mißhandeln, deine
Ehre in seinen Klauen zu zerreiben und deine Tugenden
zu zerstampfen.

Ich versetzte: Dein Vaterland, o Heiliger, sey der
Himmel. Dahin wußten die Römer den Weg nicht. Sie
wendeten sich also wieder an die Elstern, die dem Himmel sich näher schwingen konnten, als sie, und erhiel-
ten von ihnen auf die Frage: Ob man dich dem
Stellvertreter des Satans überantworten dürffe, den
Bescheid, —

Gramf. Es geschehe.

Sylv. Erp und ich, wie die Urkunden deiner Thaten, entdeckten nun alles, was uns von dir bekannt

war. Dann ließ man mich und den Zwerg schwören,
daß wir bey deinen Wunderwerken Augenzeugen gewesen und belehrte uns zugleich: Ein Augenzeuge gelte
bey Heiligsprechungen mehr denn zehn Ohrenzeugen.
Nach unsern Geständnissen entwarff der Kardinal Schatzmeister, ohnzweifel durch Eingebung des heiligen Geit-
stes, sowohl was die Form als auch den Inhalt betraf,
eine Schilderung von dir, brachte deine Wunder in
einen so überirrdischen Unzusammenhang mit dir selbß,
daß es mir ein neues Wunder däuchte, so etwas durch
eine eigenartige Zusammenfügung ganz gewöhnlicher
Dinge bewürken zu können. Aber der Sachwalter des
Teufels mußte der Teufel selbß seyn, denn er mur-
melte den Zauberreim: Quid eſt Sanctus? Rectus,
purus, mundus, ab omni reprehenſione alienus,
qui nullam ulli omnino praebet anſam — 66) blies
dann kaum dein Bild an; und alle deine Tugendhüllen
blätterten von dir ab, wie zersprungene Farbenfirniſſe,
und du ſtandeſt in einer Geſtalt da, die ſo lächerlich
war, daß man vor Lachen nicht dazu gelangen konnte,
ſie anzuspeyen. Doch darauf ſchien dein Vertheidiger
geharrt zu haben. Er ſuchte dich nicht zu entſchuldi-
gen, bewarff dich vielmehr noch ärger mit Koth und
Unflath, und als er dich zu einem ſolchen Scheuſal ge-

66) Chryſoſtomus.

macht hätte, daß ihm selbst vor dir eckelte, führte er
an und aus: nur allein durch eine so schmutzige Kloack-
gasse fließe die Wunderkraft, eben in solche Auswürff-
linge des Menschengeschlechts, worinn der unsauberste
Teufel nicht hausen möge, herberge sich die Wunder-
gnade; nur solche mißrath'ne Wechselbälge, die jeder
unbegnadigte Biedermann nicht mit seinem Schatten
berühre, wären bestimmt, Pfeiler der römischkatholischen Kirche zu werden. Aus einem graben Fichten-
stamme könnten auch Menschenhände eine Säule bilden;
aber sie aus einem kröpplichten, verwachsenen, ästigen
Wacholderbaume zu schaffen, bleibe Menschen unmöglich. Du hättest, bewies er, vorher solch' ein eingebil-
deter, unverschämter, spiegelliebender Geck, ein lecker-
hafter, unersättlicher Wollüstling, eine feigherzige,
ohrfeigenkundige Memme, ein elender seelenaussätziger
Wicht, ein verabscheuungswürdiger, nichtsnutziger
Gauner, ein lügenhafter, habsüchtiger, diebischer
Schurke seyn müssen, um ein Heiliger zu werden, und
am ganzen Leichnam kein gesundes Fleckchen zu behalten,
wohinein sich der Teufel, zu einer Mücke verwandelt,
hätte saugen gekonnt. Daß du dieser Unhold nicht immer geblieben wärst, begründeten deine Wunder, welche er, der Kardinal, jetzt, blank und baar, vor Jedermanns Augen darlegen —

Gramſ. Es geſchehe.

Sylv. — doch vorher fragen wolle, ob der Teufel durch den würken könne, in und an den er, vor un, überwindlichem Abſcheu, nicht zu gelangen vermöge? Der Advocatus diaboli ſchwieg, und ſah drein, wie ein Kampfheld, deſſen Schwerdtsklinge in der Scheide zurückbleibt, wenn er es gegen den Feind zucken will. 67).

Das erſte deiner Wunder, da du im Gottesurtheile des Kreuzes ſiegteſt, wurde nun an den Probierſtein des Natürlichen geſtrichen. Deine Arme, ſagte der Kardinal-Schatzmeiſter, als ob er dich von Angeſicht zu Angeſicht gekannt habe, hätten Weberbäumen, in der Mitte geknickt und krumm gebrochen, geglichen; der ſtärkſte Laſtträger könne ſich ſolcher knolligen Fäuſte nicht rühmen, als der, welche du, o Heiliger, aller Orten rein zum Himmel emporgehoben, und dein Kop ſey eine ſolche Maſſe von Fleiſch, Haut und Knochen geweſen, daß wenn man ein Licht auf ihn geſetzt habe, ſein Schatten ſelbſt über die Schultern und Hüfften zum Boden gelangt ſey.

67) Bekanntlich war der Hauptgegenſtand der Unterſu-
chung bey Kanoniſazionen: Ob nicht die Wunder des
zu Kanoniſtrenden, durch Hülfe des Teufels geſchehen
wären.

Gramf (vor sich) Falls das getreue Ueberlieferung ist; so darff man doch an ihrer unbefleckten Empfängniß zweifeln. Wollen's einmal versuchen, in unsrer Zelle. Und hätt' ich gerne eine Sache an den heil'gen Geist, weil er mich so arg mit Koth bewerffen ließ.

Sylv. Wie aber wohl so schwere Arme, wenn nicht Wundermark in ihnen koche, fähig wären, sich selbst, und die zwischen sie gekugelte Last eines solchen Kopfes, Vierthelstunden lang, emporgereckt zu halten?

Der Anwald des Teufels erwiederte: Die dickſten Köpfe ſind am hohlſten und leerſten, und der Raum fällt nie ins Gewicht; drum müßte man es eher für ein Wunder nehmen, wenn Weberbäume, in eine solche Moraſtmaſſe, wie Gramſalbus Leichnam, gerammt, geſunken wären, als jetzt, da ſie unbeweglich ſtanden.

Der Karbinal-Schatzmeiſter verſetzte: Gegen die Hohlheit deines Kopfes, habe er das einzuwenden, was des Teufels Sachwalter kurz vorher für sich selbst angeführt, daß du, o Heiliger, gar sehr dem Trunke ergeben geweſen ſey'ſt. Nun ſtiegen aber, wie männiglich bekannt, die Weindünſte nicht unter, sondern oberwärts, müßten daher auch deinen Kopf gefüllt, allso schwerer gemacht haben. Dieſer Kopf, eingekeilt zwiſchen die Arme, würde sie allso auch, nach den Geſetzen des

Drangs und Drucks, auseinander getrieben haben, wenn
nicht ein Wunderzapfen sie zusammen gehalten hätte.

Der Sachführer Satans suchte sich durch die Spöt-
teley das letzte Wort zu sichern: Es dünke ihm, eine
ganze Schaar Elstern plappern zu hören.

Jetzt brachte der Kardinal dein zweytes Wunder, daß
du bey einer schönen Dirne gelegen, ohne sie zu berühren, auf die Wage des Natürlichen. Belias Freund
warff stracks die Verläumbung in die andre Schale:
Er war ein Geltling! — und schnellte dadurch dich und
deine Enthaltsamkeit über das Zünglein empor. Doch
der Vertreter der guten Sache bewies, du sey'st zum
Priester geweihet worden, habest Messe gelesen, und
im hartsinnigen, nachbetenden, an Worte glaubenden
Deutschlande, wisse man noch nicht, wie in Rom, das
Geboth der Kirche: Kein Verschnittener soll das Hoch-
amt halten — zu deuteln, verstehe es noch nicht, wie
der Nichtbesitz das Haben einer Sache gar nicht unmöglich mache. Auf diesem Schlammgrunde könne also
der Partisan des Teufels nicht um den Dank turnieren.

Du Heiliger sey'st kalter Natur gewesen — wähnte
nun Satans Vogt; allein der Kardinal lachte höhnisch
und fragte: Wie man den Menschen wohl einer uner-
sättlichen Wollustgier beschuldigen dürffe, den man
gleich

gleich nachher zum gefühllosen Verächter der Liebes-
freuden mache?

Du hätteft dich schon abgeschwächt gehabt — sagte
Jener — dies beweise dein Leichnam in dem, wie man
dies täglich bey ausgedienten Löfflern sehe, alle edlern
Säffte in Fett übergangen wären. Falsch! rief der
Schatzmeister — Gramsalbus war von Jugend auf eine
solche Fleischmasse, daß seine Eltern ihn zum Kloster-
leben bestimmten, weil sie keinem Amte oder Handwerke
das Vermögen zutrau'ten, ihn vor dem Hungertode zu
sichern.

Der Einwurff, du habest gefürchtet, das Fräulein
werde schreyen — wurde also widerlegt. Es sey eine
Bemerkung, aus Beobachtungen der menschlichen Natur geschöpft, daß ein jäher, hefftiger Schreck Geschrey
und Gegenwehr verhindre, und erschreckt wäre gewiß das
Fräulein bis zum Tode, wenn ein solcher Ausbund von
Häßlichkeit sich ihm zur Liebesumfahung genähert hätte.

„Ob du nicht durch die Besorgniß keusch geblieben
sey'st, das Fräulein könne dich nachher vor den Send
betagen?"

Gegenfrage: Ob man es einer jungen Dirne wohl
zutrauen dürffe, daß sie sich durch ein solches Geständniß auf den Scheiterhaufen bringen werde?

Holzschn. I. Bd.   Db

Nun begann man das dritte Wunder zu prüfen, da
du, durch Kreuzschlagen, den exkommunizierten Speisen allen Gift genommen. Es gäbe vielerley Arten
Gift, bemerkte der Procurator rotae, langsam, und
schnellwürkender; zu dem ersten könne der durch Exkom-
munication erzeugte, gehören. Der Kardinal entgegnete: In Welschland ist die Giftmischerey zu Hause,
man hat es hier in dieser Staatskunst zu einer solchen
Fertigkeit gebracht, daß auf Jahr' und Tage die Wür-
kungen des Giftes berechnet werden können; aber noch
ist es keinem Scheidekünstler gelungen; und hätte auch
der heilige Geist des Konclave über ihm geschwebt, den
Menschen, welche also zum Tode erwählt wurden,
Munterkeit, Farbe, die vorigen Kräffte, Lust zum Essen und Trinken, erquickenden ruhigen Schlaf zu erhalten: und doch hat Gramsalbus nachher mit gleichgroßem
Heißhunger wie ehmals, Speisen und Getränke verschlungen, und sein Schlaf ist immer dem Schlafe eines
gesunden Thiers ähnlich geblieben.

Doch Gramsalbus ist nachher gestorben — wendete
Satans Bevollmächtigter ein — und ohnzweifel an
den Folgen des Gifts.

Nein — schrie der Kardinal — sondern an den Folgen einer Ueberladung; ergo —

Jezt nahm man das vierte Wunder vor, und der Advocatus diaboli fragte: Wer den Teufel, als Raupe gestaltet, auf dem Säckel gesehen habe?

Du, o Heiliger, lautete die Antwort — sonst würde es dir nicht eingefallen seyn, ihn zu sahen.

„In seiner eignen Sache kann man kein Zeugniß ablegen".

„„Freylich nicht, doch können's die Folgen mit der größten Unpartheylichkeit. Der Säckel stürzte nieder, wenn ihn nicht eine vermehrte Macht beschwert hätte, würd' er noch bis auf den heutigen Tag hängen. Der Menschenhaufen über Gramsalbus wurde von innen heraus gesprengt; die Macht Eines Menschen reicht nicht hin, die Last von zwanzig andern aus der Stelle zu drücken. Wenn also nicht ein unmenschliches Etwas unter diesem Haufen lag; so kann er nur durch Entfernung der Einzelnen, die den Haufen bildeten, geschwunden seyn: aber er wurde gesprengt; und durch wen anders, als durch den Teufel?" "

„Was spricht dann für die Verbannung des Teufels? „„Die Zersprengung des Haufens." "

„Was dafür, daß ihn Gramsalbus gebannt habe?" „„Seine damals erprobte und jezt erwiesene Wunderkraft." "

„Was reinigt ihn von der Beschuldigung, er habe sich aus Geldgier über den niedergestürzten Säckel geworffen?

„ „Seine weltbekannte Uneigennützigkeit, die auch daraus erhellet, daß er das aufgeraffte Geld wieder von sich sprudelte.

„Warum wurde dies Geld so heißhungrig von ihm zusammengerafft?

„ „Um den Teufel zu hindern, daß er es nicht in Spreu und Häckſel verwandeln könne.

Satans Sachwalter schwieg, ermattet durch so viele Niederlagen. Der wackre Kardinal ‑ Schatzmeister durchlief sein Siegesfeld noch einmal, zeigte, daß deine Wunder, o Heiliger, nicht durch Hülfe des Teufels bewürkt, nicht Sinnentäuschungen, sondern würklich über und wider die Natur gewesen wären; daß sie nicht zum Unglück der Menschen, sondern zu ihrem Heil und Frommen; nicht durch Zauberformeln, sondern nach Anrufung Gottes und unter Absingung des Miserere; nicht in Raserey oder Wahnwitz, sondern bey kalter Vernunft und Besonnenheit; nicht aus Stolz, sondern aus Demuth; nicht zur Unterdrückung, sondern vielmehr zur Verherrlichung des römischkatholischen Glaubens geschehen wären: und verlangte nun, daß man deinen Verdiensten Gerechtigkeit angedeihen lasse, dich

öffentlich in das Verzeichniß der Heiligen eintrage, daß
man zu dir beten, dein Bild auf Altäre stellen, dir
Messen und Festtage stiften, Kirchen erbauen und deine
etwanigen Reliquien göttlich verehren solle.

Seine Unfehlbarkeit, wie alle versammelten Kardi:
näle, Patriarchen, Aebte, Erz= und Bischöfe, gaben
freudig ihre Einwilligung dazu. Der Pabst setzte den
Tag der Heiligsprechung an, dieser erschien — doch ich
sehe — so unterbrach Sylvester sich selbst — daß die
Seele des Heiligen in den Himmel entzückt ist, dort
das Zeichen des Lammes zu empfahen. Laßt uns drum
ohne Geräusch uns von hinnen machen, damit wir die
Seelen dieser beyden Lieblinge Gottes nicht zur Erde
zurückrufen, ehe ihnen das Stigma der Seeligkeit auf=
gedrückt ist.

Schöppen, Gaßen und Mönchen gefiel der Rath,
sie krochen, ohne ihre Richtung zu ändern, zur Thür
hinaus. Nur der junge Maler blieb noch, um das
Abbild des Heiligen, das er während Sylvesters Erzäh=
lung angelegt hatte, durch die himmlischen Lammszüge
zu verschönern, welche jetzt auf dem Urbilde glänzten.
Der Schlaf des Heiligen ließ ihm Zeit, das Konter=
fay zu vollenden, dann eilte er zum Wardian, daß es
gleich in der Klosterkirche dem Rahmen eingepaßt werde,
der bis dahin das Bild des heil'gen Eusebius umgab.

Dd 3

Willibald, der auch im Traume jagte, weckte Gramsalbus durch ein fürchterliches Hussah, und dieser rüttelte wieder seinen Amtsgenossen durch ein klägliches: Miserere mei, Domine! aus dem Schlafe. Hör, Bruder, begann der Abt von St. Cyriakus, nachdem Beyde sich über den blinden Lärm beruhigt hatten — du mußt mir den Kerl abtreten. Versteht sich, gewiß darauf, eine Salzlecke anzulegen, und die muß ich im Hochwalde haben. Solch' ein Ding ist wie ein weinendes Marienbild; zieht alles an sich.

Gramf. (gähnend) Welchen Kerl?

Willib. Den, der dir vorhin die Wahrheit so grob unter die Augen sagte, daß mir schon das Herz im Leibe gällte. Weiß nicht, wie du ruhig dabey bleiben konntest, als er dich so vor aller Welt Augen ausweidete.

Gramf. Ey, Ruhe ist besser denn Unruhe, und ziemt es auch einem Heiligen nicht, sich zu ereifern.

Willib. Wohl erinnert. Bist ein Heiliger worden. Gott gesegn' es. Ich trink dir's zu, auf gut Vernehmen mit deinen neuen Kumpanen. Halt an dich Anfangs, bis du ihnen den Wind abgewonnen hast; sonst wirst du nirgends gut angestellt seyn. Hör, wenn du einmal mit dem wilden Jäger zusammentrifft; so laß dir von ihm die Weise zu seinem Jagdhalloh geben; will's auf dem Hifthorn blasen lernen.

Gramf. Hab wichtigere Dinge jetzt zu bedenken, denn mich um des Höllenjägers Halloh zu kümmern.

Willib. Pah! Du Esel! Meinst, sey'st ein edler Bär worden, weil die Stadtmäuse hier dein Schreyen für Brüllen halten, und den Pabst baß dafür bezahlen, daß er es ihnen verbrieft, du habest gebrüllt. An welchem Gliede bist denn besser worden seit deiner Heiligsprechung? Kennst du schon eine Fährte? He! Kannst du schon den Hahn eines Volks Rebhüner von den Hennen unterscheiden? Weißt du schon, wo dem Fuchs die Viole sitzt? He? Komm einmal in den Hochwald; ich bin gewiß, daß du's Waidmesser fühlen mußt, so bald du die Armbrust abdrückst. Wirst, trotz deines Strahlenscheins, der dir zu Gesicht stehen wird, wie meinem Greiff eine Infel, grade wie ehmals, vor einem Igel auf die Knieen fallen, weil du ihn für einen Frischling hältst. Daß dir die Sehne erschlaffe, so oft du sie spannst! Zerrst ja deine Fratze in- und aus einander, als ob du dich den Juden zum neuen Messias wolltest verkaufen lassen. Valet, Gauch. Will's in meinem Kloster verkünden, daß dich der Heiligkeitskoller gepackt habe.

Gramf. Bleib, Bruder. Und muß ich mich ja drauf üben, recht heilig in die sündige Welt hinabzuschauen.

Dd 4

Willib. Soll ich dir dein Urselchen senden, oder
das runde, wählige, rehäugige Weib des alten magern
Herrn, damit du die Sünde wieder einmal recht von
Grund' aus kennen lernst?

Gramf. Ey, thu das; doch hübsch heimlich. Und
können sie mich als Engel besuchen; muß von nun an
solchen Umgang haben.

Willib. Hast also noch Fleischeslust?

Gramf. Wähnst du, so etwas ließe sich hinwegka-
nonisiren? Und bin und bleib' ich immer der Alte,
und werd' ich mich nicht zereschern, wenn's Narren behagt, mich anzubeten, sie davon abzuhalten. Sollst
dein blaues Wunder sehen, was ich aus den Katzgrundischen Gauchenern hervorbrüten werde. Und hat mir
nun kein Mensch auf Erden etwas einzureden, denn ich
bin der einzige lebende Sanct, und weiß Niemand, wie
ein Heiliger nach der Kanonisazion sich benehmen muß,
denn Keiner hat je einen Heiligen sich benehmen gesehen. Und ob ich's auch noch so links mache, ist's doch
recht, weil kein Pfaffen - oder Layenkind weiß, was
Heiligen rechts oder links ist. Du, ich halt dafür,
grade so wie ich, sey der Pabst zu Ehren und
Macht gekommen, und die Kirche und was
sich von ihr nährt und an den Layen sich feist
frißt. Allen den großen Stelzentretern hier will ich

Morgen Fenſter in die Bruſt lügen, und die Kammer
wände der Weiber und Dirnen meinen Heiligenaugen
in Schleyertücher verwandeln; traun, das ſchafft mir
Wege und Stege überall hin. Und ob ich's auch noch
ſo arg treibe, müſſen die Katzgrunder mich doch immer
für den halten, wozu ſie mich verbriefen und beſie⸗
geln ließen.

Willib. Das heißt vernünftig geſchwatzt. Die En⸗
tenritter hier! haben köſtliche Jagdnetze und keinen
Platz, wo ſie ſie aufſtellen können, und Rüden mit
Naſen, die das Wild im Monde erriechen würden, und
ſind nicht im Stande ſie zur Stadt hinauszulocken;
die mußt du mir verſchaffen.

Gramſ. Sie ſind dein, und mein iſt die Herrſchaft
über Stadt und Gebieth. Das königliche Kleeblatt
findet hinfort nicht Gnade vor unſern Augen. Und ſoll
der Herr vom Stuhl herab; und mir zum Schemel
dienen, wenn ich mich nun hinauf ſchwinge, und der
dicke Pontius Pilatus mein Sitzpolſter werden, und
der gichtbrüchige Moſes, der im Zorn des Him⸗
mels an ein junges, ſchönes, wunderviel begehrendes
Weiblein gerieth, der gehörnte Mond, ſo nur allein
von meiner Heiligkeitsſonne Licht empfängt. Und ſol⸗
len die Geſchlechter, dieſe Baſtarde von adlichen Eſeln
und bürgerlichen Mutterpferden, arbeiten lernen für

Dd 5

mich, damit sie nicht ihrer langen Ohren vergessen.
Und sollst du, eh' ein Jahr verstreicht, nur pfeifen
dürffen, und alle Gassen Katzgrunds werden am Hochwalde stehen, und dich flehentlich bitten, ihnen es zu
vergönnen, dir das Wild zuzutreiben.

Willib. Heiliger, ich bete dich an; denn du be-
kömmst Muth.

Grams. Gut schafft Muth, und wer Niemand zu
fürchten hat, kann aller Welt trotzen.

Willib. Hör' Bruder Heiliger, mach doch, daß
das verschrumpfte Marienbild, im Kreutzgange zu St.
Cyriakus, auf eine Gemsenhaut gemalt, dem mein
Greiff die Beine abgefressen hat, weine.

Grams. Nur Geduld. Und sollen, sobald ich in
dein Kloster trete, alle Bilder dort, jung und alt,
weinen.

Willib. Und wir, Bruder, wollen's vertrinken,
was sie uns erweinen.

Grams. Falls ich deiner Lehnsleute bedarff —

Willib. — winke, und wohlgerüstet halten sie vor
Katzgrunds Mauern —

Grams. — und an ihrer Spitze der vierschrötige,
arge Schalk; Steinbrech von Glindau, als St. Georg
oder Michael vermummt. — Und sollen die Heerwege
von Rüdesheim und dem Johannisberge immer mit

Karren bedeckt seyn, die mir Wein von dort her bringen, und will ich dem Kaiser seinen Mundkoch abwen-
dig machen, und alle gülduen und silbernen katzgrundischen Exvotoherzen unter diese Kutte schieben, meine
Amtsbrüder rein ausplündern, und wenn ich nicht hier
das Vorkostenrecht zu meinem Nießbrauch einführe,
so schilt mich einen Hamster, der mitten im Kornfelde
darbt, und laß mich lebendig unter den Tropfenfall
graben, wohin jener Abt von Harsfeld nach seinem
Tode gelegt seyn wollte.

Willib. Amen!

Gramf. Und so wir dann traulich hinter vollen und
geleerten Humpen miteinander sitzen, und der Wein
uns zu widern beginnt, wollen wir uns über die alten
Kinder von neuem durstig lachen, die sich Ruthen für
ihre eignen Steiße banden.

Knixend und knieend rutschte jetzt der Wardian in
die Halle und sagte an, das Bild des neuen Himmels-
bürgers prange auf dem Altare des heiligen Eusebius.

Gramsalbus ging mit Willibald zur Kirche,
gab dem Volke den Segen, fiel nieder vor seinem
Bilde und rief überlaut: Heiliger Gramsalbus,
bitte für uns!

———————

Druckfehler.

Seite 8 Zeile 5 v. u. lies Crotus statt Crekus.
, 31 , 5 , v. , eine st. einer.
, 52 , 12 , v. , Pfauenbreye st. Pfauen-
                                breyn.
, 55 , 1 , u. ist nach meinen Arm ausgelassen.
, 68 , 9 , u. l. Sträuben st. Stäuben.
, 81 , 10 , u. , war st. ward.
, 96 , 8 , u. ist Gramf. auszustreichen.
, 114 , 3 , u. l. dahertos'te st. daherdof'te.
, 115 , 10 , u. , vermährten st. vermehrten.
, 118 , 10 , v. ist so auszustreichen.
, 145 , 5 , u. l. schwindelnd st. schwindelt.
, 146 , 3 , u. , da selbst st. daselbst.
, 154 , 10 , u. , Einfall st. Einfalt.
, 159 , 3 , v. , langgehaltensten st. lang-
                                halltesten.
, 172 , 3 , u. , Wein st. Weir.
, 173 , 7 , v. , Erdenklos st. Erdenlkos.
, 193 , 4 , v. , erklimmten st. erglimmten.
, 212 , 6 , u. , Vermögen st. Vergnügen.
, 231 , 5 , u. , ein st. einen.
, 235 (, 5 , v. steht ein und zu viel.
        (, 19 , v. l. bewegungslofer st. Bewe-
                                gunsloser.
, 241 (, 3 , v. , hinkünftig st. inkünftig.
        (, 6 , v. , Begünstigungen st. Begün-
                                stigungen.
, 246 , 2 , v. , werde st. sey.
, 261 , 8 , u. , Chor st. Thor.
, 268 , 5 , u. , Emporkömmen st. Empor-
                                kommen.
, 313 , 9 , u. , weil st. wei!
, 323 , 5 , u. , geheukt st. gehängt.
, 324 , 7 , v. ist nach „plündern” und ausge-
                                lassen.
, 343 , 3 , v. l. da st. dann.
, 345 , 10 , v. ist nach „bringen” Und er hat's
                                ja nur mit Worten ge-
                                than — ausgelassen.